高等院校电子信息类"十四五"应用型人才培养新形态信息化教材

模拟电子技术

主　编　李士军　　侯丽新　　周　婧

副主编　胡天立　　郑　瑶　　姚高华

参　编　马文婧　　李珊珊　　王奎奎　　周信健

西南交通大学出版社

·成都·

内容简介

本书根据新工科及应用型本科人才培养目标的要求，总结多年的教学实践，结合学生对电子技术知识的实际需求编写。全书侧重电路的基本组成、基本原理、基本分析方法和实际应用。内容包括半导体器件基本特性、三极管基本放大电路、场效应管基本放大电路、集成运算放大电路、负反馈放大电路、集成运算放大电路的应用、波形产生与变换电路、功率放大电路、直流稳压电源。每章开头列出了教学目标，后边附有小结和习题，还配有知识点仿真视频、习题讲解视频，同时还配有线上课程资源，便于学生自主学习。

本书是可作为高等学校电气、电子信息类、计算机类专业及工程技术人员的教材或参考书。

图书在版编目（CIP）数据

模拟电子技术 / 李士军，侯丽新，周婧主编. —成都：西南交通大学出版社，2023.4
ISBN 978-7-5643-9251-2

Ⅰ. ①模… Ⅱ. ①李…②侯… ③周… Ⅲ. ①模拟电路－电子技术－教材 Ⅳ. ①TN710.4

中国国家版本馆 CIP 数据核字（2023）第 066187 号

Moni Dianzi Jishu
模拟电子技术

主 编／李士军 侯丽新 周 婧

责任编辑／梁志敏
封面设计／何东琳设计工作室

西南交通大学出版社出版发行
（四川省成都市金牛区二环路北一段 111 号西南交通大学创新大厦 21 楼 610031）
发行部电话：028-87600564
网址：http://www.xnjdcbs.com
印刷：成都中永印务有限责任公司

成品尺寸 185 mm × 260 mm
印张 17.75 字数 442 千
版次 2023 年 4 月第 1 版
印次 2023 年 4 月第 1 次

书号 ISBN 978-7-5643-9251-2
定价 49.80 元

课件咨询电话：028-81435775
图书如有印装质量问题 本社负责退换
版权所有 盗版必究 举报电话：028-87600562

前　言

　　模拟电子技术课程是高等学校电气、电子信息类、计算机类本科专业的必修课程，也是学习电类其他后续课程的入门基础课。本书的主要特点归纳如下：

　　（1）强调"管为路用"的原则，将常用的半导体器件的介绍融入具体的应用电路中，介绍完器件原理、特性后，紧接着介绍该器件的应用电路及分析方法，帮助学生更好地理解电路原理。

　　（2）全书以半导体三极管基本放大电路为核心，构建场效应管及其基本放大电路、负反馈放大电路、功率放大电路、集成运算放大电路、波形产生与转换电路、直流稳压电源。

　　（3）注重内容的系统性同时兼顾各章节内容的相对独立，章节内的衔接连贯，使学生更容易理解。将本书不同章节组合到一起就可以构成具有一定功能的模拟电路；同时，每一章内容相对独立，便于学生根据学习要求，选择学习。

　　（4）每章开头列出了教学目标，结束有小结、课后习题及答案，帮助学生明确目标、系统学习、归纳总结、扩展延伸、自我检查。同时还配有在线课程，利于线上线下混合式教学，便于学生自主学习，以期达到适当的深度和广度。

　　（5）每一章都安排有相关内容的应用，重点是相关基本单元电路综合读图分析，通过一些实际电路的分析加深对前面学习内容的理解，逐步学会系统电路的分析方法，循序渐进地提高学生分析问题、解决问题的能力。

　　（6）重要知识点配了仿真视频，重点习题配有视频讲解，有助于学生对知识点的理解，调动学生自主学习的积极性。

　　本书配有丰富的线上学习资源（学银在线平台），大大地减少了课上教学学时，参考学时为48～64学时，各高校可根据本校专业特点和学时情况进行取舍。

　　本书由李士军、侯丽新负责教材框架的策划与编写。李士军负责6～9章的编写及全书的修订。侯丽新负责1～2章的编写及全书的修订，以及例题、习题（1、3、4、7、8章）的编写及录制。周婧负责例题、习题（2、5、6、9章）的编写及录制，以及仿真案例的选编。胡天立负责案例仿真视频的录制。郑瑶、王奎奎负责编写第3章，姚高华、李珊珊负责编写第4章，马文婧、周信健负责编写第5章。

　　本书在编写过程中大量参阅了各兄弟院校的相关教材，立创 EDA 公司的莫志宏工程师给予了案例仿真相关的技术支持，在此一并表示衷心感谢。

　　由于编者的水平有限，书中难免存在疏漏与欠妥之处，恳请读者批评指正。

编　者

2022 年 5 月

数字资源目录

序号	资源名称	资源类型	页码	章节
24	第6章题（1）解答"基本运算电路的分析"	习题视频	186	第6章
25	第6章题（2）解答"积分运算电路的分析"	习题视频	186	
26	第6章题（4）解答"复杂运算电路的分析"	习题视频	188	
27	第6章题（8）解答"有源滤波电路的分析"	习题视频	190	
28	滞回比较器	仿真视频	210	第7章
29	第7章题（1）解答"RC振荡电路的频率调节"	习题视频	224	
30	第7章题（4）解答"LC振荡电路的振荡条件"	习题视频	224	
31	第7章题（6）a解答"几种电压比较器的输出分析"	习题视频	225	
32	第7章题（6）b解答"几种电压比较器的输出分析"	习题视频	225	
33	第7章题（6）d解答"几种电压比较器的输出分析"	习题视频	225	
34	第7章题（7）解答"方波发生电路的组成原则"	习题视频	226	
35	第8章题（3）解答"OCL功率放大电路的输出分析"	习题视频	248	第8章
36	第8章题（4）解答"OCL功率放大电路的输出分析"	习题视频	249	
37	第8章题（5）解答"OTL功率放大电路的输出分析"	习题视频	249	
38	桥式整流电路	仿真视频	254	第9章
39	稳压管稳压电路	仿真视频	259	
40	第9章题（1）解答"整流电路的输出分析"	习题视频	271	
41	第9章题（2）解答"整流滤波电路的工作状态分析"	习题视频	271	
42	第9章题（4）解答"稳压管稳压电路的输出分析"	习题视频	272	
43	第9章题（5）解答"串联型稳压电源的组成分析"	习题视频	272	

目　录

1　半导体器件的基本特性

电子电路是由各种半导体器件、集中参数元件以及电源等组成的，常见的基本半导体器件是晶体二极管、晶体三极管（又称为双极型晶体管）和场效应管（又称为单极型晶体管）。他们都是由半导体材料制成的。因此，我们要学习电子电路，就要了解半导体器件的性能。本章先学习半导体器件的基本知识、基本特性，然后学习半导体二极管、晶体三极管的工作原理、特性曲线和主要参数。

教学目标：

（1）理解半导体的基本特性。
（2）了解本征半导体和杂质半导体的基本结构。
（3）掌握二极管的单向导电性。
（4）掌握三极管的输入、输出特性及微变等效电路。

1.1　半导体基础知识

物质按照导电能力的大小可以分为导体、绝缘体和半导体。物质的导电性能取决于物质的原子结构。如铜、铝、铁等低价金属元素，其最外层电子极易挣脱原子核的束缚，成为自由电子，在外电场的作用下产生定向移动，形成电流，具有较好的导电性能，它们属于导体；如惰性气体、橡胶、塑料等高价元素或高分子物质，它们的最外层电子受原子核束缚很强，很难成为自由电子，导电性能极差，属于绝缘体；如硅、锗，它们的最外层电子既不像导体那样极易摆脱原子核束缚成为自由电子，也不像绝缘体那样被原子核束缚得那么紧，因此，半导体的导电性能介于导体和绝缘体之间。

对半导体施加光照、热辐射或掺入杂质，半导体的导电性会有明显变化，导电性能具有可控性。因此，由半导体材料制成的各种电子器件得到了广泛的应用。

1.1.1　本征半导体

完全纯净，具有晶体结构的半导体称为本征半导体。电子器件制作中应用最多的半导体材料是硅（Si）和锗（Ge），它们都是 4 价元素，原子最外层轨道上具有 4 个电子。由于相邻原子间的距离很小，一个原子周围的 4 个价电子不仅受到自身原子的束缚，同时还受到相邻原子的吸引，它们一方面绕自身原子核运动，另一方面还会出现在相邻原子的轨道上，形成如图 1-1 所示的共价键结构，图中标有"＋4"的圆圈代表除价电子外的正离子。

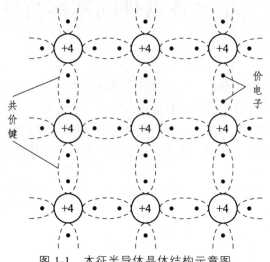

图 1-1　本征半导体晶体结构示意图

　　形成共价键的电子称为价电子。当温度为绝对零度时，本征半导体内的价电子全部被束缚在共价键中，半导体中没有能够自由移动的电子，此时本征半导体不能导电，如同绝缘体。

　　在常温下，会有极少数的价电子由于热运动获得足够的能量，挣脱共价键的束缚成为自由电子，自由电子带负电。同时，共价键中留下一个空位置，可以将其假想成一个粒子，称为空穴，空穴带正电。价电子获得能量挣脱共价键的束缚成为自由电子的过程称为本征激发。自由电子在运动的过程中如果与空穴相遇就会填补空穴，两者同时消失，这种现象称为复合。可见，自由电子和空穴成对出现，浓度相等，如图 1-2 所示。

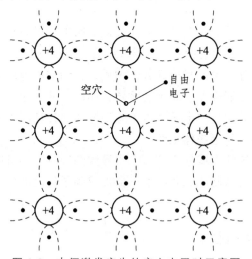

图 1-2　本征激发产生的空穴电子对示意图

　　若在本征半导体两端外加电场，自由电子就会沿着电场的反方向定向移动，形成电子电流；同时，由于空穴的存在，邻近共价键中的价电子受到正电荷的吸引可以填补这个空穴，而原来价电子的位置又出现了新的空穴，这个过程持续下去，相当于空穴也产生定向移动。

由于空穴带正电形成空穴电流，与带负电的价电子反向移动的效果是一样的。由此可见，本征半导体中存在电子和空穴两种参与导电的粒子，称为载流子。因此本征半导体是靠电子和空穴两种载流子的移动进行导电的。

当环境温度升高时，热运动加剧，挣脱共价键束缚的自由电子增多，空穴也随之增多，因而必然使导电性能增强。

利用半导体材料对温度的敏感性，可以制作热敏器件，同时，这种温度敏感性也是半导体器件温度稳定性差的原因。

1.1.2 杂质半导体

虽然本征半导体中存在两种载流子，但因其浓度很低，导电能力极弱，没有实际应用价值。为了使得半导体的导电性可控，可以在本征半导体材料中掺入少量的特定杂质，明显地改变半导体的导电性能。根据掺入杂质的不同，可以形成 N 型半导体和 P 型半导体。

1. N 型半导体

如图 1-3 所示，在纯净的本征半导体中掺入 5 价元素，如磷元素，它取代晶格中的硅（锗）原子，成为替位式杂质。磷原子最外层有 5 个价电子，其中的 4 个电子形成共价键，多出的一个电子不受共价键的束缚，只需获得少量的能量，就能成为自由电子。

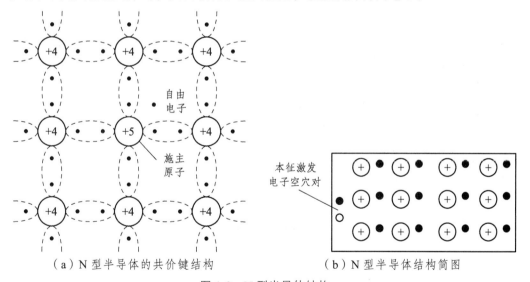

（a）N 型半导体的共价键结构　　　　（b）N 型半导体结构简图

图 1-3　N 型半导体结构

因此，在 N 型半导体中有本征激发过程产生的自由电子-空穴对，有杂质电离提供的自由电子，不能自由移动的施主离子。很显然，自由电子的浓度远大于空穴的浓度，自由电子称为多数载流子，简称为多子，空穴称为少数载流子，简称为少子。

N 型半导体主要靠自由电子导电，掺入的杂质越多，多子也就是自由电子的浓度越高，导电性能越强，因此导电性能可通过掺入杂质的浓度进行调控。

2. P 型半导体

在纯净的本征半导体中掺入 3 价元素，如硼元素，它取代晶格中的硅（锗）原子，成为替位式杂质。硼原子最外层只有 3 个电子形成共价键，因缺少一个电子而产生一个空位，如图 1-4 所示。当相邻原子中的价电子受到热激发获得能量时，就有可能填补这个空位，同时，在该相邻原子的共价键中便出现一个空穴。

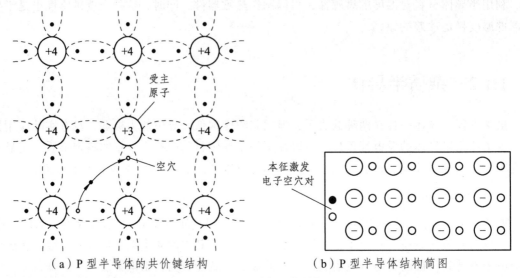

（a）P 型半导体的共价键结构　　　　（b）P 型半导体结构简图

图 1-4　P 型半导体结构

因此，在 P 型半导体中，有本征激发过程产生的自由电子-空穴对，有杂质电离提供的空穴，有不能自由移动的受主离子。很显然，空穴的浓度远大于自由电子的浓度，空穴为多子，自由电子为少子。

P 型半导体主要靠空穴导电，掺入的杂质越多，空穴的浓度越高，导电性能越强，因此导电性能可通过掺入杂质的浓度进行调控。

P 型半导体和 N 型半导体虽然各自都有一种多数载流子，但整个半导体中的正负电荷数是相等的，对外仍呈电中性。

1.2　PN 结的形成

在一块本征半导体上，采用一定的掺杂工艺，一侧形成 P 型半导体，另一侧形成 N 型半导体，在它们的交界面处就形成了 PN 结，PN 结是半导体器件最基本的结构。

1.2.1　PN 结的形成过程

如图 1-5（a）示，在 P 型半导体和 N 型半导体交界面附近，P 区空穴的浓度远高于 N 区，

N 区自由电子的浓度远高于 P 区，由于存在浓度差，会使得载流子进行扩散运动。P 区的多子空穴向 N 区扩散，N 区的多子自由电子向 P 区扩散。在扩散过程中，自由电子和空穴发生复合，电子和空穴成对消失。这样，在交界面附近，多子的浓度下降，P 区出现了负离子区，N 区出现了正离子区，它们是不能自由移动的电荷，称为空间电荷区，从而形成内建电场，方向由 N 指向 P。在电场力作用下，载流子的运动称为漂移运动。P 区少子电子向 N 区漂移，N 区少子空穴向 P 区漂移。可见，扩散运动和漂移运动方向是相反的。内建电场的存在促进少子的漂移运动，阻碍多子的扩散运动，当二者动态平衡时，形成 PN 结，如图 1-5（b）所示。

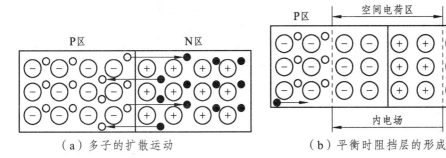

（a）多子的扩散运动　　　　　　　（b）平衡时阻挡层的形成

图 1-5　PN 结的形成

1.2.2　PN 结的单向导电性

PN 结最基本特性为单向导电性，即加正向电压，PN 结导通，加反向电压 PN 结截止。也正是因为这个特性，使得它成为半导体器件中最基本的结构单元。

1. PN 结加正向电压

如图 1-6 所示，当 PN 结外加正向电压，P 区接电源正极，N 区通过电阻接电源负极。外电场与内建电场方向相反，削弱了内建电场，破坏了原来的动态平衡，使扩散运动加剧，漂移运动减弱。此时，外电场将多数载流子推向空间电荷区，使其变窄。由于电源的作用，扩散运动将源源不断地进行，从而形成了正向电流，PN 结导通。需要注意的是回路中串联了一个电阻，它的作用是限制回路的电流，防止 PN 结因正向电流过大而损坏，因此称为限流电阻。

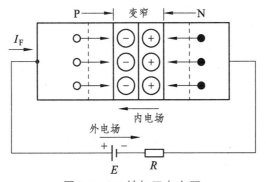

图 1-6　PN 结加正向电压

2. PN 结加反向电压

如图 1-7 所示，当 PN 结加反向电压，N 区通过电阻接电源正极，P 区接电源负极。外电场与内建电场方向相同，内建电场增强，空间电荷区变宽，使漂移运动加剧，扩散运动减弱。形成反向电流，也称为漂移电流。因为少子的数目极少，即使所有的少子都参与漂移运动，反向电流也非常小，因此 PN 结处于反向截止状态。

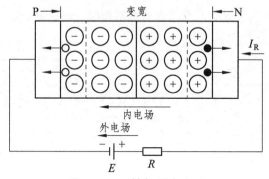

图 1-7　PN 结加反向电压

应当注意，少子是本征激发产生的，因此反向电流 I_R 受温度的影响比较大。综上所述，PN 结具有单向导电性，正向偏置时导通，正向电阻很小；反向偏置时截止，反向电阻很大。

1.3　半导体二极管

将 PN 结用外壳封装起来，并分别引出两根电极就构成了二极管。由 P 区引出的电极为阳极，由 N 区引出的电极为阴极。

1.3.1　二极管的结构与类型

二极管的类型很多，按照制造所用材料分，可分为硅二极管、锗二极管和砷化镓二极管等；按照用途分，可分为整流二极管、检波二极管、稳压二极管、开关二极管、发光二极管和变容二极管等；按照结构和制造工艺分，可分为点接触型二极管、面接触型二极管和平面型二极管，如图 1-8 所示。

点接触型二极管的特点是结面积小，因而结电容小，允许的工作电流小，常用于高频检波电路和混频电路；面接触型二极管的特点是结面积较大，允许通过较大电流，结电容也大，适用于工作频率较低的整流电路；平面型二极管的特点是结面积较大的能通过较大的电流，适用于大功率整流，结面积较小的结电容较小，适用于脉冲数字电路中做开关管。

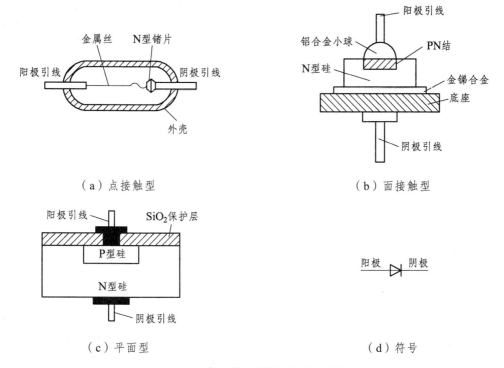

（a）点接触型　　　　　　　　　　　　（b）面接触型

（c）平面型　　　　　　　　　　　　（d）符号

图 1-8　半导体二极管的结构和符号

1.3.2　二极管的伏安特性

由半导体物理的理论可知，PN 结所加端电压 u 与流过它的电流 i 的关系，即二极管的伏安特性为

$$i = I_\mathrm{S}(\mathrm{e}^{\frac{qu}{kT}} - 1) \tag{1-1}$$

式中，I_S 为反向饱和电流，q 为电子电量，k 为玻尔兹曼常数，T 为热力学温度。其中 $\dfrac{kT}{q} = U_\mathrm{T}$，则得

$$i = I_\mathrm{S}(\mathrm{e}^{\frac{u}{U_\mathrm{T}}} - 1) \tag{1-2}$$

常温下，$T = 300\ \mathrm{K}$，$U_\mathrm{T} \approx 26\ \mathrm{mV}$。因此，不同管子的伏安特性曲线不同，图 1-9 给出了某二极管的伏安特性曲线。

1. 正向特性

当二极管外加正向电压时，即 PN 结上加正向电压使 PN 结的空间电荷区变薄，有利于多子扩散运动。当外加电压较小时，外加电场不足以抵消内电场对多子扩散运动的阻力，此时的正向电流极其微弱。只有当外加正向电压超过某个数值时，正向电流才明显增大，随外加电压按指数规律增大，此时，二极管处于正向导通状态。使二极管开始导通的临界电压称为开启电压，用 U_{on} 表示。通常硅（Si）管的开启电压约为 $0.6 \sim 0.8$ V，锗（Ge）管的开启电压约为 $0.1 \sim 0.3$ V。

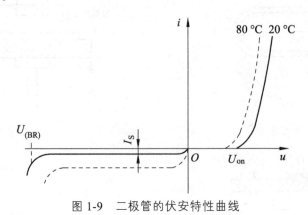

图 1-9　二极管的伏安特性曲线

2. 反向特性

当二极管外加反向电压时，反向电流很小，为微安数量级，二极管处于反向截止状态。当反向电压从零逐渐增大时，电流逐渐增大，这是因为参与漂移运动的少数载流子的数目逐渐增多，在外部看就是电流逐渐增大。但当电压大到一定程度之后，反向电流基本不变，是因为几乎所有少数载流子都参与了漂移运动，电压再增加也没有更多的少数载流子了，所以电流随反向电压的增加基本不变，此时的电流称为反向饱和电流。

当反向电压加到一定程度时，反向电流迅速增加，此时二极管击穿，称这个电压为击穿电压 U_{BR}。

在相同温度的条件下测试，Si 材料的反向饱和电流在 1 微安以下，Ge 材料的反向饱和电流在几十微安。由此可以看出，Si 材料制成的二极管单向导电性优于 Ge 材料的二极管。

二极管的损坏有两种情况：二极管正向电流过大，温升过高，使得二极管烧坏；二极管外加反向电压达到击穿电压后，如果电流不加限制，也会使得二极管永久损坏。

此外温度对二极管的特性曲线具有较大影响，温度升高，正向特性曲线左移，开启电压变小，反向特性曲线下移，反向饱和电流变大。

1.3.3　二极管的主要参数

1. 最大整流电流 I_F

最大整流电流是指二极管长期工作时，允许通过的最大正向电流。实际应用时，二极管的平均工作电流不允许超过 I_F，否则二极管将会过热而烧坏。

2. 最大反向工作电压 U_{RM}

最大反向工作电压是指二极管使用时允许加的最大反向工作电压。当反向工作电压超过 U_{RM} 时，二极管可能被击穿，为了安全，最大反向工作电压为 U_{RM} 的一半。

3. 反向饱和电流 I_S

由于反向饱和电流是由少子形成的，受温度影响很大，所以反向饱和电流是指在室温下加规定反向电压时测得的反向电流。I_S 越小，说明管子的单向导电性越好。

4. 二极管的直流电阻 R

二极管的直流电阻是指加在二极管两端的直流电压与通过二极管的直流电流的比值。二极管的正向电阻较小，约为几欧到几千欧；反向电阻较大，一般可以达到零点几兆欧。

5. 最高工作频率 f_M

最高工作频率是指二极管正常工作的上限频率。f_M 主要取决于 PN 结的结电容大小，结电容越大，允许的工作频率越低。当工作频率超过 f_M 时，二极管的单向导电性能变差。

在实际应用中，应根据管子使用的场合，按其承受的最高反向电压、最大整流电流、工作频率等参数，选择满足要求的二极管。

1.3.4 二极管的近似模型

二极管的特性曲线呈非线性，严格分析这种非线性电路非常困难。为了便于分析，常在一定条件下，选择适合的模型近似模拟二极管的特性。

1. 理想模型

二极管外加正向电压时，二极管导通，正向压降为 0，相当于开关闭合；当外加反向电压时，二极管截止，反向电流为 0，相当于开关断开。在实际的电路中，当电源电压远比二极管的管压降大时，可以使用理想模型来近似，如图 1-10（a）所示。

2. 恒压降模型

只有当外加正向电压大于开启电压 U_{on} 时，二极管才会导通，且导通压降 U_D 是恒定的，不随电流而变化，其特性曲线如图 1-10（b）所示。通常硅管 U_D 取 0.7 V，锗管取 0.2 V。

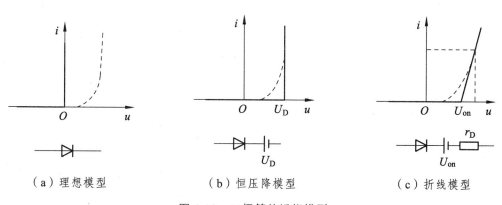

（a）理想模型   （b）恒压降模型   （c）折线模型

图 1-10 二极管的近似模型

3. 折线模型

该模型认为二极管的管压降随着正向电流的增加而增加，用电池 U_{on} 和电阻 r_D 串联来近似。若 $U_{on} = 0.5\text{ V}$，二极管的导通电流为 1 mA 时，导通压降为 0.7 V，则 r_D 数值为

$$r_D = \frac{U_D - U_{on}}{i_D} = \frac{0.7\text{ V} - 0.5\text{ V}}{1\text{ mA}} = 200\ \Omega \tag{1-3}$$

二极管的应用很广，利用二极管的单向导电性，可以组成整流、检波、限幅等电路，利用它的开关特性可以构成数字逻辑电路等。

【例 1-1】 某二极管构成的上限幅电路如图 1-11（a）所示，图中的 D 为理想二极管。设输入信号 $u_i = U_{im} \sin \omega t$，且 $U_{im} > V_{cc}$，试画出 u_o 的波形。

解： 当 $u_i < U_{cc}$ 时，二极管 D 截止，此时 R 中没有电流，输出电压 $u_o = u_i$；当 $u_i > V_{cc}$ 时，二极管 D 导通，忽略它的导通压降，输出电压 $u_o = V_{cc}$。输出波形如图 1-11（b）所示。

从波形上来看，限幅电路实际是把输入波形的一部分"削掉"，因此又被称为削波电路。此外，将电路中的二极管和电源 V_{cc} 反接，还可构成下限幅电路。

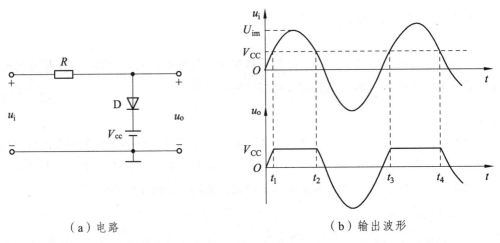

（a）电路 　　　　　　　　（b）输出波形

图 1-11　例 1-1 图

4. 二极管的交流模型

如图 1-12 所示电路，当二极管只在直流电压 V_{cc} 作用下，将有直流电流 I_D 产生，导通压降 U_D，在曲线上找到对应的那一点称为静态工作点 Q。

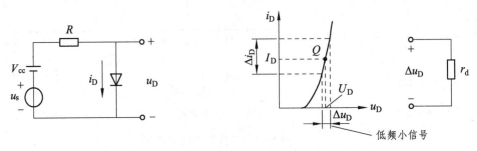

图 1-12　二极管的交流模型

若在电路中同时加微小的交流电源 u_s，则在 Q 点基础上外加微小的变化量 Δu_D，产生 Δi_D 的电流变化。可以用以 Q 点为切点的直线来近似曲线，即将二极管等效成一个动态电阻 r_d。其称为二极管的微变等效电路，也称为交流模型或动态模型。这里需要注意 u_s 必须是低频小信号，如果不是低频信号，二极管的电容效应将不能忽略，如果不是小信号，就不能用直线去近似曲线。

可见 Q 点越高，直线的斜率越大，即 r_d 的倒数越大，也就是随着 Q 点的升高，r_d 的阻值在减小。

当直流电源和交流电源共同作用时，可以利用叠加原理，先求出直流电源单独作用时，在回路中产生的直流电流；再求出交流电源单独作用时，在回路中产生的交流电流。回路中总电流是二者之和。

1.3.5　稳压二极管

稳压二极管是一种面接触型二极管，它是利用二极管反向击穿区实现稳压的一种特殊二极管。

1. 稳压二极管的伏安特性

如图 1-13 所示，稳压管正向特性曲线与普通二极管相同，与普通二极管的区别是它的反向击穿电压比较低，且反向击穿特性曲线陡峭。当稳压管工作在反向击穿区时，流过管子的电流在一定范围内变化，管子两端的电压基本保持不变，此时的反向击穿电压称为稳压二极管的稳定电压 U_z。

注意稳压管工作在反向击穿区，它的反向击穿是可逆的，只要不超过稳压管的允许电流，管子是不会烧坏的，在外加电压去除后，稳压管恢复原来性能。

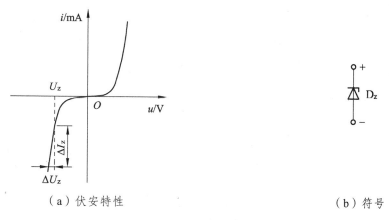

（a）伏安特性　　　　　　　　（b）符号

图 1-13　稳压管的伏安特性及符号

2. 稳压二极管的主要参数

1）稳定电压 U_z

稳定电压 U_z 是指稳压管正常工作时，管子两端的电压。对于同一类型的稳压管，由于制造工艺的原因，稳压值有一定的分散性，如 2CW14 压值为 6.0 ~ 6.5 V，但对于某个具体的稳压管，其 U_z 是 6.0 ~ 6.5 V 的一个确定值。

2）稳定电流 I_z

稳定电流 I_z 是指稳压管正常工作时所要求的最小电流，使用时必须保证工作电流大于 I_z，才能保证稳压管有较好的稳压性能。

3）最大稳定电流 I_{zmax}

最大稳定电流 I_{zmax} 是指稳压管允许通过的最大反向电流，超过此值，稳压管会因过热而损坏。

4）最大耗散功率 P_{ZM}

最大耗散功率 P_{ZM} 是指管子不至于发生热击穿的最大功率损耗， $P_{ZM} = U_z I_{zmax}$。

5）动态电阻 r_z

动态电阻 r_z 是指稳压管正常工作时，端电压的变化量与相应的电流变化量的比值。

$$r_Z = \frac{\Delta U_Z}{\Delta I_Z} \qquad (1\text{-}4)$$

稳压管的反向特性越陡峭， r_Z 越小，稳压性能就越好

6）电压温度系数 α_u

电压温度系数是指温度变化 1 ℃ 时，稳定电压变化的百分数。 α_u 越小，温度稳定性越好，一般低于 4 ℃ 时， α_u 为负值，高于 7 ℃ 时， α_u 为正值，在 4 ~ 7 V 区间，温度系数很小。

3. 稳压管稳压电路

如图 1-14 所示为利用稳压管实现的稳压电路，若电源电压波动，使得 U_I 降低，引起稳压管 D_Z 上电流显著下降，流过 R_S 上的电流 I_{R_S} 将下降， R_S 上压降减少，使得 U_O 上升，维持 D_Z 稳定电压输出，反之亦然。

$$U_I \downarrow \rightarrow U_o \downarrow \rightarrow I_z \downarrow \rightarrow U_o \uparrow$$

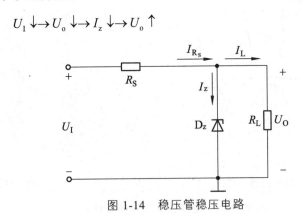

图 1-14　稳压管稳压电路

【**例 1-2**】在图 1-14 所示稳压管电路中，已知 $U_I = 10$ V，稳压管的稳定电压 $U_Z = 6$ V，最小稳定电流 $I_{Zmin} = 5$ mA，最大稳定电流 $I_{Zmax} = 25$ mA，负载电阻 $R_L = 600\ \Omega$。求解限流电阻 R_s 的取值范围。

解： R_s 上电流 I_{R_s} 等于稳压管中电流 I_Z 和负载电流 I_L 之和，即 $I_{R_s} = I_Z + I_L$。

因为，$I_Z = (5 \sim 25)\text{mA}$，$I_L = \dfrac{U_Z}{R_L} = \left(\dfrac{6}{600}\right)\text{A} = 0.01\ \text{A} = 10\ \text{mA}$。

所以，$I_R = (15 - 35)\text{mA}$。

R_s 上电压 $U_{R_s} = U_I - U_Z = (10 - 6) = 4\ \text{V}$，因此

$$R_{s\max} = \frac{U_{R_s}}{I_{R\min}} = \left(\frac{4}{15 \times 10^{-3}}\right)\Omega \approx 267\ \Omega$$

$$R_{s\min} = \frac{U_{R_s}}{I_{R\max}} = \left(\frac{4}{35 \times 10^{-3}}\right)\Omega \approx 114\ \Omega$$

限流电阻 R_s 的取值范围为 $114 \sim 267\ \Omega$。

1.3.6 其他二极管

1. 发光二极管

发光二极管是一种发光效率高的新型冷光源。由于其体积小、耗电低、寿命长、单色性好等特点，常用作照明光源、数码显示器、矩阵显示屏等。如图 1-15 所示为七段数码管显示器应用电路。七段数码管不同字段发光可以显示数字 0、1、2、3、4、5、6、7、8、9，a、b、c、d、e、f、g 全亮显示 8，a、c、d、e、f、g 全亮显示 6。当把二极管做成矩阵，每个二极管作为一个点，不同的点发光可以显示不同的图形图像。若每个发光点可以发出红、绿、蓝不同的色光，则可显示彩色图像，可用作彩色显示屏，如图 1-16 所示。

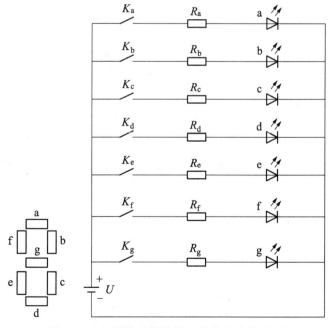

图 1-15 七段数码管符号及其应用电路原理

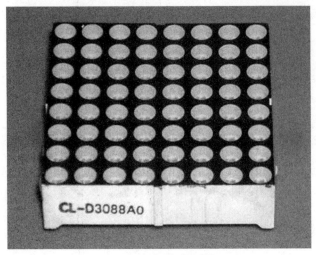

图 1-16 矩阵显示屏

2. 光电二极管

光电二极管（又称为光敏二极管）的结构与普通二极管相似，只是在管壳上留有一个光线能够射入的玻璃窗口，在无光照入时，它与普通二极管一样具有单向导电性。当有光线照入时，PN 结处就会激发出大量的电子、空穴对。当光电二极管加反向电压时，这些激发的载流子通过外电路就会形成反向电流（称为光电流)，这个反向电流与入射光的照度有极好的线性关系。因此光电二极管可用来测量光照强度，也可作为光电池。图 1-17 是光电二极管的符号及应用电路。

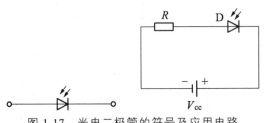

图 1-17 光电二极管的符号及应用电路

光电二极管往往与发光二极管一起使用，如图 1-18 所示为光电耦合器，前端电路将电信号转换为发光二极管发出的光，后级光电二极管接收前级光照而产生光电流，负载上产生电压，将前级电信号通过光耦合到后级，同时又避免了前后级间的信号相互影响，实现了电隔离。

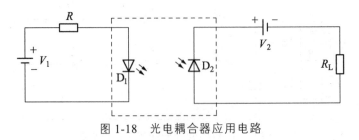

图 1-18 光电耦合器应用电路

3. 变容二极管

PN 结加反向电压时，PN 结呈现势垒电容，该电容随着方向电压增大而减小，利用这一特性制成的二极管，叫作变容二极管。如图 1-19 所示为变容二极管的符号和变容二极管结电容随其所加的反向电压变化关系曲线。变容二极管被广泛应用于高频电子线路中的自动调谐、频率调制、相位调制等。

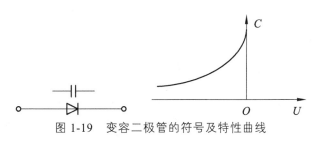

图 1-19 变容二极管的符号及特性曲线

1.4 晶体三极管

晶体三极管又称为双极型三极管，简称为三极管。因其放大特性，三极管常作为放大电路的核心元件，它能够控制能量的转换，将微小变化的输入不失真地放大输出；因其开关特性，三极管被广泛应用于数字逻辑电路中。

1.4.1 三极管的结构和分类

如图 1-20 所示为三极管的结构示意图和电路符号。是在一块半导体基片上分别制作成三个杂质区，分别是发射区、基区和集电区，由三个区引出的电极分别命名为发射极 e、基极 b、集电极 c。在发射区和基区的交界处形成的 PN 结因为与发射区相邻，称为发射结。在集电区和基区交界处形成的 PN 结因为与集电区相邻，称为集电结。

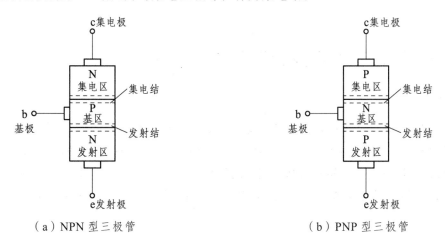

（a）NPN 型三极管　　　　　　　　（b）PNP 型三极管

（c）NPN 型三极管　　　　　　　　　（d）PNP 型三极管

图 1-20　三极管的结构及符号

　　需要说明的是，为了保证三极管的放大作用，制作时发射区掺杂浓度远远高于集电区掺杂浓度，基区掺杂浓度很低且很薄，集电区的面积比发射区大。因此，结构上不具有对称性，发射极 e 和集电极 c 不能互换。

　　三极管的种类很多，按照功率大小分，有小功率、中功率和大功率管之分；按照工作频率分，有低频和高频管之分；按照制作材料分，有硅管和锗管之分；按照结构分，有 NPN 和 PNP 管之分。实际应用中可根据不同的需求选择合适的三极管。常见的三极管外形如图 1-21 所示。

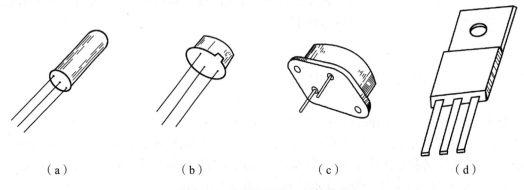

（a）　　　　　　　　（b）　　　　　　　　（c）　　　　　　　　（d）

图 1-21　几种常见的三极管外形

1.4.2　三极管的电流分配与放大作用

1. 电流分配

　　如图 1-22 所示，由电源 V_{BB}、电阻 R_b、基极 b 和发射极 e 组成输入回路，电源 V_{CC}、电阻 R_c、集电极 c 和发射极 e 组成输出回路，发射极 e 是输入、输出回路的公共端，故称为共发射极放大电路。$V_{BB} > U_{on}$ 使发射结正偏，满足 $U_{CB} \geqslant 0(U_{CE} \geqslant U_{BE})$ 发射结反偏的放大条件。改变电阻 R_b，测量基极电流 I_B，集电极电流 I_C 和发射极电流 I_E，结果如表 1-1 所示。

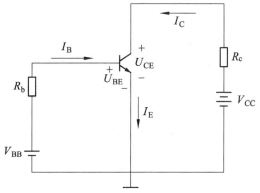

图 1-22　共发射极实验测试电路

从实验测得的一组数据可以看出 $I_E = I_C + I_B$ ，$I_E \approx I_C$ ，当 $I_B = 0.02$ mA 时，$I_C = 0.7$ mA ，I_C 等于 35 倍的 I_B。三极管的放大作用表现为小的基极电流 I_B 可以控制大的集电极电流 I_C。

表 1-1　三极管电流测试数据

参数	测试数据					
I_B/mA	0.00	0.02	0.04	0.06	0.08	0.1
I_C/mA	<0.001	0.70	1.50	2.30	3.1	3.95
I_E/mA	<0.001	0.72	1.54	2.36	3.18	4.05

三极管具有电流放大作用的外部条件是发射结加正向电压，即发射结正偏；集电结加反向电压，即集电结反偏。三极管若要实现放大，必须从三极管内部结构和外部所加电源的极性来保证。

下面以图 1-23 为例，来说明三极管内部的载流子运动。

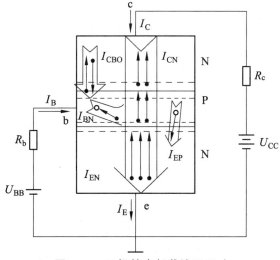

图 1-23　三极管内部载流子运动

2. 发射区向基区发射电子

在发射结正偏的情况下，发射区的多子电子向基区扩散，形成扩散电流 I_{EN}，同时，基区多子空穴向发射区扩散，形成扩散电流 I_{EP}，由于基区轻掺杂，发射区重掺杂，所以 I_{EP} 比 I_{EN} 小得多。

3. 电子在基区的扩散与复合

扩散到基的电子少部分会与空穴复合，形成电流 I_{BN}，由于基区轻掺杂且薄，所以 I_{BN} 较小，微安数量级。

4. 集电区收集电子

集电结反偏，使得扩散到基区的电子通过漂移运动越过集电结被集电区收集，形成漂移电流 I_{CN}，显然 I_{CN} 比 I_{EN} 小。同时，由于集电结反偏，在集电区与基区之间存在漂移电流 I_{CBO}。

从内部看各电流分量之间的关系：$I_C = I_{CN} + I_{CBO}$，$I_B = I_{BN} + I_{EP} - I_{CBO}$，$I_E = I_{EN} + I_{EP}$，从外部看，$I_E = I_B + I_C$。

I_C 为输出回路电流，I_B 为输入回路电流，$I_C = \bar{\beta} I_B + (1 + \bar{\beta}) I_{CBO} = \bar{\beta} I_B + I_{CEO}$，$\bar{\beta}$ 称为直流电流放大系数，I_{CEO} 称为穿透电流。之所以称为穿透电流，是因为 I_{CEO} 是基极开路，也就是 $I_B = 0$ 时集电极与发射极之间的电流。

一般情况下，$\bar{\beta}$ 远远大于 1，因此，在共射放大电路中，三极管具有电流放大作用。

1.4.3 三极管的特性曲线

前面分析了三极管内部的载流子运动，知道了各电流分量之间的关系，下面从晶体三极管外部特性着手，分析各电极之间的电压和电流的关系。

1. 输入特性曲线

在共射放大电路中，在 U_{CE} 等于常数时，描述基极电流和发射结电压之间的关系，称为三极管的输入特性，如图 1-24 所示，即 $i_B = f(u_{BE})\big|_{U_{CE}}$。

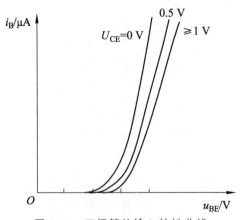

图 1-24 三极管的输入特性曲线

当 $U_{CE}=0$ 时，相当于集电极与发射极短路，即发射结与集电结并联，因此，输入特性曲线和 PN 结的伏安特性曲线类似，呈指数关系。

当 U_{CE} 增大时，曲线将右移。因为集电结反向电压 U_{CE} 增大，使得由发射区注入基区的非平衡少子电子更多地被集电区收集，导致在基区复合的数量减少，基极电流减小。因此，要获得同样的 i_B 就必须加大 u_{BE}，使发射区向基区注入更多的电子。

当 $U_{CE} \geq 1$ 时，对于小功率管，曲线不再明显右移而基本重合。实际上，对于确定的 U_{CE}，当 U_{CE} 增大到一定程度之后，集电结的电场已足够强，可以将发射区注入到基区的绝大部分电子收集到集电区，再增大 U_{CE}，i_C 也不可能明显增大了，也就是 i_B 已基本不变。

2. 输出特性曲线

在 I_B 等于常数时，描述集电极电流和管压降之间的关系，称为三极管的输出特性，如图 1-25 所示，即 $i_C=f(u_{CE})|_{I_B}$。它描述的是 I_B 等于不同值时，i_C 和 u_{CE} 之间的关系，因此它是一组特性曲线。

从输出特性可以看出，三极管有三个工作区域。

（1）饱和区：当 u_{CE} 从零逐渐增大时，集电结反向电压增大，电场增强，集电区收集非平衡少子电子的能力增强，因此集电极电流 i_C 逐渐增大。

（2）放大区：当 u_{CE} 增大到一定数值时，集电结电场足以收集基区绝大多数非平衡少子电子，即使 u_{CE} 再增大，收集能力也不能明显提高，表现在外部就是 i_C 基本不变，几乎和横轴平行。此时，i_C 几乎仅仅决定于 i_B，与 u_{CE} 无关，表现出 i_B 对 i_C 的控制作用。

U_{CE} 等于某一固定值时，Δi_C 除以 Δi_B 为交流电流放大系数 β。近似分析中可以认为 β 和直流电流放大系数 $\bar{\beta}$ 相等。

（3）截止区：$I_B=0$，而 $i_C \leq I_{CEO}$，对于小功率的硅管，I_{CEO} 在 1 μA 以下，因此在近似分析中认为三极管截止，$i_C \approx 0$。

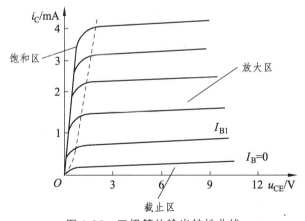

图 1-25　三极管的输出特性曲线

从输出特性可以看出，三极管有三个工作区域，放大区、饱和区、截止区。在模拟电路中，绝大多数情况下应保证三极管工作在放大状态。而在数字电路中，三极管经常工作在截止区和饱和区。

要使三极管工作在放大区，需保证发射结正偏，集电结反偏。对于共射电路，需满足 $u_{BE} > U_{on}$ 且 $u_{CE} \geqslant u_{BE}$（$u_{CE} - u_{BE} \geqslant 0$，即 $u_{CB} \geqslant 0$），$u_{CB} > 0$ 时，集电结反偏；$u_{CB} = 0$ 时，集电结零偏，三极管处于临界放大状态或临界饱和状态。

要使三极管工作在截止区，需保证发射结电压小于开启电压，且集电结反偏。对于共射电路，需满足 $u_{BE} \leqslant U_{on}$ 且 $u_{CE} > u_{BE}$。

要使三极管工作在饱和区，发射结与集电结均正偏。对于共射电路，需满足 $u_{BE} > U_{on}$ 且 $u_{CE} < u_{BE}$。

在实际电路中，我们测出三极管三个电极的电位，通过比较 u_{BE} 与 U_{on} 的大小，u_{CE} 与 u_{BE} 的大小，就可以判断出三极管的工作状态。

【例 1-3】 已知晶体管各极电位如图 1-26 所示，试判断晶体管是硅管还是锗管，分别处于何种工作状态（饱和、放大或截止）？

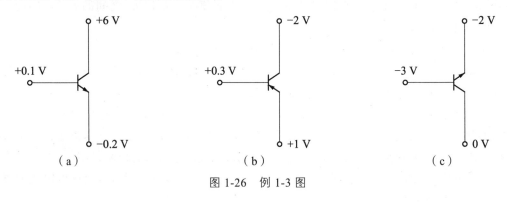

图 1-26　例 1-3 图

解： 判断锗管或硅管，主要是看其导通时发射结的压降大小，若 $|U_{BE}| = 0.7 \text{ V}$ 左右，则为硅管，$|U_{BE}| = 0.2 \text{ V}$ 左右，则为锗管；而判断晶体管的工作状态，主要通过分析其两个 PN 结的偏置状态，具体对应关系如表 1-2 所示。

表 1-2　工作状态与 PN 结偏置状态

工作状态	结偏置	
	发射结	集电结
截止	反偏或者零偏	反偏
放大	正偏	反偏
饱和	正偏	正偏或者零偏

图 1-26（a）为 NPN 型管，$U_{BE} = 0.1 - (-0.2) = 0.3 \text{ V}$，发射结正偏；$U_{BC} = 0.1 - 6 = -5.9 \text{ V}$，集电结反偏。故该管工作在放大状态，且为锗管。

图 1-26（b）为 PNP 型管，$U_{EB} = 1 - 0.3 = 0.7 \text{ V}$，发射结正偏；$U_{CB} = -2 - 0.3 = -2.3 \text{ V}$，集电结反偏。故该管工作在放大状态，且为硅管。

图 1-26（c）为 NPN 型管，$U_{BE} = -3 - (-2) = -1 \text{ V}$，发射结反偏；$U_{BC} = -3 - 0 = -3 \text{ V}$，集电结反偏。故该管工作在截止状态。

1.4.4　三极管的主要参数

三极管的特性除了用输入和输出特性曲线描述之外，还可以用一些参数来表示它的性能和使用范围。三极管的参数也是设计电路时选择三极管的依据。常用的主要参数包括如下几个。

1. 电流放大系数

当三极管接成共射极放大电路时，其电流放大系数用 β 表示。当三极管接成共基极放大电路时，其直流电流放大系数用 $\bar{\alpha}$ 表示，即

$$\bar{\alpha} = \frac{I_C}{I_E} \tag{1-5}$$

其交流电流放大系数用 α 表示，即

$$\alpha = \frac{\Delta I_C}{\Delta I_E} \tag{1-6}$$

在低频小信号放大电路中，往往近似认为 $\alpha = \bar{\alpha}$，并在以后电路分析中不再加以区分。根据三极管内部载流子的运动规律，集电极电流和发射极电流近似相等，所以 α 是一个小于 1 而接近于 1 的数。

2. 极间反向电流

1）集电极-基极间反向饱和电流 I_{CBO}

I_{CBO} 是指发射极开路时集电结的反向饱和电流，由少数载流子的漂移运动形成，因此对温度比较敏感。I_{CBO} 的大小是三极管质量好坏的标志之一。I_{CBO} 越小越好，小功率硅管约为几微安，锗管约为几十微安（见图 1-27）。

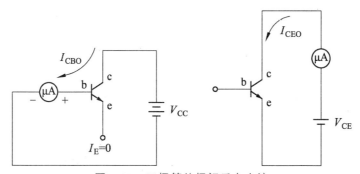

图 1-27　三极管的极间反向电流

2）集电极-发射极间的穿透电流 I_{CEO}

I_{CEO} 是指基极开路时，在集电极和发射极之间加上一定电压时所产生的电流，也叫作穿透电流。I_{CEO} 的大小约为 I_{CBO} 的 β 倍，受温度影响严重，因此它对三极管的性能影响较大。

3. 极限参数

1）最大集电极电流 I_{CM}

集电极电流 I_C 在一个较大范围内变化时，β 值基本保持不变。但当 I_C 超过一定值时，三极管的 β 值要下降。I_{CM} 定义为 β 下降到其额定值 2/3 时的集电极电流，称为集电极最大允许电流。因此，在使用三极管时，I_C 超过 I_{CM} 并不一定会使三极管损坏，但以降低 β 值为代价。

2）集电极-发射极间反向击穿电压 $U_{(BR)CEO}$

基极开路时，加在集电极和发射极之间的最大允许电压，称为集电极-发射极间反向击穿电压 $U_{(BR)CEO}$。当三极管集电极-发射极间电压 U_{CE} 大于 $U_{(BR)CEO}$ 时，I_{CEO} 突然大幅度上升，说明三极管已被击穿。为了电路工作可靠，应取集电极电源电压 $V_{CC} \leqslant \left(\dfrac{1}{2} \sim \dfrac{2}{3}\right) U_{(BR)CEO}$。

3）集电极最大允许功率损耗 P_{CM}

P_{CM} 是指集电极上所消耗的最大功率。集电极上消耗的功率 $P_C = I_C U_{CE}$，由于集电结反偏，所以功率主要消耗在集电结上，并表现为温度的升高，过高的温度会导致三极管工作不正常甚至烧坏。对于确定型号的三极管，P_{CM} 是一个确定值，即 $P_{CM} = i_C u_{CE}$ 为常数，在输出特性坐标平面中为双曲线中的一条。由 I_{CM}、P_{CM}、$U_{(BR)CEO}$ 围成的区域为三极管安全工作区，曲线的右上方为过损耗区（见图 1-28）。

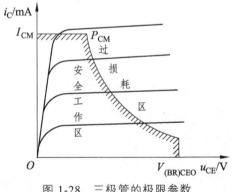

图 1-28　三极管的极限参数

1.4.5　三极管的微变等效电路

三极管属于非线性元件，如果能在一定条件下将特性线性化，建立线性模型，就可以用线性电路的分析方法来分析三极管电路。线性化的条件就是三极管在小信号（微变量）情况下工作。这才能在静态工作点附近的小范围内用直线段近似地代替三极管的特性曲线。

根据放大电路的工作频率，三极管的小信号等效电路有低频和高频之分。低频小信号等效电路是在输入信号电压幅值较小，信号频率较低（三极管的极间电容视为开路）的条件下，将三极管在 Q 点附近小范围所等效的线性模型。下面从共发射极放大电路中三极管的输入特性、输出特性两方面进行讨论。

图 1-29 所示三极管的输入特性曲线为非线性的。但当输入信号很小时，在静态工作点 Q 附近的曲线可近似为直线。当 U_{CE} 为常数时，ΔU_{BE} 与 ΔI_B 之比为

$$r_{be} = \frac{\Delta U_{BE}}{\Delta I_B}\Big|U_{CE} = \frac{u_{be}}{i_b}\Big|U_{CE} \tag{1-7}$$

r_{be} 称为三极管的输入电阻。因此，三极管的输入电路可用 r_{be} 等效代替。常温下低频小功率三极管的输入电阻常用下式估算，即

$$r_{be} \approx r_{bb'} + (1+\beta)\frac{U_T}{I_E} \tag{1-8}$$

式中，常温下，$U_T = \frac{kT}{q} \approx 26\ \mathrm{mV}$。$I_E$ 为发射极电流的静态值，$r_{bb'}$ 为三极管基区的体电阻，对于小功率的三极管，一般取 $100 \sim 300\Omega$。需要注意的是，r_{be} 为动态电阻，从输入特性曲线上可以看出，其大小与 Q 点的位置有关。

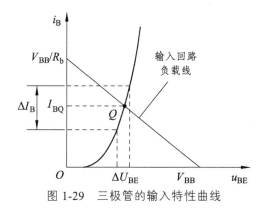

图 1-29　三极管的输入特性曲线

图 1-30 所示三极管的输出特性曲线，在放大区是一组近似与横轴平行的直线。

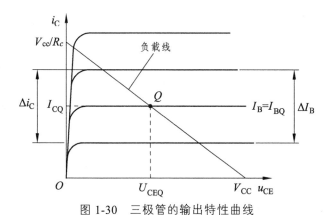

图 1-30　三极管的输出特性曲线

当 U_{CE} 为常数时，ΔI_C 与 ΔI_B 之比为

$$\beta = \frac{\Delta I_C}{\Delta I_B}\Big|U_{CE} = \frac{i_c}{i_b}\Big|U_{CE} \tag{1-9}$$

β 为三极管的电流放大系数，由它确定 i_c 受 i_b 控制的关系。因此，三极管的输出电路可用一受控电流源 $i_c = \beta i_b$ 代替，以表示三极管的电流控制作用。可见，当 $i_b = 0$ 时，i_c 则为零，所以它是一个受输入电流 i_b 控制的电流源。实际的三极管输出特性曲线不完全与横轴平行，当 I_B 等于常数时，ΔU_{CE} 与 ΔI_C 之比为

$$r_{ce} = \frac{\Delta U_{CE}}{\Delta I_C}\Big|I_B = \frac{u_{ce}}{i_c}\Big|I_B \qquad (1\text{-}10)$$

r_{ce} 称为三极管的输出电阻。因此，三极管的输出电路可以等效为受控电流源和输出电阻的并联。由于 r_{ce} 的阻值很高，约为几十千欧到几百千欧，所以在后面微变等效电路中将其忽略不计。

图 1-31 所示为三极管的微变等效电路。

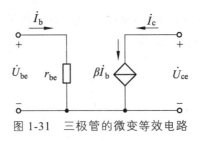

图 1-31　三极管的微变等效电路

本章小结

1. 半导体基础知识

电子器件制作中应用最多的半导体材料是硅（Si）和锗（Ge）。半导体中参与导电的载流子有自由电子和空穴。在外加电场作用下，自由电子逆着电场方向运动，空穴顺着电场方向运动，总的电流是两者之和。

本征半导体是完全纯净、具有晶体结构的半导体。本征半导体材料中掺入一定量的特定杂质，可以明显地改变半导体的导电性能。在纯净的本征半导体（Si）中掺入 5 价元素，多子是自由电子，主要靠自由电子导电，称为 N 型半导体；在纯净的本征半导体（Si）中掺入 3 价元素，多子是空穴，主要靠空穴导电，称为 P 型半导体。

P 型半导体和 N 型半导体虽然各自都有一种多数载流子，但整个半导体中的正负电荷数是相等的，对外仍呈电中性。

2. PN 结

在一块本征半导体上，采用一定的掺杂工艺，一侧形成 P 型半导体，另一侧形成 N 型半导体，在它们的交界面处就形成了 PN 结。

PN 结最基本特性为单向导电性，即加正向电压，PN 结导通；加反向电压，PN 结截止。也正是因为这个特性，使得它成为半导体器件中最基本的结构单元。

3. 二极管

将 PN 结用外壳封装起来，并分别引出两根电极就构成了二极管。由 P 区引出的电极为阳极，由 N 区引出的电极为阴极。

二极管的类型很多，按照制造所用材料分，可分为硅二极管、锗二极管和砷化镓二极管等；按照用途分，可分为整流二极管、检波二极管、稳压二极管、开关二极管、发光二极管和变容二极管等；按照结构和制造工艺分，可分为点接触型二极管、面接触型二极管和平面型二极管。

二极管的伏安特性，$i = I_s(e^{\frac{u}{U_T}} - 1)$。常温下，$T = 300$ K，$U_T \approx 26$ mV。

通常硅管的导通电压约为 0.6 ~ 0.8 V，锗管的导通电压约为 0.1 ~ 0.3 V。当反向电压加到一定程度时，反向电流迅速增加，此时二极管击穿，称这个电压为击穿电压 U_{BR}。

稳压二极管是一种面接触型二极管，它是利用二极管反向击穿区实现稳压的一种特殊二极管。

4. 三极管

半导体三极管是由两个 PN 结组成的三端有源器件。有 NPN 型和 PNP 型两大类，两者电压、电流的实际方向相反，但具有相同的结构特点，即基区宽度薄且掺杂浓度低，发射区掺杂浓度高，集电结面积大，这一结构上的特点是三极管具有电流放大作用的内部条件。三极管具有电流放大作用的外部条件是发射结加正向电压，即发射结正偏，集电结加反向电压，即集电结反偏。

三极管的特性曲线是指各极间电压与各极间电流的关系曲线，最常用的是输出特性曲线和输入特性曲线。它们是三极管内部载流子运动的外部表现，因而也称为外部特性。

三极管各电极电流之间的关系为

$$I_E = I_C + I_B$$
$$I_C \approx \beta I_B$$
$$I_C = \alpha I_E \approx I_E$$

在低频小信号作用下，三极管可以用线性模型去等效，输入电路可用 r_{be} 等效，即 $r_{be} \approx r_{bb'} + (1+\beta)\frac{26 \text{ mV}}{I_E}$。输出电路等效为电流控制的电流源，即 $i_C = \beta i_B$。

习 题

1. 选择题

（1）在本征 Si 中加入 5 价元素可形成（   ）半导体，加入 3 价元素可形成（   ）半导体。

    A. P 型、N 型　　　　　　B. N 型、P 型　　　　　　C. 不确定

（2）尽管 N 型半导体的多子是（   ），但仍显电中性。

    A. 自由电子　　　　　　B. 空穴　　　　　　C. 空穴和电子

（3）PN结加正向电压时，空间电荷区将（　　　）。

　　A. 窄　　　　　　　　　　　B. 宽　　　　　　　　　　　C. 不变

（4）PN结加反向电压时，少子的漂移运动比多子的扩散运动（　　　），所以回路电流很小，可以看成截止状态。

　　A. 弱　　　　　　　　　　　B. 强　　　　　　　　　　　C. 不确定

（5）设二极管的端电压为U，则二极管的电流方程是（　　　）。

　　A. $I_S e^U$　　　　　　　　B. $I_S e^{U/U_T}$　　　　　　C. $I_S(e^{U/U_T}-1)$

（6）当温度升高时，二极管的反向饱和电流将（　　　）。

　　A. 增大　　　　　　　　　　B. 不变　　　　　　　　　　C. 减小

（7）稳压管的稳压区是其工作在（　　　）状态。

　　A. 正向导通　　　　　　　　B. 反向截止　　　　　　　　C. 反向击穿

（8）在单管共射极放大电路中，PNP管的各电极电位大小为（　　　）。

　　A. $V_C>V_B>V_E$　　　　　B. $V_C<V_B<V_E$　　　　　C. $V_C>V_E>V_B$

（9）当三极管工作在放大区时，发射结电压和集电结电压应为（　　　）。

　　A. 反偏、反偏　　　　　　　B. 正偏、反偏　　　　　　　C. 正偏、正偏

2. 基本题

（1）求图1-32中各电路图的输出电压值，设二极管导通电压$U_D=0.7\text{ V}$。

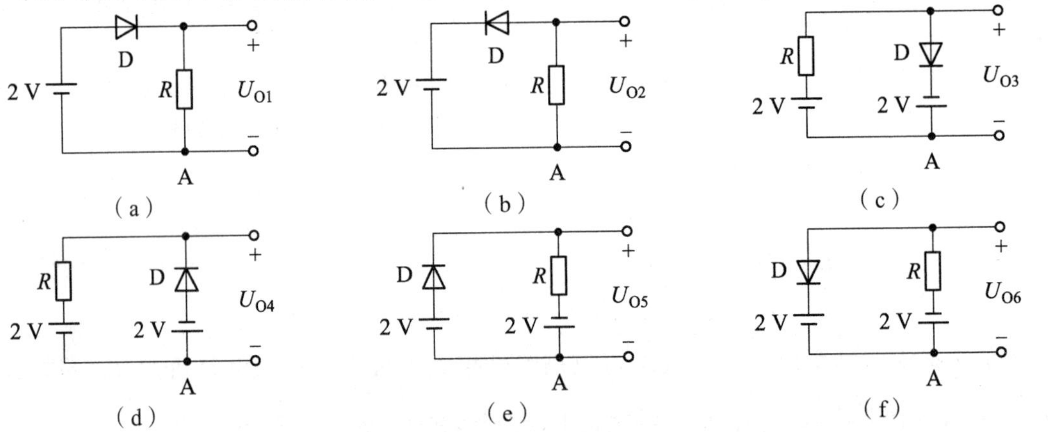

图1-32　题（1）图

（2）如图1-33所示，试判断图中的二极管是导通还是截止，并求出AO两端电压U_{AO}，二极管为理想模型。

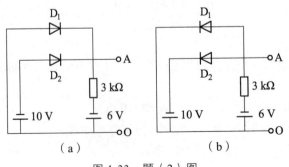

图1-33　题（2）图

（3）如图 1-34 所示，电源 $u_s = 2\sin\omega t(V)$，试分别使用二极管理想模型和恒压降模型（ $u_D = 0.7\ V$ ）分析，绘出负载两端的电压波形，并标出幅值。

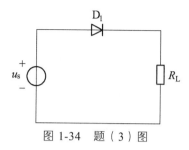

图 1-34　题（3）图

（4）如图 1-35（a）所示，D_1、D_2 管导通压降均为 0.7 V，图 1-35（b）为输入 U_1、U_2 的波形，试画出输出 U_o 的波形。

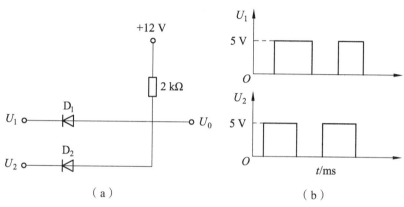

（a）　　　　　　　　　　（b）

图 1-35　题（4）图

（5）如图 1-36 所示为二极管电路及输入波形，试画出 U_o 的波形。

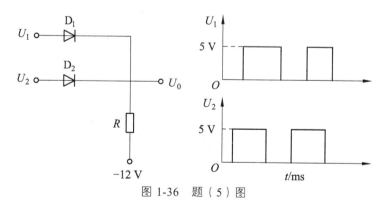

图 1-36　题（5）图

（6）电路如图 1-37 所示，① 利用硅二极管恒压降模型求电路的 I_D 和 U_o；② 利用二极管的交流小信号模型求 u_o 的变化范围。

（7）电路如图 1-38（a）所示，二极管的伏安特性曲线如图 1-38（b）所示，常温下 $U_T \approx 26\ mV$，电容 C 对交流信号可视为短路；u_i 为正弦波，有效值为 10 mV。试问：

① 二极管在 u_i 为零时的电流和电压各为多少？

② 二极管中流过的交流电流有效值为多少？

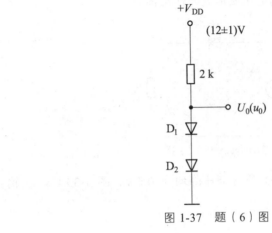

图 1-37 题（6）图

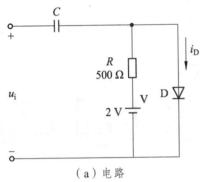

（a）电路

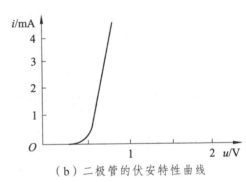

（b）二极管的伏安特性曲线

图 1-38 题（7）图

（8）如图 1-39 所示，已知稳压管的稳压值为 6 V，分别求下述 4 种情况下的输出电压 U_o。

① $U_I = 12$ V，$R = 4$ kΩ，$R_L = 8$ kΩ。

② $U_I = 12$ V，$R = 4$ kΩ，$R_L = 4$ kΩ。

③ $U_I = 24$ V，$R = 4$ kΩ，$R_L = 2$ kΩ。

④ $U_I = 24$ V，$R = 4$ kΩ，$R_L = 1$ kΩ。

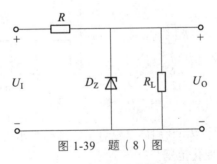

图 1-39 题（8）图

（9）如图 1-40 所示，已知 $U_I = 10$ V，稳压管的稳压值 $U_Z = 6$ V，稳定电流的最小值 $I_{Zmin} = 5$ mA。试问：

① 若 $R_L = 5$ kΩ，则 $R = 500$ kΩ 和 $R = 5$ kΩ 两种情况下的 U_o 各为多少？

② 若 R_L 的电流范围为 5～10 mA，则稳压管的最大稳定电流至少应取多少？

（10）测得放大电路中 3 只三极管 3 个电极的电位如图 1-40 所示。试分别判断它们管型、管脚和所用材料（即是硅管还是锗管）。

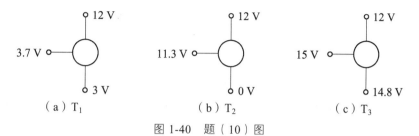

图 1-40　题（10）图

（11）测量某硅 BJT 各电极对地的电压值如下，试判别管子工作在什么区域？

① $V_C = 5$ V，$V_B = 0.7$ V，$V_E = 0$ V。

② $V_C = 5$ V，$V_B = 2$ V，$V_E = 1.3$ V。

③ $V_C = 5$ V，$V_B = 5$ V，$V_E = 4.4$ V。

④ $V_C = 5$ V，$V_B = 4$ V，$V_E = 3.6$ V。

⑤ $V_C = 3.6$ V，$V_B = 4$ V，$V_E = 3.4$ V。

（12）NPN 三极管接成如图 1-41 所示电路。用直流电压表测得 U_B、U_C、U_E 的电位为下述各组数据，试确定三极管各处于何种状态？

① $U_C = 5$ V，$U_B = 1.2$ V，$U_E = 0.5$ V。

② $U_C = 3.2$ V，$U_B = 3.2$ V，$U_E = 2.5$ V。

③ $U_C = 0.4$ V，$U_B = 1.0$ V，$U_E = 0.3$ V。

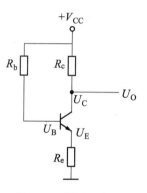

图 1-41　题（12）图

（13）分别判断图 1-42 所示各电路中三极管是否有可能工作在放大状态。

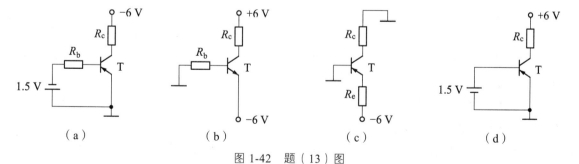

图 1-42　题（13）图

第1章 习题答案

1. 选择题

（1）B （2）A （3）A （4）B （5）C （6）A （7）C （8）B （9）B

2. 基本题

（1）解：首先判断电路中二极管的工作状态，方法：将二极管从电路中断开，选取电位零点，判断其阳极和阴极电位高低，若阳极电位比阴极电位高，则导通，否则截止。

图（a）选 A 点为零电位点，将二极管断开，阳极电位为 2 V，阴极电位 0 V，所以二极管导通，$U_{o1} = 2 - 0.7 = 1.3\ \text{V}$。

视频：题（1）解答

图（b）选 A 点为零电位点，将二极管断开，阳极电位为 0 V，阴极电位 2 V，二极管截止，回路中没有电流，电阻 R 两端压降为 0，即 $U_{o2} = 0$。

图（c）选 A 点为零电位点，将二极管断开，阳极电位为 2 V，阴极电位 -2 V，二极管导通，电阻 R 两端压降 $U_{o3} = 0.7 - 2 = -1.3\ \text{V}$。

图（d）选 A 点为零电位点，将二极管断开，阳极电位为 -2 V，阴极电位 2 V，二极管截止，电阻 R 两端压降 $U_{o4} = 2\ \text{V}$。

图（e）选 A 点为零电位点，将二极管断开，阳极电位为 2 V，阴极电位 -2 V，二极管导通，电阻 R 两端压降 $U_{o5} = 2\ \text{V} - 0.7 = 1.3\ \text{V}$。

图（f）选 A 点为零电位点，将二极管断开，阳极电位为 -2 V，阴极电位 2 V，二极管截止，电阻 R 两端压降 $U_{o6} = -2\ \text{V}$。

（2）解：

图（a）以 A 点为零电位点，将二极管 D_1 和 D_2 断开，D_1 阳极电位 $U_{D1} = 6\ \text{V}$，D_2 阳极电位 $U_{D2} = -10 + 6 = -4\ \text{V}$，$D_1$ 阳极电位比阴极电位高，而 D_2 阳极电位比阴极电位低，故 D_1 导通，D_2 截止。

图（b）以 A 点为零电位点，将二极管 D_1 和 D_2 断开，D_1 阴极电位 $U_{D1} = 6\ \text{V}$，D_2 阴极电位 $U_{D2} = -10 + 6 = -4\ \text{V}$，$D_1$ 阴极电位比阳极电位高，而 D_2 阳极电位比阴极电位高，故 D_1 截止，D_2 导通。

（3）解：分析二极管是否导通时，判断阳极和阴极电位的高低，若阳极电位高于阴极电位，则二极管导通，否则截止。

理想模型：二极管导通时 $u_D = 0$，$u_s > 0$ 时，二极管阳极电位高，则二极管导通，u_s 全部加到负载 R_L 上；$u_s < 0$ 时，二极管阴极电位高，则二极管截止，负载 R_L 上压降为 0。u_s 与 u_L 波形如图 1-43（a）所示。

恒压降模型：二极管等效为 0.7 V 电源和理想二极管的串联。$u_s > 0.7$ 时，二极管阳极电位高，则二极管导通，负载 R_L 电压 $u_L = u_s - u_D$；$u_s < 0.7$ 时，二极管阴极电位高，则二极管截止，回路中电流 $i_L = 0$，即 $u_L = 0$。u_s 与 u_L 波形如图 1-43（b）所示。

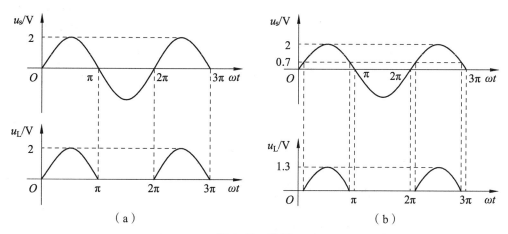

（a）　　　　　　　　　　　（b）

图 1-43　波形

（4）解：$U_1 = 0$、$U_2 = 0$ 时，D_1 和 D_2 均导通，$U_o = 0.7\ \text{V}$；$U_1 = 0$、$U_2 = 5\ \text{V}$ 时，D_1 导通，D_2 截止，$U_o = 0.7\ \text{V}$；$U_1 = 5\ \text{V}$、$U_2 = 0$ 时，D_1 截止，D_2 导通，$U_o = 0.7\ \text{V}$；$U_1 = 5\ \text{V}$、$U_2 = 5\ \text{V}$ 时，D_1 和 D_2 均导通，$U_o = 5.7\ \text{V}$。其波形如图 1-44 所示。

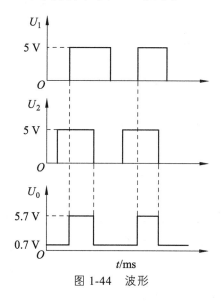

图 1-44　波形

（5）解：$U_1 = 0$、$U_2 = 0$ 时，D_1 和 D_2 均导通，$U_o = -0.7\ \text{V}$；$U_1 = 0$、$U_2 = 5\ \text{V}$ 时，D_1 截止，D_2 导通，$U_o = 4.3\ \text{V}$；$U_1 = 5\ \text{V}$、$U_2 = 0$ 时，D_1 导通，D_2 截止，$U_o = 4.3\ \text{V}$；$U_1 = 5\ \text{V}$、$U_2 = 5\ \text{V}$ 时，D_1 和 D_2 均导通，$U_o = 4.3\ \text{V}$。其波形如图 1-45 所示。

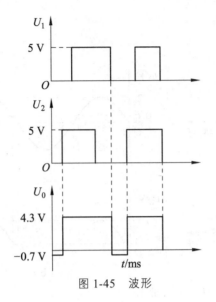

图 1-45　波形

视频：题（5）解答

（6）解：① $V_{DD}=12\ V$，两个串联二极管均正向导通，此时，

$$I_D=\frac{V_{DD}-2\times0.7}{2}=5.3\ mA\ ，\quad U_o=2\times0.7=1.4\ V$$

② 二极管在 Q 点（U_D,I_D）下的动态电阻为

$$r_d=\frac{U_T}{I_D}=\frac{26\ mV}{5.3\ mA}=4.9\ \Omega$$

视频：题（6）解答

2 个二极管串联的动态电阻为 9.8 Ω，在波动电源电压 $\Delta V_{DD}=\pm1\ V$ 的作用下为

$$u_o=\frac{2r_d}{R+2r_d}\Delta V_{DD}=\pm4.9\ mV$$

输出电压的变化范围为

$$U_O\pm u_o=1.4\ V\pm4.9\ mV$$

（7）解：① 利用图解法可以方便地求出二极管的 Q 点。在动态信号为零时，二极管导通，电阻 R 中电流与二极管电流相等。因此，二极管的端电压可写成为

$$u_D=V-i_DR$$

在二极管的伏安特性坐标系中作直线（$u_D=V-i_DR$），与伏安特性曲线的交点就是 Q 点，如图 1-46 所示。读出 Q 点的坐标值，即为二极管的直流电流和电压，约为

$$U_D\approx0.7\ V\ ，\quad I_D\approx2.6\ mA$$

② Q 点下小信号情况下的动态电阻为

$$r_d\approx\frac{U_T}{I_D}=\left(\frac{26}{2.6}\right)\Omega=10\ \Omega$$

根据已知条件，二极管上的交流电压有效值为 10 mV，故流过的交流电流有效值为

$$I_d = \frac{U_i}{r_d} = \left(\frac{10}{10}\right) mA = 1 \ mA$$

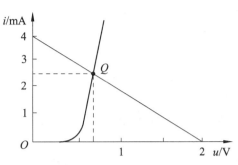

图 1-46 二极管的伏安特性曲线

（8）解：① $U_I > 6 \ V$，若稳压管稳压，则 $I_R = \frac{12-6}{4} = 1.5 \ mA$，$I_{R_L} = \frac{6}{8} = 0.75 \ mA$，输出电压 $U_o = 6 \ V$。

② $U_I > 6 \ V$，若稳压管稳压，$I_R = \frac{12-6}{4} = 1.5 \ mA$，$I_{R_L} = \frac{6}{4} = 1.5 \ mA$，流过稳压管的电流为 0，输出电压 $U_o = 6 \ V$。

③ $U_I > 6 \ V$，若稳压管稳压，$I_R = \frac{24-6}{4} = 4.5 \ mA$，$I_{R_L} = \frac{6}{2} = 3 \ mA$，流过稳压管的电流为 1.5 mA，输出电压 $U_o = 6 \ V$。

④ $U_I > 6 \ V$，若稳压管稳压，$I_R = \frac{24-6}{4} = 4.5 \ mA$，$I_{R_L} = \frac{6}{1} = 6 \ mA$，流过稳压管的电流为正向电流 1.5 mA，说明此时稳压管不能稳压，输出电压 $U_o = \frac{1}{4+1} \times 24 = 4.8 \ V$。

（9）解：

① $R = 500 \ \Omega$ 时，稳压管的电流为

$$I_{D_Z} = I_R - I_L = \frac{10-6}{0.5} - \frac{6}{5} = 6.8 \ mA > I_{Zmin}$$

说明稳压管工作在稳压状态，故输出电压 $U_o = 6 \ V$。

$R = 5 \ k\Omega$ 时，稳压管的电流为

视频：题（9）解答

$$I_{D_Z} = I_R - I_L = \frac{10-6}{5} - \frac{6}{4} = -0.4 \ mA < I_{Zmin}$$

说明稳压管工作在截止状态，U_o 等于 R 和 R_L 对 10 V 的分压，故 $U_o = 5 \ V$。

② 若 R_L 的电流变化范围为 5 ~ 10 mA，则应保证负载电流为 10 mA 时，稳压管电流至少为 5 mA，故最大稳定电流至少应取 15 mA。

（10）NPN 和 PNP 三极管处在放大区，三个电极电位高低需满足：

$$NPN: \ U_C \geqslant U_B > U_E$$

PNP：$U_C \leqslant U_B < U_E$

因为 T_1 和 T_2 管均有两个极的电位相差 0.7 V，故均为硅管；T_3 管有两个极的电位相差 0.2 V，故为锗管。T_1 管的另一极电位最高，为集电极，故为 NPN 型管，且电位最低的为发射极；T_2 管电位最低的为集电极，电位最高的为发射极，故为 PNP 型管；T_3 管电位最低的为集电极，电位最高的为发射极，故为 PNP 型管。

（11）解：

① 满足 $V_C > V_B > V_E$，三极管的发射结正偏，集电结反偏，故该管工作在放大区。

② 满足 $V_C > V_B > V_E$，该三极管工作在放大区。

③ $V_B - V_E = 6 - 5.4 = 0.6$ V，发射结正偏导通，但 $V_B = V_C$，不满足 $V_B > V_C$ 的集电结反偏的放大条件，故该三极管工作在饱和区。

④ $V_B - V_E = 4 - 3.6 = 0.4$ V，发射结虽正偏，但偏置电压未达到硅管导通所需的 0.6 V，故该管处于截止状态。

⑤ $V_B - V_E = 4 - 3.4 = 0.6$ V，发射结正偏导通，但 $V_B - V_C = 4 - 3.6 = 0.4$ V，集电结也正偏，故该管进入深饱和状态。

（12）解：① T 放大；② T 临界饱和；③ T 深饱和。

（13）解：因为图（a）中，T 的发射结正偏，集电结有可能反偏，所以 T 有可能工作在放大状态。同理可得，图（b）中的晶体管均可能工作在放大状态。

视频：题（12）解答

因为图（c）中 T 的发射结反偏，所以 T 截止。

因为图（d）中 T 的发射结电压为 1.5 V，根据 PN 结的电流方程，它会因电流过大而损坏，所以 T 不可能工作在放大状态。

2 基本放大电路

对模拟信号最基本的处理就是放大。放大的作用是将微弱的信号放大，便于人们测量和利用。电子电路放大的实质是能量的转换，能控制能量的元件称为有源元件，如三极管和场效应管等。扩音机是一个最典型的放大器，它将微弱的声音信号通过传感器（话筒）转变为电信号，经放大电路放大成足够强的电信号后，再将电信号还原为声音信号（扬声器）。本章主要学习几种放大电路的组成形式、静态分析和动态分析方法。

教学目标：

（1）理解放大电路性能指标的含义。

（2）掌握共射极放大电路的静态分析和动态分析。

（3）掌握共集电极、共基极放大电路的静态分析和动态分析以及三种组成形式的特点。

（4）掌握典型静态工作点稳定电路的稳定原理、静态分析、动态分析。

（5）掌握三极管高频小信号模型，放大电路的频率响应特性分析。

为了定量地描述放大电路的有关性能，通常规定若干项性能指标作为衡量标准。对于信号而言，任何一个放大电路都可以看成一个双端口网络。在输入端加上一个正弦波信号源 $\dot{U}_s$，内阻为 R_s。放大电路的输出端等效成一个电压源 $\dot{U}_o'$ 和 R_o 的串联（见图 2-1）。

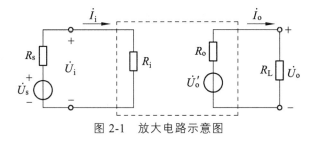

图 2-1 放大电路示意图

1. 电压放大倍数

电压放大倍数是描述一个放大电路放大能力的指标，定义为输出电压变化量与输入电压变化量之比。在测试电压放大倍数指标时，一般在放大电路的输入端加正弦波电压信号，此时，电压放大倍数可用输出电压与输入电压的正弦相量之比来表示，即

$$\dot{A}_u = \frac{\dot{U}_o}{\dot{U}_i} \tag{2-1}$$

2. 输入电阻

输入电阻是从放大电路输入端看进去的等效电阻，它是衡量一个放大电路向信号源索取信号（电压、电流）的能力。输入电阻定义为输入电压有效值和输入电流有效值之比，即

$$R_{\mathrm{i}} = \frac{\dot{U}_{\mathrm{i}}}{\dot{I}_{\mathrm{i}}}$$（2-2）

R_{i} 越大，表明放大电路从信号源索取的电流越小，放大电路所得到的输入电压 U_{i} 越接近信号源电压 $\dot{U}_{\mathrm{s}}$。若信号源为内阻为 R_{s} 的电流信号源 $\dot{I}_{\mathrm{s}}$，即 $\dot{I}_{\mathrm{s}}$ 和 R_{s} 的并联，此时 R_{i} 越小，信号源内阻 R_{s} 的分流越小，信号电流损失越小，输入电流 $\dot{I}_{\mathrm{i}}$ 越接近信号源电流 $\dot{I}_{\mathrm{s}}$。因此，放大电路输入电阻的大小要视放大电路对信号的需要而设计。

3. 输出电阻

输出电阻是从放大电路输出端看进去的等效电阻，它是衡量放大电路带负载能力的重要指标。输出电阻越小，当负载变化时，输出电压的变化越小，则放大电路带负载的能力越强。在放大电路中将输入信号短路，即 $\dot{U}_{\mathrm{s}} = 0$（保留信号源内阻 R_{s}），输出端开路（即负载开路，$R_{\mathrm{L}} = \infty$），在输出端加一正弦信号电压 $\dot{U}_{\mathrm{o}}$，必然产生电流 $\dot{I}_{\mathrm{o}}$，则输出电阻为

$$R_{\mathrm{o}} = \frac{\dot{U}_{\mathrm{o}}}{\dot{I}_{\mathrm{o}}}\bigg|_{\dot{U}_{\mathrm{s}}=0}$$（2-3）

2.1 共射极放大电路

图 2-2 所示为基本共射极放大电路，u_{i} 为待放大的输入信号。三极管是放大电路的核心元件。电路中所加的直流电源为 V_{BB} 和 V_{CC}，应保证三极管发射结正偏，集电结反偏，使三极管处于放大区。直流电源 V_{CC} 同时为输出提供所需的能量。基极电阻 R_{b} 的取值应保证三极管有合适的基极电流 I_{B}，使放大电路获得合适的静态工作点。集电极电阻 R_{c} 为集电极提供合适的偏置电压，并将集电极电流的变化转化为电压的变化，使得管压降 u_{CE} 产生变化，管压降的变化量就是输出电压 u_{o}，从而实现电压放大。

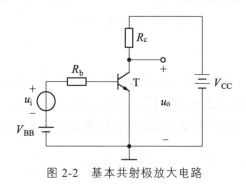

图 2-2 基本共射极放大电路

该电路存在一定的问题：两个直流电源供电，电路能量损耗大；信号源、直流电源没有共地，抗干扰能力差；输出端负载电阻上有直流损耗。在实际应用中，往往对图 2-2 所示的原理性电路进行简化改进，如图 2-3 所示。该电路省去了基极电压，通过合理选择基极偏置电阻 R_b 并将它接到电源 V_{CC} 上，可保证发射结处于正向偏置。电容具有隔直流通交流的特点，电容 C_1 用来隔断放大电路与信号源之间的直流通路，C_2 用来隔断放大电路与负载之间的直流通路。因此，负载电阻上无直流损耗。对于低频信号而言，要求电容值取得较大，一般 C_1 和 C_2 可取几微法到几十微法，且为极性电容，使用时应注意电容极性。该电路也称为阻容耦合放大电路。

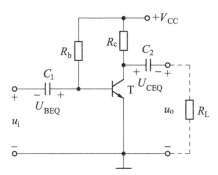

图 2-3 阻容耦合的共射极放大电路

2.1.1 静态分析

在放大电路中，直流电源和交流信号源共同作用，使得电路的分析非常复杂。根据叠加定理，可将直流电源和交流信号源进行单独分析，分为静态分析和动态分析。静态分析主要求静态工作点，即 I_{BQ}、I_{CQ}、U_{CEQ}。

1. 利用图解法求静态工作点

在实际测出三极管的输入特性、输出特性和已知放大电路中其他元件参数的情况下，利用作图的方法对放大电路进行分析即为图解法。以图 2-4 为例，利用图解法求解出静态工作点（见图 2-5）。

在三极管的输入回路中，静态工作点既应在三极管的输入特性曲线上，又应满足输入回路的回路方程，即

$$u_{BE} = V_{BB} - i_B R_b \tag{2-4}$$

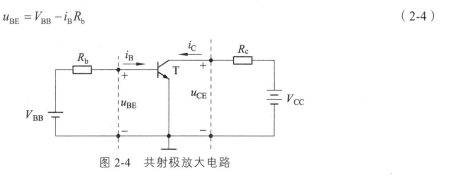

图 2-4 共射极放大电路

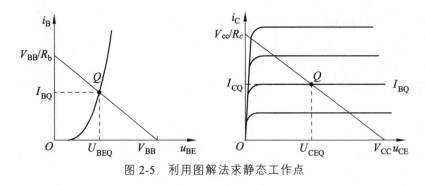

图 2-5　利用图解法求静态工作点

在输入特性坐标系中，可以画出式（2-4）确定的直线，它与横轴的交点为 $(V_{BB},0)$ ，与纵轴的交点为 $(0,V_{BB}/R_b)$ ，斜率为 $-1/R_b$ 。直线与曲线的交点就是静态工作点 Q，其横坐标值为 U_{BEQ} ，纵坐标值为 I_{BQ} 。式（2-4）确定的直线称为输入回路负载线。

与输入回路类似，在三极管的输出回路中，静态工作点既应在 $I_B = I_{BQ}$ 输出特性曲线上，又应满足输出回路的回路方程，即

$$u_{CE} = V_{CC} - i_C R_C \qquad (2\text{-}5)$$

在输出特性坐标系中，可以画出式（2-5）确定的直线，它与横轴的交点为 $(V_{CC},0)$ ，与纵轴的交点为 $(0,V_{CC}/R_c)$ ，斜率为 $-1/R_c$ 。直线与 $I_B = I_{BQ}$ 曲线的交点就是静态工作点 Q ，其横坐标值为 U_{CEQ} ，纵坐标值为 I_{CQ} 。式（2-5）确定的直线称为输出回路负载线，也称为直流负载线。

应当指出，如果输出特性曲线中没有 $I_B = I_{BQ}$ 的那条输出特性曲线，则应当补测该曲线。

2. 利用估算方法求解静态工作点

在直流电源单独作用时，直流电流流经的通路为直流通路。要获得放大电路的直流通路：① 交流信号源视为短路，但应保留内阻 R_s ；② 电容视为开路；③ 电感线圈视为短路（即忽略线圈电阻）。

根据上述原则，图 2-2 所示的共射放大电路的直流通路如图 2-6（a）所示。图 2-3 所示的阻容耦合共射放大电路的直流通路如图 2-6（b）所示。从直流通路可以看出，由于 C_1 和 C_2 的"隔直"作用，静态工作点与信号源内阻和负载电阻无关。

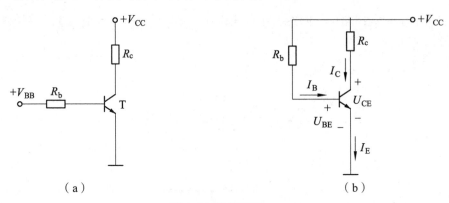

（a）　　　　　　　　　　　　　　（b）

图 2-6　直流通路

在图 2-6（b）所示的直流通路中，静态时的基极电流为

$$I_B = \frac{V_{CC} - U_{BE}}{R_b} \qquad (2-6)$$

正常导通时，硅管的 U_{BE} 约为 0.7 V，锗管的 U_{BE} 约为 0.2 V，均比 V_{CC} 小得多，近似分析时可忽略 U_{BE}。

集电极电流为

$$I_C \approx \beta I_B \qquad (2-7)$$

集电极和发射极间的管压降为

$$U_{CE} = V_{CC} - I_C R_c \qquad (2-8)$$

【例 2-1】在图 2-6（b）中，已知 $V_{CC} = 12\ \text{V}$，$R_c = 4\ \text{k}\Omega$，$R_b = 300\ \text{k}\Omega$，$\beta = 37.5$，试求放大电路的静态值。

解： 根据直流通路可得出

$$I_B \approx \frac{V_{CC}}{R_b} = \frac{12}{300 \times 10^3}\ \text{A} = 0.04 \times 10^{-3} = 0.04\ \text{mA} = 40\ \mu\text{A}$$

$$I_c \approx \beta I_B = 37.5 \times 0.04\ \text{mA} = 1.5\ \text{mA}$$

$$U_{CE} = V_{CC} - R_c \times I_c = [12 - (4 \times 10^3) \times (1.5 \times 10^{-3})]\ \text{V} = 6\ \text{V}$$

2.1.2 动态分析

放大电路的分析应遵循"先静态，后动态"的原则，求解静态工作点时应利用直流通路，求解动态参数时应利用交流通路，两种同步切不可混淆。静态工作点合适，动态分析才有意义。

放大电路的动态分析方法可分为图解法和微变等效电路法。图解法的特点是直观，但只适合单管放大电路的分析，不适合复杂电路的分析。微变等效电路法的适用范围更为广泛。

1. 图解法

在已知所用三极管特性曲线的情况下，通过作图，先进行静态工作点分析，然后进行波形分析，即先静态，后动态。以图 2-7 为例，当加入交流信号源 Δu_I 时，输入回路方程为

$$u_{BE} = V_{BB} + \Delta u_I - i_B R_b \qquad (2-9)$$

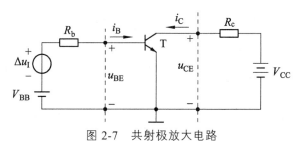

图 2-7 共射极放大电路

可见，加在三极管发射结上的电压为交直流混合电压，即 $U_{BEQ} + \Delta u_{BE}$，其变化范围如图 2-8（a）所示。因此，基极电流为直流电流 I_{BQ} 与交流电流 i_b 叠加在一起，即 $i_B = i_b + I_{BQ}$。

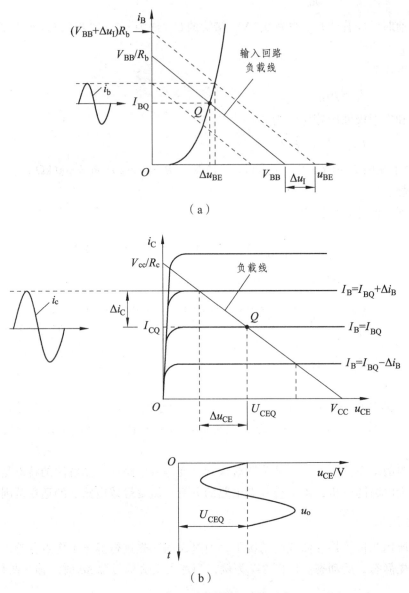

（a）

（b）

图 2-8 利用图解法进行动态分析

在图 2-8（b）的输出特性坐标系中，可以找出对应的两条特性曲线，即 $I_{BQ} + \Delta i_B$ 和 $I_{BQ} - \Delta i_B$。与输出回路负载线交点即为 Q_1、Q_2。纵坐标可以看出由 Δi_B 引起 Δi_C 的变化量，集电极电流为直流电流 I_{CQ} 与交流电流 Δi_C 叠加在一起。横坐标可以看出集电极输出电压 u_{CE} 的变化，即 $u_{CE} = U_{CEQ} + \Delta u_{CE}$。$\Delta u_{CE}$ 为交流输出电压。

这里需要注意，如果图 2-7 中输出端接入负载电阻 R_L，输出回路负载线由下式确定

$$i_C = \frac{V_{CC} - u_{CE}}{R_c} - \frac{u_{CE}}{R_L} \qquad (2\text{-}10)$$

整理得

$$i_C = \frac{V_{CC}}{R_c} - \left(\frac{1}{R_c \,/\!/\, R_L}\right) u_{CE} \qquad (2\text{-}11)$$

所以，输出回路负载线也称为交流负载线，即为通过静态工作点 Q 的一条直线，斜率为 $-\dfrac{1}{R'_L}$，其中 $R'_L = R_c \,/\!/\, R_L$。由于 i_C 受 i_B 控制，因此 i_C 没有因为加入负载电阻 R_L 而发生变化，但输出电压 u_{CE} 发生改变。

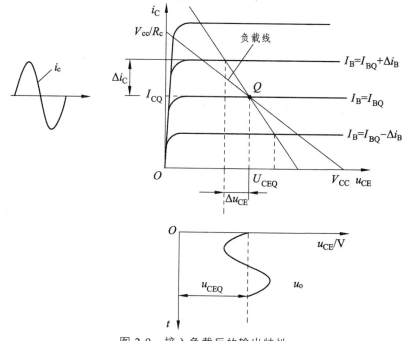

图 2-9　接入负载后的输出特性

2. 微变等效电路法

所谓放大电路的微变等效电路，就是把非线性元件三极管所组成的放大电路等效为一个线性电路。在交流信号源单独作用时，交流电流流经的通路为交流通路。要获得放大电路的交流通路：①无内阻的直流电源视为短路；②容量大的电容视为短路。

根据上述原则，图 2-2 所示的共射放大电路的交流通路如图 2-10（a）所示。由于直流电源 V_{CC} 视为短路，所以 R_c 并联在三极管集电极和发射极之间。图 2-3 所示的阻容耦合共射放大电路的交流通路如图 2-10（b）所示。由于直流电源 V_{CC} 视为短路，所以 R_b 并联在三极管基极和发射极之间，而集电极电阻 R_c 和负载电阻 R_L 均并联在三极管集电极和发射极之间。

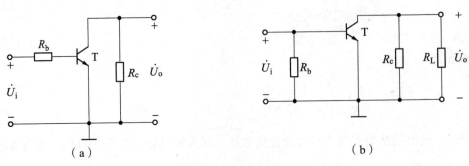

（a）　　　　　　　　　　　　　　（b）

图 2-10　交流通路

由放大电路的交流通路和三极管的微变等效电路可得出放大电路的微变等效电路。只需要将 2-10（b）交流通路中的三极管用它的微变等效电路代替即可，如图 2-11 所示。电路中的电压和电流都是交流分量，标出的是参考方向。

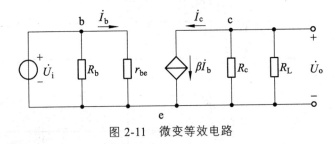

图 2-11　微变等效电路

电压放大倍数为

$$\dot{U}_i = r_{be}\dot{I}_b \tag{2-12}$$

$$\dot{U}_o = -(R_c \mathbin{/\!/} R_L)\dot{I}_c = -R'_L\dot{I}_c \tag{2-13}$$

$$\dot{A}_u = \frac{\dot{U}_o}{\dot{U}_i} = -\beta\frac{R'_L}{r_{be}} \tag{2-14}$$

式（2-14）中的符号表示输出电压与输入电压的相位相反。

当输出端断开时，

$$\dot{A}_u = \frac{\dot{U}_o}{\dot{U}_i} = -\beta\frac{R_c}{r_{be}} \tag{2-15}$$

比接 R_L 时高。可见，放大倍数的大小与负载电阻有关。

放大电路对信号源来讲，是一个负载，可用一个电阻来等效，即输入电阻。根据输入电阻的定义，

$$R_i = \frac{\dot{U}_i}{\dot{I}_i} = R_b \mathbin{/\!/} r_{be} \approx r_{be} \tag{2-16}$$

通常，R_b 的阻值比 r_{be} 大得多，因此，这一类放大电路的输入电阻基本等于三极管的输入电阻。

　　放大电路对负载来讲，可以看成是一个信号源，其内阻即为放大电路的输出电阻，它也是一个动态电阻。具体解法为，将输入信号短路（保留信号源内阻），输出端开路，在输出端加一正弦信号电压 $\dot{U}_\text{o}$，必然产生电流 $\dot{I}_\text{o}$，则

$$R_\text{o} = \frac{\dot{U}_\text{o}}{\dot{I}_\text{o}} = R_\text{c} \qquad\qquad （2\text{-}17）$$

　　这里需要注意的是，i_c 是受 i_b 控制的，因 $i_\text{b}=0$，所以 i_c 也等于 0（见图 2-12）。

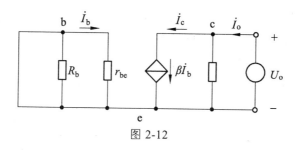

图 2-12

　　【例 2-2】在图 2-3 中，$V_\text{CC}=12\text{ V}$，$R_\text{c}=4\text{ k}\Omega$，$R_\text{b}=300\text{ k}\Omega$，$\beta=37.5$，$R_\text{L}=4\text{ k}\Omega$，试求电压放大倍数 $\dot{A}_\text{u}$，输入电阻 R_i 和输出电阻 R_o。

　　解：画出微变等效电路如图 2-11 所示。

　　在例 2-1 中已求出

$$I_\text{c} = 1.5\text{ mA} \approx I_\text{E}$$

$$r_\text{be} = 200\ \Omega + (1+37.5)\frac{26(\text{mA})}{1.5(\text{mA})} = 0.867\text{ k}\Omega$$

　　故

$$\dot{A}_\text{u} = -\beta\frac{R_\text{L}'}{r_\text{be}} = -37.5\times\frac{2}{0.867} - = -86.5$$

　　式中，$R_\text{L}' = R_\text{c}\ /\!/\ R_\text{L} = 2\text{ k}\Omega$

$$R_\text{i} = \frac{\dot{U}_\text{i}}{\dot{I}_\text{i}} = R_\text{b}\ /\!/\ r_\text{be} = 0.865\text{ k}\Omega$$

$$R_\text{o} = R_\text{c} = 4\text{ k}\Omega$$

2.1.3　失真分析

　　从前述的动态分析可以看出，静态工作点的位置很重要，会影响输出电压的大小及输出波形，甚至会导致输出波形失真。在三极管放大电路中，静态工作点过低、过高，或者输入信号过大，都可能导致输出波形失真。

　　由于静态工作点过低，三极管进入截止区所产生的波形失真称为截止失真。该失真首先

发生在三极管的输入回路，在输入信号的负半周，由于静态工作点过低，三极管发射结电压不能始终大于开启电压 U_{on}，导致基极电流 i_B 失真，因此，输出电流 i_C 和输出电压 u_{CE} 的波形也明显失真，如图 2-13（a）所示。

由于静态工作点过高，三极管进入饱和区所产生的波形失真称为饱和失真。该失真发生在三极管的输出回路，也就是 i_B 波形未失真。在输入信号的正半周，工作点进入特性曲线的饱和区，因此 i_C 与 i_B 不再是线性关系，三极管失去放大作用，i_C 和 u_{CE} 波形明显失真，如图 2-13（b）所示。

通过调节电路的参数（R_b、R_c 或 V_{CC}），可以使静态工作点位于负载线的中点附近，此时获得的不失真输出电压较大。应当注意的是，即使静态工作点的位置在负载线的中央附近，输入信号变化范围也不能太大，否则可能同时出现截止失真和饱和失真。失真分析及现象见仿真视频。

仿真视频：阻容耦合共射极

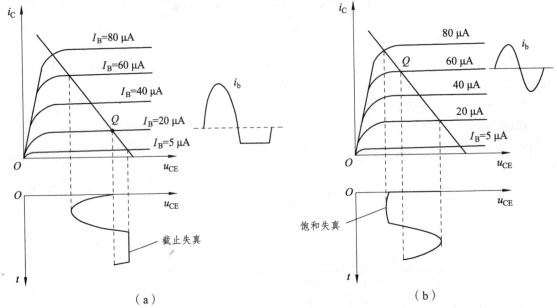

图 2-13　静态工作点对波形失真的影响

2.2　共集电极放大电路

三极管组成的放大电路有共射极、共集电极、共基极三种基本接法。它们的组成原则和分析方法完全相同，但动态参数具有不同的特点，根据需求合理选用。

三极管的基极作为信号输入端，发射极作为信号输出端，集电极作为公共端的电路为共集电极放大电路，如图 2-14 所示。由于电路的输出信号从发射极引出，这种电路也称为射极输出器。根据放大电路的组成原则，三极管工作在放大区，即 $u_{BE} > U_{on}$，$u_{CE} \geqslant u_{BE}$。所以，在输入回路中，V_{BB}、R_b、R_e 为三极管提供合适的静态基极电流，并保证发射结正偏。在输出回路中，V_{CC} 为三极管提供能量，并保证集电结反偏。

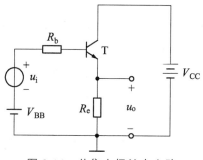

图 2-14　共集电极放大电路

将信号源 u_i 短路，可画出直流通路，如图 2-15 所示。将直流电源 V_{BB}、V_{CC} 短路，可画出交流通路，如图 2-16 所示。

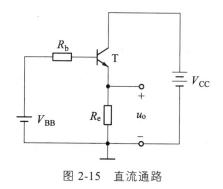

图 2-15　直流通路

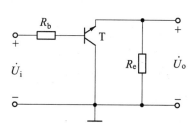

图 2-16　交流通路

1. 静态分析

在图 2-15 的电路中，输入回路可列出关系式

$$V_{BB} = I_{BQ}R_b + U_{BEQ} + I_{EQ}R_e \tag{2-18}$$

基极电流为

$$I_{BQ} = \frac{V_{BB} - U_{BEQ}}{R_b + (1+\beta)R_e} \tag{2-19}$$

集电极电流为

$$I_{CQ} = \beta I_{BQ} = \beta \frac{V_{BB} - U_{BEQ}}{R_b + (1+\beta)R_e} \tag{2-20}$$

根据输出回路，可求集电极-发射极间电压为

$$U_{CEQ} = V_{CC} - I_{EQ}R_e \tag{2-21}$$

2. 动态分析

在图 2-16 的交流通路中，将三极管用微变等效电路去代替，可画出共集电极放大电路的

微变等效电路，如图 2-17 所示。

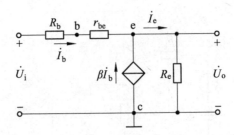

图 2-17　共集电极放大电路的微变等效电路

电压放大倍数为

$$\dot{A}_u = \frac{\dot{U}_o}{\dot{U}_i} = \frac{\dot{I}_e R_e}{\dot{I}_b(R_b + r_{be}) + \dot{I}_e R_e}$$

$$= \frac{(1+\beta)R_e}{R_b + r_{be} + (1+\beta)R_e}$$

（2-22）

可见，放大倍数总是小于 1，所以共集电极放大电路没有电压放大作用，但由于输出电流 $i_e = (1+\beta)i_b$，故有一定的电流放大和功率放大作用。由于 $\dot{A}_u$ 为正值，故输出电压与输入电压同相，又由于 $(1+\beta)R_e \gg R_b + r_{be}$，电压放大倍数小于 1 而接近于 1，因此，射极输出器又称为射极跟随器。

输入电阻为

$$R_i = \frac{\dot{U}_i}{\dot{I}_i} = R_b + r_{be} + (1+\beta)R_e$$

（2-23）

若带负载，则

$$R_i = \frac{\dot{U}_i}{\dot{I}_i} = R_b + r_{be} + (1+\beta)(R_e // R_L)$$

（2-24）

可见，输入电阻与负载电阻有关。与上述共射极放大电路的输入电阻 $(R_i \approx r_{be})$ 相比，射极输入器的输出电阻大得多，可达到几十千欧到几百千欧。

求输出电阻时，将信号源短路，保留内阻 R_s，在输出端加 $\dot{U}_o$。（见图 2-18）。这里需要注意的是，由于 $\dot{U}_o$ 可以直接加到 r_{be} 和 R_b 的两端，因此 $\dot{I}_b \neq 0$，则受控的集电极电流 $\dot{I}_c \neq 0$，则输出电阻为

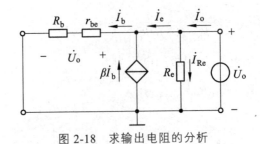

图 2-18　求输出电阻的分析

$$R_o = \frac{\dot{U}_o}{\dot{I}_o} = \frac{\dot{U}_o}{\dot{I}_{R_e} + \dot{I}_e}$$

$$= \frac{\dot{U}_o}{\dfrac{\dot{U}_o}{R_e} + (1+\beta)\dfrac{\dot{U}_o}{R_b + r_{be}}}$$

$$= R_e \,/\!/\, \frac{R_b + r_{be}}{1+\beta} \tag{2-25}$$

可见，射极输出器的输出电阻是很低的，比共射极放大电路的输出电阻低得多。

由于共集电极放大电路的输入电阻大，输出电阻小，常作为多级放大电路的输入级或者输出级，较大的输入电阻可减小对信号源（电压源）能量的衰减，较小的输出电阻可增强带负载的能力。

2.3 共基极放大电路

三极管的发射极作为信号输入端，集电极作为信号输出端，基极作为公共端的电路为共基极放大电路，如图 2-19 所示。将信号源 u_i 短路，可画出直流通路，如图 2-20 所示。将直流电源 V_{BB}、V_{CC} 短路，可画出交流通路，如图 2-21 所示。

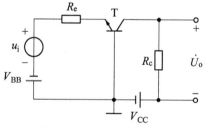

图 2-19　共基极放大电路

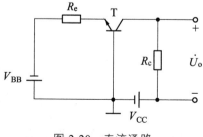

图 2-20　直流通路

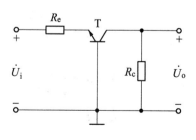

图 2-21　交流通路

1. 静态分析

根据图 2-20 所示电路，输入回路可列出关系式

$$U_{BEQ} + I_{EQ}R_e = V_{BB} \qquad (2-26)$$

发射极电流为

$$I_{EQ} = \frac{V_{BB} - U_{BEQ}}{R_e} \qquad (2-27)$$

基极电流、集电极电流分别为

$$I_{BQ} = \frac{I_{EQ}}{1 + \beta} \qquad (2-28)$$

$$I_{CQ} = \frac{\beta}{1 + \beta} I_{EQ} \qquad (2-29)$$

根据输出回路可列出关系式

$$I_{CQ}R_c + U_{CEQ} - U_{BEQ} = V_{CC} \qquad (2-30)$$

集电极-发射极间电压为

$$U_{CEQ} \approx V_{CC} - I_{EQ}R_C + U_{BEQ} \qquad (2-31)$$

2. 动态分析

在图 2-21 所示的交流通路中，用微变等效电路代替三极管，可画出共基极放大电路的微变等效电路，如图 2-22 所示。

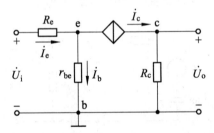

图 2-22 共基极放大电路的微变等效电路

根据前述的分析方法，可得电压放大倍数、输入电阻和输出电阻分别为

$$\dot{A}_u = \frac{\dot{U}_o}{\dot{U}_i} = \frac{\dot{I}_C R_C}{\dot{I}_e R_e + \dot{I}_b r_{be}} = \frac{\beta R_c}{r_{be} + (1 + \beta)R_e} \qquad (2-32)$$

$$R_i = R_e + \frac{r_{be}}{(1 + \beta)} \qquad (2-33)$$

$$R_o = R_c \qquad (2-34)$$

由于放大电路的输出电流小于输入电流 ($i_c \leqslant i_e$)，则无电流放大作用。若 R_e 为信号源的内阻，电压放大倍数与前述讲的共射极放大电路的放大倍数相同，均为 $\beta R_c / r_{be}$，所以有足够的电压放大能力，从而实现功率放大。

共基极放大电路的输出电压和输入电压同向；输入电阻较共射极电路小；输出电阻与共射电路相当，均为 R_c。共基极放大电路的最大优点是频带宽，因而常用于无线电通信等方面。

2.4　静态工作点稳定电路

静态工作点和动态参数紧密相关。若 Q 点变化必然引起参数的变化，造成放大电路性能的不稳定。静态工作点的稳定性，主要取决于器件对温度的敏感性。

从图 2-23 可以看出，温度升高曲线上移。当放大电路工作一段时间后，晶体管由于长时间通过电流就会产生温升，晶体管的特性会产生变化。温度升高会导致 β 增大，使得 I_{CQ} 增大；穿透电流 I_{CEQ} 也会增大。这些变化都集中在 I_{CQ} 的增大，也就是静态工作点由 Q 点移动到 Q'。若温度降低，Q 点会向相反的方向移动。由此可见，所谓 Q 点稳定，通常是指在环境温度变化时 I_{CQ} 和 U_{CEQ} 基本不变，即 Q 点在晶体管输出特性坐标平面中的位置不变，可以通过 I_{BQ} 的变化来实现。

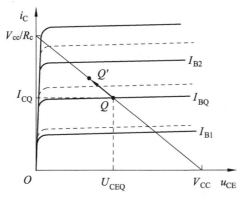

图 2-23　共基极放大电路的微变等效电路

图 2-24 所示是典型的静态工作点稳定电路，图 2-24（a）所示为直接耦合方式，图 2-24（b）所示为阻容耦合方式。根据画直流通路的原则，两个放大电路的直流通路相同，如图 2-24（c）所示。

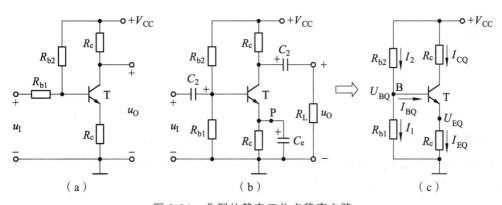

（a）　　　　　　　　　（b）　　　　　　　　　（c）

图 2-24　典型的静态工作点稳定电路

1. Q 点稳定原理

若 $I_1 \gg I_{BQ}$，则晶体管基极电位 U_{BQ} 可近似看成 R_{b1} 和 R_{b2} 对 V_{CC} 分压得到，故不受温度影响，基本保持稳定。当集电极电流 I_{CQ} 随温度升高而增大时，发射极电流 I_{EQ} 也随之增大，使得发射极电位 U_{EQ} 增大。U_{BQ} 不变，U_{EQ} 增加，所以发射结电压 U_{BEQ} 减小，从而使得基极电流 I_{BQ} 减小，于是 I_{CQ} 减小，维持静态动作点基本稳定。

可见，电路静态工作点稳定有两个重要的条件。一是满足 $I_1 \gg I_{BQ}$，可以通过选择合适的元件参数来实现，需满足 $(1+\beta)R_e \gg R_{b1} /\!/ R_{b2}$。但 I_1 不能太大，否则 R_{b1} 和 R_{b2} 就要太小，使得放大电路的输入电阻变小，导致加到放大电路输入电压减小，一般 R_{b1} 和 R_{b2} 为几十千欧。二是发射极接入的电阻 R_e。集电极电流 I_C 的变化，通过 R_e 转化成为 ΔU_E，来影响 BE 之间的电压 U_{BE}，进而影响基极电流 I_B，可见 R_e 起到了重要的作用。这种将输出回路的量（I_C）通过一定的方式（利用 R_e 将 I_C 的变化转换为电压的变化）引回到输入回路，来影响输入回路的量（U_{BE}），这种措施称为反馈。由于对输出量是减小的影响，称为负反馈。又由于反馈出现在直流通路中，故称 R_e 起直流负反馈的作用。R_e 的值越大反馈越强，工作点会越稳定。但 R_e 不能太大，否则将使晶体管进入饱和区，电路不能正常工作。

2. 静态分析

为了稳定 Q 点，通常使参数的选取满足：

$$I_1 \gg I_{BQ}，即 I_1 \approx I_2 \tag{2-35}$$

$$U_{BQ} \approx \frac{R_{b1}}{R_{b1} + R_{b2}} V_{CC} \tag{2-36}$$

发射极电流为

$$I_{EQ} = \frac{U_{BQ} - U_{BEQ}}{R_e} \tag{2-37}$$

由于 $I_{CQ} \approx I_{EQ}$，

集电极与发射极间电压为

$$U_{CEQ} \approx V_{CC} - I_{CQ}(R_c + R_e) \tag{2-38}$$

基极电流为

$$I_{BQ} = \frac{I_{EQ}}{1+\beta} \tag{2-39}$$

3. 动态分析

以阻容耦合放大电路为例，画出交流等效电路，如图 2-25 所示。这里需要注意电容 C_e，对交流信号可视为短路，将电阻 R_e 旁路掉，称为旁路电容。C_e 电容值较大，一般为几十微法到几百微法。

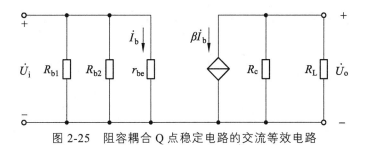

图 2-25   阻容耦合 Q 点稳定电路的交流等效电路

可求出动态参数分别为

$$\dot{A}_u = \frac{\dot{U}_o}{\dot{U}_i} = -\frac{\beta(R_c /\!/ R_L)}{r_{be}} \tag{2-40}$$

$$R_i = R_{b1} /\!/ R_{b2} /\!/ r_{be} \tag{2-41}$$

$$R_o = R_c \tag{2-42}$$

倘若没有旁路电容 C_e，则交流等效电路如图 2-26 所示。

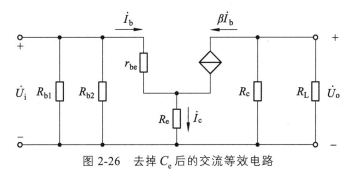

图 2-26   去掉 C_e 后的交流等效电路

可知

$$\dot{U}_i = \dot{I}_b r_{be} + \dot{I}_e R_e = \dot{I}_b r_{be} + (1+\beta)\dot{I}_b R_e \tag{2-43}$$

$$\dot{U}_o = -\dot{I}_c (R_c /\!/ R_L) \tag{2-44}$$

所以

$$\dot{A}_u = \frac{\dot{U}_o}{\dot{U}_i} = \frac{-\beta \dot{I}_b (R_c /\!/ R_L)}{\dot{I}_b r_{be} + \dot{I}_e R_e} \tag{2-45}$$
$$= -\frac{\beta R_L^{'}}{r_{be} + (1+\beta)R_e}$$

$$R_i = R_{b1} /\!/ R_{b2} /\!/ [r_{be} + (1+\beta)R_e] \tag{2-46}$$

$$R_o = R_c \tag{2-47}$$

可见，R_e 使得 $|\dot{A}_u|$ 减小了，但由于 $\dot{A}_u$ 仅决定于电阻阻值，不受环境温度的影响，所以温度稳定性好。

除利用直流负反馈来稳定 Q 点，还可以采用温度补偿的方法，如图 2-27 所示。

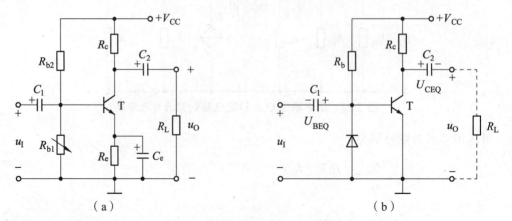

（a）　　　　　　　　　　　（b）

图 2-27　温度补偿的静态工作点稳定

利用对温度敏感的元件在温度变化的时候直接影响输入回路的特性。如 R_{b1} 或 R_{b2} 可以采用热敏电阻，若 R_{b1} 为负温度系数热敏电阻，当温度升高，阻值下降，三极管基极电位降低，而 E 点电位升高。使得 U_{BE} 减小，I_B 减小，进而 I_C 减小，静态工作点更加稳定。也可以采用对温度敏感的二极管来进行温度补偿。由于 V_{CC} 通常远大于 U_{BE}，因此流过 R_b 的电流基本不变。当温度升高时，二极管的反向饱和电流增大，所以 I_B 减小从而使得 I_C 减小，来稳定 I_{CQ} 和 U_{CEQ}。

【例 2-3】　在图 2-24（b）所示的静态工作点稳定电路中，已知 $V_{CC} = 12\ V$，$R_c = 2\ k\Omega$，$R_e = 2\ k\Omega$，$R_{b1} = 10\ k\Omega$，$R_{b2} = 20\ k\Omega$，$R_L = 6\ k\Omega$，晶体管的 $\beta = 37.5$。（1）试求静态值；（2）计算该电路的 A_u，R_i，R_o。

解：（1）$U_B \approx \dfrac{R_{b1}}{R_{b1} + R_{b2}} V_{CC} = \dfrac{10}{20+10} \times 12\ V = 4\ V$

$$I_c \approx I_E \frac{U_B - U_{BE}}{R_e} = \frac{4-0.7}{2 \times 10^3}\ A = 1.65\ mA$$

$$I_B \approx \frac{I_c}{\beta} = \frac{1.65}{37.5}\ mA = 0.044\ mA$$

$$U_{CE} \approx V_{CC} - (R_c + R_e)I_c = [12-(2+2) \times 10^3 \times 1.65 \times 10^{-3}]\ V = 5.4\ V$$

（2）微变等效电路如图 2-25 所示。

$$r_{be} \approx 200 + (1+\beta)\frac{26}{I_E} = \left[200 + (1+37.5) \times \frac{26}{1.65}\right]\Omega = 0.81\ k\Omega$$

$$A_u = -\beta \frac{R_L'}{r_{be}} = -37.5 \times \frac{1.5}{0.81} = -69.4$$

式中

$$R_L' = \frac{R_c R_L}{R_c + R_L} = \frac{2 \times 6}{2+6}\ k\Omega = 1.5\ k\Omega$$

$$R_i = R_{b1} /\!/ R_{b2} /\!/ r_{be} \approx r_{be} = 0.81\ k\Omega$$

$$R_o = R_c = 2\ k\Omega$$

2.5　放大电路的频率响应

2.5.1　频率响应概述

由于放大电路中存在着电抗元件（耦合电容、旁路电容和结电容），它们的电抗随信号频率的变化而变化，放大电路对不同频率的信号放大能力不同，放大电路对不同频率信号在幅值和相位上放大的效果不完全一样，输出信号不能重复输入信号波形，这就产生了幅值失真和相位失真。因此，要讨论放大电路的频率特性，即

$$\dot{A}_u(j\omega) = \frac{\dot{U}_o(j\omega)}{\dot{U}_i(j\omega)} = A_u(j\omega)\angle\varphi(j\omega) \tag{2-48}$$

$A_u(j\omega)$ 称为幅频响应，表示放大倍数的模随频率的关系[见图 2-28（a）]。$\angle\varphi(j\omega)$ 称为相频响应，表示输出电压相对于输入电压的相位移与频率的关系[见图 2-28（b）]。共射极放大电路频率特性说明在放大电路的某一段频率范围内，电压增益基本不变 $|\dot{A}_u| = |\dot{A}_{uo}|$，它与频率无关，相位移为 180°。随着频率的升高或降低，电压增益都要减小，相位移也要发生变化。当增益下降为 $\dfrac{|\dot{A}_{uo}|}{\sqrt{2}}$ 时，低频相移为 45°，高频相移 – 45°所对应的两个频率，分别为下限频率 f_L 和上限频率 f_H，这两个频率之间的范围称作通频带，$B_W = f_H - f_L$。

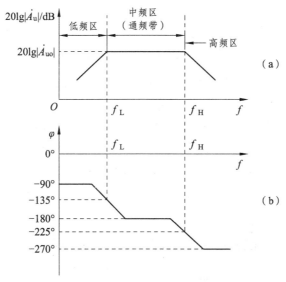

图 2-28　阻容耦合共射放大电路频率响应

在研究放大电路的频率响应时，输入信号的频率范围通常为几赫兹到几百兆赫兹，甚至更宽；而放大电路增益可从几倍到上百万倍。为了在同一坐标中表示如此宽的变化范围，采用对数坐标，称为波特图。横轴为 $\lg f$，通常标注为 f，纵轴为 $20\lg|A_u|$，单位为分贝，$20\lg 0.707 = -3\ \mathrm{dB}$，所以增益下降 3 dB。

2.5.2 高频小信号模型及频率参数

1. 三极管的高频小信号模型

如图 2-29（a）所示为晶体管结构示意图。b'是假想的基区内的一个点，$r_{bb'}$、r_c 和 r_e 分别为基区、集电区、发射区电阻，r_c 和 r_e 的数值较小，常忽略不计。$r_{b'c'}$、$r_{b'e'}$ 分别为集电结和发射结电阻，$r_{b'c}$ 数值很大，近似分析可视为无穷大。C_μ 为集电结电容，C_π 为发射结电容。图 2-29（b）所示的等效电路近似为 π 形，故称为 π 形等效电路。

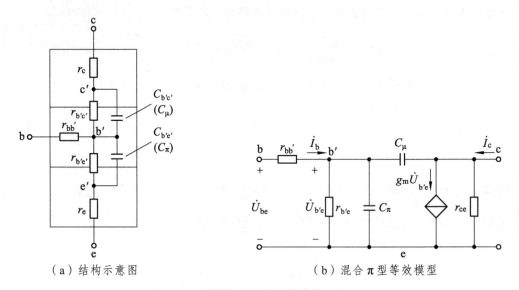

（a）结构示意图 　　　　　　　　（b）混合 π 型等效模型

图 2-29　晶体管的高频等效电路

由半导体物理分析可知，晶体管的受控电流 i_c 与发射结电压 $\dot{U}_{b'e}$ 成正比，且与频率无关。因此引入跨导 g_m，在小信号作用下，$\dot{I}_c = g_m \dot{U}_{b'e}$。

由于 C_μ 跨接在输入输出回路之间，不仅输入回路变化会引起输出回路变化，同时输出回路变化同样也会引起输入回路变化，分析起来十分复杂。为简单起见，可将 C_μ 进行单向化处理，即将 C_μ 等效为输入回路（b'-e 之间）的电容 C_μ' 和输出回路（c-e 之间）的电容 C_μ''，则电路变化为图 2-30（b）所示电路。

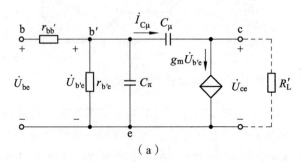

（a）

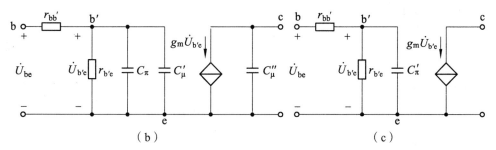

（b）　　　　　　　　　　　　　（c）

图 2-30　三极管高频等效电路的单向化

如图 2-30（a）所示，电路中负载总等效电阻为 R_{L}'，则

$$\dot{I}_{\mathrm{C}\mu} = \frac{\dot{U}_{\mathrm{b'e}} - \dot{U}_{\mathrm{ce}}}{\dot{X}_{\mathrm{C}\mu}} = (1-\dot{K})\frac{\dot{U}_{\mathrm{b'e}}}{\dot{X}_{\mathrm{C}\mu}} \tag{2-49}$$

式中，$\dot{K} = \dfrac{\dot{U}_{\mathrm{ce}}}{\dot{U}_{\mathrm{b'e}}}$。

因为等效，所以流过 C_{μ}' 电流仍为 $\dot{I}_{\mathrm{C}\mu}$，则有 C_{μ}' 的电抗为

$$X_{C_{\mu}'} = \frac{\dot{U}_{\mathrm{b'e}}}{\dot{I}_{\mathrm{C}\mu}} = \frac{\dot{U}_{\mathrm{b'e}}}{(1-\dot{K})\dfrac{U_{\mathrm{b'e}}}{X_{\mathrm{C}\mu}}} = \frac{X_{\mathrm{C}\mu}}{1-\dot{K}} \tag{2-50}$$

近似计算时，$\dot{K}$ 取中频时的值，$\left|\dot{K}\right| = -\dot{K}$，所以有

$$C_{\mu}' = (1+\dot{K})C_{\mu} = (1+\left|\dot{K}\right|)C_{\mu} \tag{2-51}$$

$\mathrm{b'-e}$ 之间总电容为 $C_{\pi} + (1+\left|\dot{K}\right|)C_{\mu}$。

同理可求得

$$C_{\mu}'' = \frac{\dot{K}-1}{\dot{K}}C_{\mu} \tag{2-52}$$

显然 $C_{\mu}' \gg C_{\mu}''$，一般情况下 C_{μ}'' 容抗远大于 R_{L}'，C_{μ}'' 其上电流可忽略不计，电路简化如图 2-30（c）所示。

将混合 π 形电路[见图 2-30（c）]与低频小信号模型比较，它们具有完全相同的电子参数，从手册中可查得 $r_{\mathrm{bb'}}$，所以有

$$r_{\mathrm{b'e}} = (1+\beta)\frac{U_{\mathrm{T}}}{I_{\mathrm{EQ}}} \tag{2-53}$$

另 $\dot{I}_{\mathrm{c}} = \beta \dot{I}_{\mathrm{b}}$，$\dot{I}_{\mathrm{c}} = g_{\mathrm{m}} \dot{U}_{\mathrm{b'e}}$，

所以 $g_{\mathrm{m}} = \dfrac{\beta}{r_{\mathrm{b'e}}} \approx \dfrac{I_{\mathrm{EQ}}}{U_{\mathrm{T}}}$，$C_{\pi} = \dfrac{g_{\mathrm{m}}}{2\pi f_{\mathrm{T}}}$，$C_{\mathrm{b'c}}$ 特征频率 f_{T} 均可以从手册中查出。

2. 三极管电流放大倍数的高频响应

根据电流放大系数的定义可知

$$\dot{\beta} = \frac{\dot{I}_c}{\dot{I}_b}\bigg|_{U_{ce}=0} \tag{2-54}$$

$\dot{U}_{ce} = 0$ 即 c、e 输出端短路，则得图 2-31 所示电路。由图可见，集电极短路电流为

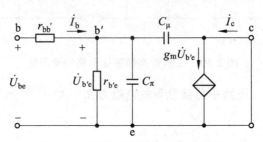

图 2-31   计算电流放大系数的模型

$$\dot{I}_c = g_m \dot{U}_{b'e} - \frac{\dot{U}_{b'e}}{\dfrac{1}{j\omega C_\mu}} \tag{2-55}$$

$$\dot{U}_{b'e} = \dot{I}_b \left[r_{b'e} \mathbin{/\mkern-5mu/} \frac{1}{j\omega C_\pi} \mathbin{/\mkern-5mu/} \frac{1}{j\omega C_\mu} \right] \tag{2-56}$$

所以

$$\dot{\beta} = \frac{\dot{I}_c}{\dot{I}_b} = \frac{g_m - j\omega C_\mu}{\dfrac{1}{r_{b'e}} + j\omega C_\mu + j\omega C_\pi} \tag{2-57}$$

低频时 $\beta_0 = g_m r_{b'e}$，当 $g_m \gg \omega C_\mu$ 时，

$$\dot{\beta} \approx \frac{\beta_o}{1 + j\omega(C_\mu + C_\pi)r_{b'e}} \tag{2-58}$$

令

$$f_\beta \approx \frac{1}{2\pi(C_\mu + C_\pi)r_{b'e}} \tag{2-59}$$

$\dot{\beta}$ 的幅频响应 $|\dot{\beta}| = \dfrac{\beta_0}{\sqrt{1 + (f/f_\beta)^2}}$， $\dot{\beta}$ 相频响应 $\varphi = -\text{arctg}\dfrac{f}{f_\beta}$。

如图 2-32 所示，当 $\dot{\beta}$ 幅频曲线下降 3dB 时的频率 f_β 称为共射极截止频率，当 $\dot{\beta}$ 幅频曲线下降到 0dB 时的频率称为 f_T 特征频率。

$$f_T = \beta_0 f_\beta = \frac{g_m}{2\pi(C_\mu + C_\pi)} \approx \frac{g_m}{2\pi C_\pi} \tag{2-60}$$

$$f_\alpha = (1 + \beta_0)f_\beta \approx f_T \tag{2-61}$$

$$f_\beta < f_T < f_\alpha \tag{2-62}$$

f_α 为共基截止频率。可见,共基极电路的截止频率远高于共射极电路的截止频率。因此,共基极放大电路可作为宽频带放大电路。

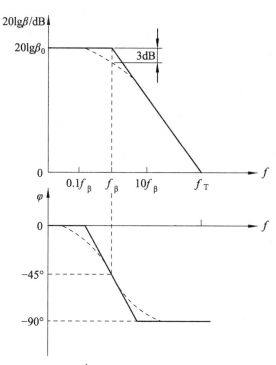

图 2-32　$\dot{\beta}$ 的幅频响应和相频响应曲线

2.5.3　多级放大电路的频率响应

1. 多级放大电路的增益

如图 2-33 所示为多级放大电路,它具有以下特点:前级的开路电压是下级的信号源电压;前级的输出阻抗是下级的信号源阻抗;下级的输入阻抗是前级的负载。具体求电路增益时需要加以注意。

$$\dot{A}_u = \frac{\dot{U}_o(j\omega)}{\dot{U}_i(j\omega)} = \frac{\dot{U}_{o1}(j\omega)}{\dot{U}_i(j\omega)} \cdot \frac{\dot{U}_{o2}(j\omega)}{\dot{U}_{o1}(j\omega)} \cdots \frac{\dot{U}_{on}(j\omega)}{\dot{U}_{o(n-1)}(j\omega)}$$

$$= \dot{A}_{u1}(j\omega) \cdot \dot{A}_{u2}(j\omega) \cdots \dot{A}_{un}(j\omega) \tag{2-63}$$

放大电路总的增益等于各级电路增益乘积。

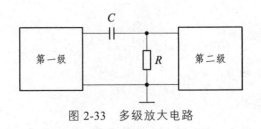

图 2-33 多级放大电路

2. 多级放大电路的频率响应

如图 2-34 所示，（以两级为例）当两级增益和频带均相同时，则单级的上下限频率处的增益为 $0.707\dot{A}_{VM1}$，两级的增益为 $(0.707\dot{A}_{VM1})^2 \approx 0.5\dot{A}_{VM1}^2$，即两级的带宽小于单级带宽。多级放大电路的通频带比它的任何一级都窄。

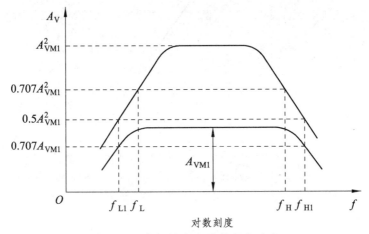

图 2-34 多级放大电路的频率响应

本章小结

在电子电路中，放大的对象是变化量，常用的测试信号是正弦波。放大的本质是在输入信号的作用下，通过有源元件（三极管、场效应管）对直流电源的能量进行控制和转换，使负载从电源中获得的输出信号能量比信号源向放大电路提供的能量大得多，因此放大的特征是功率放大，表现为输出电压大于输入电压，或者输出电流大于输入电流，或者二者兼而有之。放大的前提是不失真，换言之，如果电路输出波形产生失真便谈不上放大。

1. 放大电路的主要性能指标

放大倍数 $\dot{A}_u$：输出电压变化量与输入电压变化量之比，用以衡量电路的放大能力。

输入电阻 R_i：从输入端看进去的等效电阻，反映放大电路从信号源索取电流的大小。

输出电阻 R_o：从输出端看进去的等效输出信号源的内阻，说明放大电路的带负载能力。

2. 放大电路的分析方法

静态分析，就是求解静态工作点 Q，在输入信号为零时，三极管各电极间的电流与电压

就是 Q 点。可用估算法或图解法求解。

动态分析，就是求解各动态参数和分析输出波形。通常，利用微变等效电路法计算小信号作用时的 $\dot{A}_u$、R_i 和 R_o，利用图解法分析最大输出电压和波形失真情况。

放大电路的分析应遵循"先静态、后动态"的原则，只有静态工作点合适，动态分析才有意义；Q 点不但影响电路输出是否失真，而且与动态参数密切相关，稳定 Q 点非常必要。通过调节电路的参数（R_b、R_c 或 V_{CC}），可以使静态工作点位于负载线的中点附近，此时获得的不失真输出电压较大。

3. 三极管放大电路的比较

三极管基本放大电路有共射、共集、共基三种接法。共射放大电路既能放大电流又能放大电压，输出电阻居三种电路之中，输出电阻较大，适用于一般放大。共集放大电路只放大电流不放大电压，具有电压跟随作用；因输入电阻高而常作为多级放大电路的输入级，因输出电阻低而常作为多级放大电路的输出级，并可作为中间级起隔离作用。共基电路只放大电压不放大电流，具有电流跟随作用，输入电阻小；高频特性好，适用于宽频带放大电路。

4. 静态工作点稳定电路

放大电路静态工作点不稳定的原因主要是受温度的影响。常用的稳定静态工作点稳定电路是利用直流负反馈来稳定 Q 点，还可以采用温度补偿的方法。

5. 放大电路的频率特性

频率响应描述放大电路对不同频率信号的适应能力。在研究频率响应时，应采用三极管的高频小信号模型。三极管的电流放大倍数 $\dot{\beta}$ 是频率的函数，当 $\dot{\beta}$ 幅频曲线下降 3dB 时，对应的频率 f_β 为共射截止频率。对于多级放大电路的频率响应，若各级上限频率或下限频率相差较大，则可以近似认为各上限频率中最低的频率为整个电路的上限频率，各下限频率中最高的频率为整个电路的下限频率。所以，多级放大电路的通频带比它的任何一级都窄。

习　题

1. 选择题

（1）为了提高放大电路带负载的能力，输出电阻越（　　）越好。

A. 大　　　　　　　　　　B. 小

C. 不确定　　　　　　　　D. 保持不变

（2）若想从信号源获得更大的电压，减少电压的损失，放大电路的输入电阻越（　　）越好。

A. 大　　　　　　　　　　B. 小

C. 不变　　　　　　　　　D. 不确定

（3）基本共射放大电路的电压放大作用是利用晶体管的（　　）放大作用，并依靠 R_c 将电流的变化转化为电压的变化来实现的。

A. 电压　　　　　　　　B. 电流　　　　　　　　C. 功率

（4）对于直流通路，电容视为（　　），电感视为（　　），信号源视为短路，但应保留其（　　）。

A. 开路、开路、电阻　　　　　　B. 开路、短路、内阻

C. 短路、开路、内阻　　　　　　D. 短路、短路、内阻

（5）对于交流通路，容量大的电容视为（　　），无内阻的直流电源视为（　　）。

A. 短路、开路　　　　　　B. 短路、短路

C. 开路、短路　　　　　　D. 开路、开路

（6）共射放大电路，可通过（　　）R_b、（　　）R_c 消除饱和失真。

A. 减小、增大　　　　　　B. 增大、减小

C. 减小、减小　　　　　　D. 增大、增大

（7）共集电路（射极输出器）的特点是：输入电阻____、输出电阻____、并具有____跟随的特点（　　）。

A. 高、低、电压　　　　B. 低、高、电压　　　　C. 高、低、电流

（8）对于 NPN 型晶体管组成的基本共射放大电路，若静态工作点取得过低将产生（　　）。

A. 交越失真　　　　　　B. 饱和失真

C. 截止失真　　　　　　D. 无法判断

（9）对于 NPN 型晶体管组成的基本共射放大电路，若静态工作点取得过高将产生（　　）。

A. 交越失真　　　　　　B. 截止失真

C. 饱和失真　　　　　　D. 无法判断

（10）对于 NPN 型晶体管组成的基本共射放大电路，若产生截止失真，则输出电压（　　）失真。

A. 顶部　　　　　　　　B. 底部　　　　　　　　C. 顶部和底部

（11）对于 NPN 型晶体管组成的基本共射放大电路，若产生饱和失真，则输出电压（　　）失真。

A. 顶部　　　　　　　　B. 底部　　　　　　　　C. 顶部和底部

（12）测得放大电路输出电压幅值与相位的变化，可以得到它的频率响应，条件是（　　）。

A. 输入电压幅值不变

B. 输入电压频率不变，改变幅值

C. 输入电压的幅值与频率同时变化

（13）当信号频率等于放大电路的 f_L 或 f_H 时，放大倍数的值约下降到中频时的（　　）。

A. 0.5 倍　　　　　　　B. 0.7 倍　　　　　　　C. 0.9 倍

（14）放大电路在低频信号作用时放大倍数数值下降的原因是（　　）。

A. 耦合电容和旁路电容的存在

B. 半导体管极间电容和分布电容的存在

C. 半导体管的非线性特性

D. 放大电路的静态工作点不合适

（15）当信号频率等于放大电路的 f_L 或 f_H 时，增益约下降（　　）。

A. 3 dB
B. 4 dB

C. 5 dB
D. 6 dB

（16）对于单管共射放大电路，当 $f = f_L$ 时，U_o 和 U_i 相位关系是（　　　）。

A. +45°
B. − 90°
C. − 135°

2. 基本题

（1）试判断图 2-35 所示各电路是否可能放大交流信号。

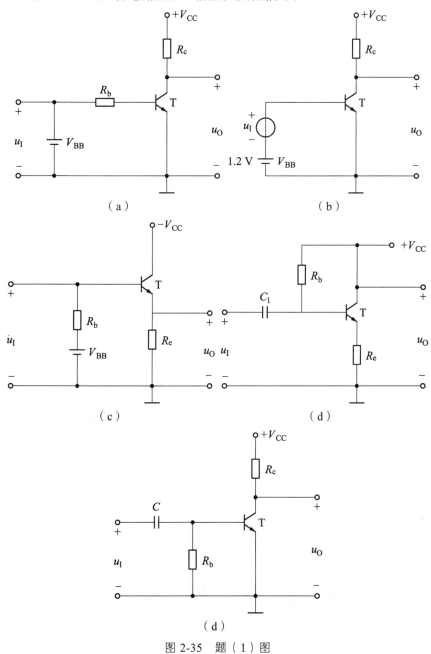

图 2-35　题（1）图

（2）电路如图 2-36 所示，已知晶体管 $\beta = 120$，$U_{BE} = 0.7$ V，饱和管压降 $U_{CES} = 0.5$ V。在下列情况下，用直流电压表测晶体管的集电极电位应分别为多少？

① 正常情况。 ② R_{b1} 短路； ③ R_{b1} 开路；

④ R_{b2} 开路。 ⑤ R_{b2} 短路； ⑥ R_c 短路。

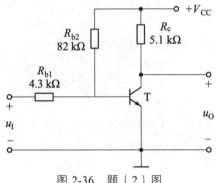

图 2-36 题（2）图

（3）电路如图 2-37 所示，晶体管导通时 $U_{BE} = 0.7$ V，$\beta = 50$。试分析 $u_I = 0$ V、1 V、3 V 三种情况下 T 的工作状态及输出电压 U_o 的值。

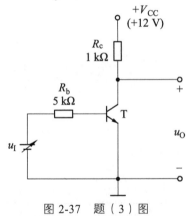

图 2-37 题（3）图

（4）NPN 型三极管接成如图 2-38 所示的 3 种电路。试分析电路中三极管 T 处于何种工作状态，设 T 的 $U_{BE} = 0.7$ V。

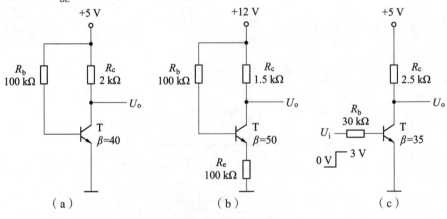

图 2-38 题（4）图

（5）电路如图 2-39 所示，晶体管 $\beta = 120$，$r_{\text{be}} = 1.6\ \text{k}\Omega$，静态时 $U_{\text{BEQ}} = 0.7\ \text{V}$，耦合电容对交流信号可视为短路。试求出 Q 点。

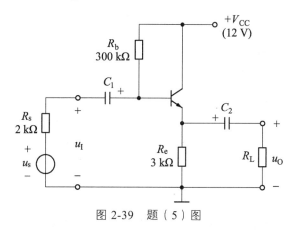

图 2-39 题（5）图

（6）在图 2-40 所示电路中，晶体管的 $\beta = 120$，$r_{\text{be}} = 3\ \text{k}\Omega$；静态时 $U_{\text{BEQ}} = 0.7\ \text{V}$；所有电容对于交流信号均可视为短路；其余参数如图中所标注。试求解：

① 直流通路和交流通路。

② Q 点。

③ $\dot{A}_{\text{u}}$、R_{i} 和 R_{o}。

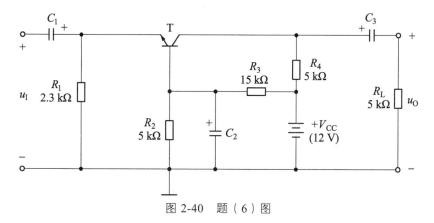

图 2-40 题（6）图

（7）电路如图 2-41 所示，已知晶体管 $\beta = 100$，$r_{\text{bb}'}$ 为 $100\ \Omega$，静态时 $U_{\text{BEQ}} = 0.7\ \text{V}$，饱和管压降 $U_{\text{CES}} = 0.5\ \text{V}$。试求解：

① 静态时集电极电位 $U_{\text{CQ}} \approx$？

② 若输入的交流电压有效值为 $10\ \text{mV}$，则输出电压的有效值 $U_{\text{o}} \approx$？

③ 当增大输入电压时，电路首先出现饱和失真还是截止失真?输出电压的波形是顶部失真还是底部失真？最大不失真输出电压的有效值 $U_{\text{om}} \approx$？

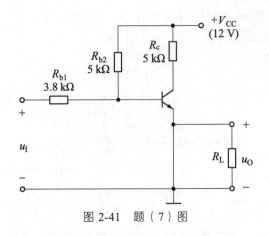

图 2-41　题（7）图

（8）若将图 2-41 所示电路中的 NPN 型管换成 PNP 型管，直流电源 $+V_{CC}$ 换成 $-V_{CC}$，$U_{BEQ} = -0.7\,V$，其他参数不变，则题（7）中所分析的结论有哪些产生改变？如何改变？

第 2 章　习题答案

1. 选择题

（1）B　　　　（2）A　　　　（3）B　　　　（4）B　　　　（5）B　　　　（6）B

（7）A　　　　（8）C　　　　（9）C　　　　（10）A　　　（11）B　　　（12）A

（13）B　　　（14）A　　　（15）A　　　（16）C

2. 基本题

（1）解：

图（a）：V_{BB} 为理想的直流电源，内阻为零。因而 V_{BB} 将输入信号短路，故不可能放大。

图（b）：静态时 $U_{BEQ} = V_{BB} = 1.2\,V$，输入回路中没有限流电阻，发射结会因电流过大而损坏，故不可能放大。

图（c）：观察图示电路的直流通路可知，V_{BB} 不能为晶体管设置合适的偏置电压，输入信号为零时晶体管截止。因此，当输入信号较小时，输出信号为零，而当输入信号较大时，输出信号严重失真，故该电路不可能放大。

图（d）：输出电压因被 V_{CC} 短路而恒等于零，故不可能放大。

图（e）：电路能够放大交流信号，但因从射极输出，故仅放大电流，不放大电压。

（2）解：

用直流电压表测晶体管的集电极电位，实际上是测量集电极的静态电位，故应令 $u_1 = 0$。

① 正常情况下的基极静态电流为

$$I_{BQ} = \frac{V_{CC} - U_{BE}}{R_{b2}} - \frac{U_{BE}}{R_{b1}} \approx 0.0116\,mA$$

故集电极电位为

$$U_C = V_{CC} - I_C R_c = V_{CC} - \beta I_{BQ} R_c = 7.9 \text{ V}$$

② 若 R_{b1} 短路，则由于 $U_{BE} = 0$ V，T 截止，$U_C = 15$ V。

③ 若 R_{b1} 开路，则由于基极静态电流为

$$I_B = \frac{V_{CC} - U_{BE}}{R_{b2}} \approx 0.174 \text{ mA}$$

而临界饱和基极电流为

$$I_{BS} = \frac{V_{CC} - U_{CES}}{\beta R_c} \approx 0.024 \text{ mA}$$

$I_B > I_{BS}$，故 T 饱和，$U_C = U_{CES} = 0.5$ V。

④ 若 R_{b2} 开路，则 T 将截止，$U_C = 15$ V。

⑤ 若 R_{b2} 短路，则因 $U_{BE} = V_{CC} = 15$ V 使 T 损坏。若 b-e 间烧断，则 $U_C = 15$ V；若 b-e 间烧成短路，则将影响 V_{CC}，难以判断 U_C 的值。

⑥ 若 R_c 短路，则由于集电极直接接直流电源，$U_C = V_{CC} = 15$ V。

（3）解：① 当 $u_I = 0$ V 时，$U_{BE} < U_{on}$，T 截止，$U_O = 12$ V。

② 当 $u_I = 1$ V 时，假设 T 工作在放大状态，则

$$I_B = \frac{U_I - U_{BE}}{R_b} = 60 \text{ μA}$$

$$I_C = \beta I_B = 3 \text{ mA}$$

$$U_o = V_{CC} - I_C R_c = 9 \text{ V}$$

视频：题（3）解答

$u_{CE} > u_{BE}$，故假设成立，T 处于放大状态，$u_O = 9$ V。

③ 当 $u_I = 3$ V 时，假设 T 工作在放大状态，则

$$I_B = \frac{U_I - U_{BE}}{R_b} = 0.46 \text{ mA}$$

$$I_C = \beta I_B = 23 \text{ mA}$$

$$U_o = V_{CC} - I_C R_c = -11 \text{ V} < U_{BE} = 0.7 \text{ V}$$

$u_{CE} < u_{BE}$，说明假设不成立，即 T 处于饱和状态，$u_{CE} < U_{CES} \approx U_{BE} = 0.7$ V，式中 U_{CES} 为饱和管压，$u_O = u_{CE} \approx 0.7$ V。

还可采用另一种方法来判断其工作在放大状态还是饱和状态。方法如下：首先计算晶体管处于临界饱和（也可称为临界放大）状态时的基极电流 I_{BS}，对于图 2-37 所示电路，该电流为

$$I_{BS} = \frac{I_{CS}}{\beta} = \frac{V_{CC} - U_{CES}}{\beta R_c} = 0.226 \text{ mA}$$

然后求出电路中实际的基极电流 I_B，对于图 2-37 所示电路，该电流为

$$I_B = \frac{u_I - U_{BE}}{R_b} = 0.46 \text{ mA}$$

因为 $I_B > I_{BS}$，说明晶体管工作在饱和状态，$u_O = U_{CES} \approx 0.7 \text{ V}$。

（4）解：根据判定三极管工作状态的第 2 种方法，通过比较基极电流 I_B 和 I_{BS} 的大小来判定图 2-38 中三极管 T 的状态。

对于图 2-38（a）电路，基极偏置电流 I_B 为

$$I_B = \frac{V_{CC} - U_{BE}}{R_b} = \frac{5 - 0.7}{100} = 0.043 \text{ mA} = 43 \text{ μA}$$

临界饱和时的偏置电流 I_{BS} 为

$$I_{BS} = \frac{V_{CC} - U_{CES}}{\beta R_C} = \frac{5 - 0.7}{40 \times 2} = 0.054 \text{ mA} = 54 \text{ μA}$$

由于 $I_B < I_{BS}$，故三极管 T 处在放大状态。

判断图（a）电路三极管的工作状态是放大还是饱和，也可通过直接比较电阻 R_b 和 βR_C 的大小来确定，即

$R_b > \beta R_c$ 时，T 为放大状态；

$R_b < \beta R_c$ 时，T 为饱和状态。

这种方法更为简洁明了。

图（b）电路中考虑到三极管发射极有电阻 R_e，故基极偏置电流 I_B 的表达式应为

$$I_{BS} = \frac{V_{CC} - U_{BE}}{R_b + (1 + \beta)R_e} = \frac{12 - 0.7}{100 + 51 \times 0.1} = 0.11 \text{ mA}$$

而 I_{BS} 的计算式为

$$I_{BS} \approx \frac{V_{CC} - U_{CES}}{\beta(R_C + R_e)} = \frac{12 - 0.7}{50 \times (1.5 \times 0.1)} = 0.14 \text{ mA}$$

由于 $I_B < I_{BS}$，故图（b）电路中三极管 T 也处在放大状态。

对图（c）电路的讨论，应分为 $U_i = 0 \text{ V}$ 和 $U_i = 3 \text{ V}$ 两种情况。

在 $U_i = 0 \text{ V}$ 时，三极管的发射结无正向偏置，故三极管 T 处于截止状态。

在 $U_i = 3 \text{ V}$ 时，可直接求得 I_B，即

$$I_B = \frac{U_i - U_{BE}}{R_b} = \frac{3 - 0.7}{30} = 0.077 \text{ mA}$$

临界饱和基极偏置电流 I_{BS} 为

$$I_{BS} = \frac{V_{CC} - U_{CES}}{\beta R_c} = \frac{5 - 0.7}{35 \times 2.5} = 0.049 \text{ mA}$$

因 $I_B > I_{BS}$，故图（c）电路中的三极管 T 处在饱和状态。

三极管处于放大状态的电路通常为放大电路，而三极管处于截止和饱和状态的电路常称为开关电路。前者主要应用于模拟电子电路中，而后者主要应用于在数字电路中。

（5）解：将耦合电容断开，得直流通路，列出基极回路和集电极回路的方程

$$V_{CC} = I_{BQ}R_b + U_{BEQ} + I_{EQ}R_e$$

$$V_{CC} = U_{CEQ} + I_{EQ}R_e$$

可解出 Q 点为

视频：题（5）解答

$$I_{BQ} = \frac{V_{CC} - U_{BEQ}}{R_b + (1+\beta)R_e} = \left(\frac{12-0.7}{300+121\times3}\right)\text{mA} \approx 0.017\text{mA} = 17\mu\text{A}$$

$$I_{EQ} = (1+\beta)I_{BQ} \approx (121\times0.017)\text{mA} \approx 2.06\text{ mA}$$

$$U_{CEQ} = V_{CC} - I_{EQ}R_e \approx (12-2.06\times3)\text{ V} = 5.82\text{ V}$$

（6）解：图 2-40 所示电路的直流通路如图 2-42（a）所示。由于在交流通路中所有电容和直流电源均可视为短路，R_2 和 R_3 被短路，故交流通路如图 2-42（b）所示。

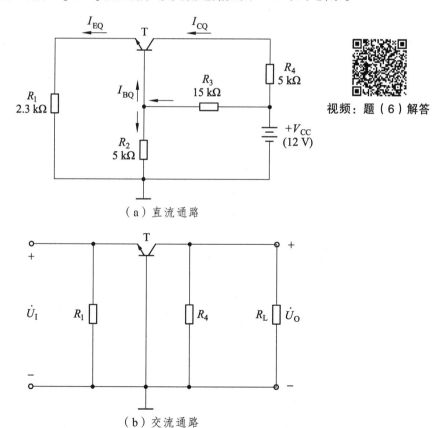

视频：题（6）解答

（a）直流通路

（b）交流通路

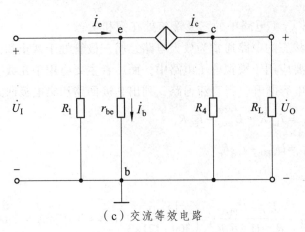

（c）交流等效电路

图 2-42　题（6）解图

② 由图（a）可知，电路是典型的静态工作点稳定电路。由于（$1+\beta$）$R_1 =$（101×1.3）kΩ≈131 kΩ>>$R_2 = 5$ kΩ，基极静态电位

$$U_{BQ} \approx \frac{R_2}{R_2 + R_3} \cdot V_{CC} = \left(\frac{5}{5+15} \times 12\right)V = 3\ V$$

晶体管的 I_{EQ}（I_{CQ}）、I_{BQ} 和 U_{CEQ} 为

$$I_{CQ} \approx I_{EQ} = \frac{U_{BQ} - U_{BEQ}}{R_1} \approx \left(\frac{3-0.7}{2.3}\right)mA = 1\ mA$$

$$I_{BQ} \approx \frac{I_{EQ}}{\beta} \approx \left(\frac{1}{120}\right)mA = 8.33\ \mu A$$

$$U_{CEQ} = V_{CC} - I_{CQ}R_4 - I_{EQ}R_1$$

$$\approx V_{CC} - I_{CQ}(R_4 + R_1)$$
$$\approx [12 - 1 \times (5 + 2.3)]V$$
$$= 4.7\ V$$

③ 交流等效电路如图 2-42（c）所示，动态参数为

$$\dot{A}_u = \frac{\dot{U}_o}{\dot{U}_i} = \frac{\dot{I}_c(R_4 /\!/ R_L)}{\dot{I}_b r_{be}} = \frac{\beta(R_4 /\!/ R_L)}{r_{be}} = \frac{120 \times \dfrac{1}{1/5 + 1/5}}{3} = 100$$

$$R_i = R_1 /\!/ \frac{r_{be}}{1+\beta} \approx \left(\frac{3000}{120+1}\right)\Omega \approx 25\ \Omega$$

$$R_o = R_4 = 5\ k\Omega$$

（7）解：① 首先画出图 2-41 所示电路的直流通路并利用戴维宁定理将其输出回路等效变换如图 2-43（a）所示。V'_{CC} 和 R'_L 分别为

$$V'_{CC} = \frac{R_L}{R_c + R_L} V_{CC} = \frac{5}{5+5} \times 12 \text{ V} = 6 \text{ V}$$

$$R'_L = R_c // R_L = \frac{1}{1/5 + 1/5} \text{ k}\Omega = 2.5 \text{ k}\Omega$$

由图可知，静态时基极电流等于 R_{b2} 中电流与 R_{b1} 中电流之差，即

$$I_{BQ} = \frac{V_{CC} - U_{BEQ}}{R_{b2}} - \frac{U_{BEQ}}{R_{b1}} = \left(\frac{12-0.7}{56} - \frac{0.7}{3.8}\right) \text{mA} \approx 0.0176 \text{ mA}$$

集电极电流和电位为

$$I_{CQ} = \beta I_{BQ} \approx 100 \times 0.0176 \text{ mA} = 1.76 \text{ mA}$$

$$U_{CQ} = U_{CEQ} = V'_{CC} - I_{CQ} R'_L \approx (6 - 1.76 \times 2.5) \text{V} = 1.6 \text{ V}$$

② 首先画出图 2-41 所示电路的交流等效电路，如图 2-43（b）所示；然后求出 r_{be}，再求出 $\dot{A}_u$ 将其绝对值乘以输入电压有效值，即可得到输出电压有效值。

$$r_{be} = r_{bb'} + (1+\beta)\frac{26 \text{ mV}}{I_{CQ}} = r_{bb'} + \beta\frac{26 \text{ mV}}{I_{CQ}} \approx \left(100 + \frac{101 \times 26}{1.76}\right)\Omega \approx 1.59 \text{ k}\Omega$$

$$\dot{A}_u = \frac{\dot{U}_o}{\dot{U}_i} = \frac{-\dot{I}_c (R_c // R_L)}{\dot{I}_b r_{be} + \left(\dot{I}_b + \frac{\dot{I}_b r_{be}}{R_{b2}}\right) R_{b1}} = -37.88$$

$$\dot{U}_O = \dot{A}_u \dot{U}_i \approx 0.38 \text{ V}$$

③ 从图 2-43（c）可以看到 Q 点更接近饱和区，所以增大输入电压，电路首先出现饱和失真，输出电压波形为底部失真。最大不是真输出电压的有效值为：

$$U_{om} = U_{CEQ} - U_{CES} = 1.6 - 0.5 = 1.1 \text{ V}$$

（a）

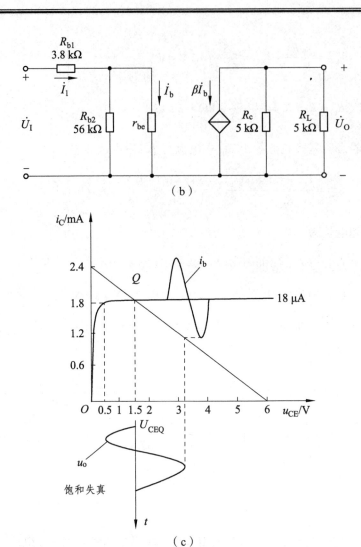

（b）

（c）

图 2-43　题（7）解图

（8）解：① 经戴维宁定理等效变换后 $V'_{CC} = -6\ \text{V}$，PNP 型管的基极电流从发射极流向基极，集电极电流从发射极流向集电极，静态时 $I_{BQ} \approx 0.0176\ \text{mA}$，$I_{CQ} = 1.7\ \text{mA}$，集电极电位 $U_{CQ} \approx -1.6\ \text{V}$。

② 电压放大倍数不变，因此在输入电压有效值为 $10\ \text{mV}$ 时输出电压有效值仍为 $U_O \approx 465\ \text{mV}$。

（3）在输入信号增大到一定幅值时电路仍首先出现饱和失真，但输出电压的波形是顶部失真。最大不失真输出电压有效值仍为 $U_o \approx 0.707\ \text{V}$

3 场效应管及其放大电路

半导体晶体管是由基极电流控制集电极电流，有电子和空穴两种载流子参与导电，称为双极型晶体管。场效应管是通过改变外加电压产生的电场强度来控制其导电能力的半导体器件，只靠半导体中的多数载流子导电，故称单极型晶体管。单极型晶体管与双极型晶体管相比除了具有体积小、质量轻、寿命长等优点，还具有输入电阻高、热稳定性好、抗辐射能力强、耗电少、噪声低、制造工艺简单、便于集成等特点，在大规模及超大规模集成电路中得到广泛的应用。场效应管根据结构和工作原理的不同，可分为两大类：结型场效应管（JFET）和绝缘栅型场效应管（IGFET）。

教学目标：

（1）了解结型场效应管的工作原理、特性曲线及主要参数。

（2）了解 MOS 管的工作原理、特性曲线及主要参数。

（3）与双极型晶体管对比，掌握用公式法和小信号模型分析法分析其放大电路的静态及动态性能。

（4）了解三极管及场效应管放大电路的特点。

3.1 结型场效应管

3.1.1 JFET 结构

在一块 N 型半导体两边各扩散一个高杂质浓度的 P^+ 区，形成两个不对称的 PN 结。把两个 P^+ 区并联在一起，引出一个电极 g，称为栅极，在 N 型半导体的两端各引出一个电极，分别称为源极 s 和漏极 d。夹在两个 PN 结中间的区域称为导电沟道（简称为沟道），参与导电的是多子电子，故称为 N 沟道。

若在一块 P 型半导体两边各扩散一个高杂质浓度的 N^+ 区，就可以制成一个 P 沟道的结型场效应管。P 沟道管的多数载流子是空穴，如图 3-1 所示。

场效应管与三极管的三个电极的对应关系：栅极 g——基极 b；源极 s——发射极 e；漏极 d——集电极 c。

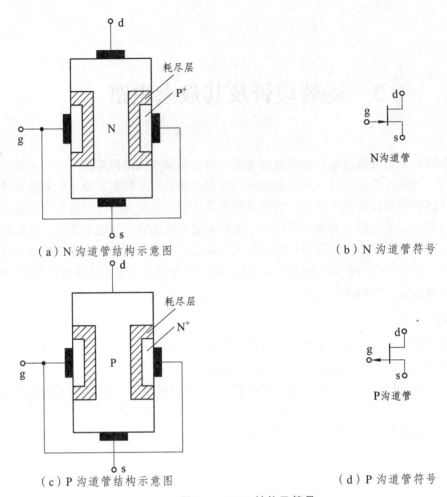

（a）N 沟道管结构示意图 　　　　　　　　　　（b）N 沟道管符号

（c）P 沟道管结构示意图 　　　　　　　　　　（d）P 沟道管符号

图 3-1　JFET 结构及符号

3.1.2　JFET 工作原理

为了使 N 沟道结型场效应管正常工作，应在栅-源之间加反向电压（$u_{GS} < 0$），以保证耗尽层反偏，在漏-源之间加正向电压 u_{DS}，以形成漏极电流 i_D，从而讨论 u_{GS} 对 i_D 的控制作用。为便于讨论，先假设漏-源极间所加的电压 $u_{DS} = 0$。

当 $u_{GS} = 0$ 时，沟道较宽，其电阻较小。

当 $u_{GS} < 0$ 时，在反偏电压的作用下，两个 PN 结耗尽层将加宽，随着 $|u_{GS}|$ 的增加，耗尽层将向 N 沟道中扩展，使沟道变窄，沟道电阻增大。当 $|u_{GS}|$ 增大到一定值时，两侧的耗尽层将在沟道中央合拢，沟道全部被夹断。由于耗尽层中没有载流子，这时漏-源极间的沟道电阻趋于无穷大，这时的栅-源电压 u_{GS} 称为夹断电压，用 $U_{GS(off)}$ 表示。如图 3-2 所示。

上述分析表明：$u_{DS} = 0$ 时，改变栅源电压 u_{GS} 的大小，可以有效地控制沟道电阻的大小。

当 u_{GS} 值固定，且 $U_{GS(off)} < u_{GS} < 0$。此时沟道处于某一宽度，若 $u_{DS} > 0$，则有电流从漏极流向源极，由于沟道存在一定的电阻，i_D 沿沟道产生的电压降使沟道内各点的电位不再相等，

漏极端电位最高，源极端电位最低。这就使栅极与沟道内各点间的电位差不再相等，其绝对值沿沟道从漏极到源极逐渐减小。因此，在漏极端最大（$|u_{GD}|$），即加到该处 PN 结上的反偏电压最大，这使得沟道两侧的耗尽层从源极到漏极逐渐加宽，沟道宽度不再均匀，而呈楔形。

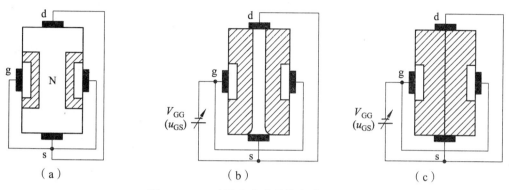

图 3-2　u_{GS} 对导电沟道的控制作用

在 u_{DS} 较小时，i_D 随 u_{DS} 几乎呈线性地增加，沟道呈电阻特性，如图 3-3（a）所示。随着 u_{DS} 的进一步增加，靠近漏极一端的 PN 结上承受的反向电压增大，这里的耗尽层相应变宽。当 u_{DS} 增加到 $u_{DS} = u_{GS} - U_{GS(off)}$，即 $u_{GD} = u_{GS} - u_{DS} = U_{GS(off)}$ 时，漏极附近的耗尽层合拢，这种状态称为预夹断，如图 3-3（b）所示。

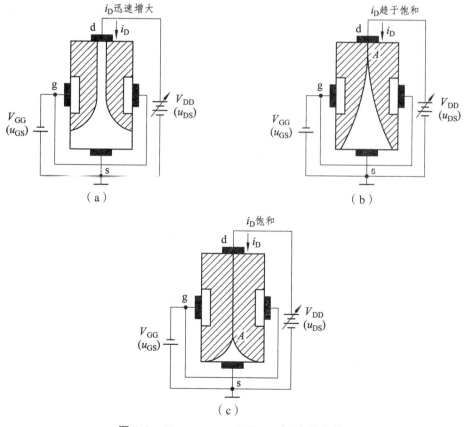

图 3-3　$U_{GS(off)} < u_{GS} < 0$ 且 $u_{DS} > 0$ 沟道变化

预夹断后，漏极电流 $i_D \neq 0$。因为这时沟道仍然存在，沟道内的电场仍能使多数载流子（电子）做漂移运动，并被强电场拉向漏极。若 u_{DS} 继续增加，使 $u_{GD} < U_{GS(off)}$ 时，耗尽层合拢部分会有增加，向源极方向延伸，如图 3-3（c）所示。夹断区的电阻越来越大，但漏极电流 i_D 不随 u_{DS} 的增加而增加，基本上趋于饱和。因为这时夹断区电阻很大，u_{DS} 的增加量主要降落在夹断区电阻上，沟道电场强度增加不多，因而 i_D 基本不变。

由上面的分析可知：沟道中只有一种类型的多数载流子参与导电，所以场效应管也称为单极型三极管。JFET 栅极与沟道间的 PN 结是反向偏置的，因此 i_G 极小，输入电阻很高。JFET 是电压控制电流器件，i_D 受 u_{GS} 控制。预夹断前 i_D 与 u_{DS} 呈近似线性关系；预夹断后，i_D 趋于饱和。P 沟道结型场效应管工作时，电源的极性与 N 沟道结型场效应管的电源极性相反。

3.1.3 JFET 的特性曲线

1. 输出特性曲线

输出特性曲线是指栅源电压 u_{GS} 为常量时，漏极电流 i_D 随漏源电压 u_{DS} 的变化关系，即

$$i_D = f(u_{DS})|u_{GS} = \text{常数} \tag{3-1}$$

由于 u_{GS} 电压愈负，耗尽层愈宽，沟道电阻愈大，相应的 i_D 就愈小，因此改变栅源电压 u_{GS} 可得一组曲线，如图 3-4 所示。

场效应管的工作情况可分为三个区域。

1）夹断区（截止区）

此时 $u_{GS} < U_{GS(off)}$，导通沟道被夹断，$i_D = 0$。

2）可变电阻区（线性区）

图中虚线为预夹断点连接的曲线，u_{GS} 越大预夹断时的 u_{DS} 值也越大，当 u_{GS} 一定时，直线的斜率唯一确定，该直线的斜率的倒数即为漏-源间的电阻。因此，可以通过改变 u_{GS} 的大小来改变漏-源间电阻值，故称为可变电阻区。

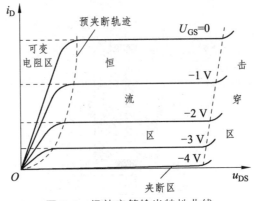

图 3-4 场效应管输出特性曲线

3）恒流区（饱和区）

该区域对应某个电压 u_{GS}，漏源电流 i_D 近似不变，故称为恒流区。各曲线近似为一组与横轴平行的直线。因而，可将 i_D 看作为电压 u_{GS} 控制的电流源。场效应管用作放大管时，应使其工作在此区域。

2. 转移特性曲线

转移特性曲线是指漏源电压 u_{DS} 为常量时，漏极电流 i_D 随着栅源电压 u_{GS} 的变化关系，即

$$i_D = f(u_{GS})|u_{DS} = 常数 \tag{3-2}$$

转移特性曲线可以直接从输出特性曲线上用作图法画出（见图 3-5）。

根据半导体物理中对场效应管内部载流子的分析，可以得出恒流区中 i_D 的近似表达式为

$$i_D = I_{DSS}\left(1 - \frac{u_{GS}}{U_{GS(off)}}\right)^2 \tag{3-3}$$

$$U_{GS(off)} < u_{GS} < 0 \tag{3-4}$$

式中，I_{DSS} 为漏极饱和电流，即 $u_{GS} = 0$ 时的 i_D。

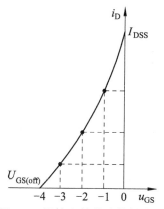

图 3-5　场效应管转移特性曲线

3.2　金属-氧化物-半导体场效应管

结型场效应管的输入电阻虽然可达 $10^8 \Omega$，但在要求输入电阻更高的场合，还是不能满足要求。而金属-氧化物-半导体场效应管（MOSFET）具有更高的输入电阻，可达 $10^{15} \Omega$。并且温度稳定性好，集成化时工艺简单，广泛用于大规模和超大规模集成电路。MOS 管也有 N 沟道和 P 沟道之分，而且每类又分为增强型和耗尽型。增强型 MOS 管在 $u_{GS} = 0$ 时，没有导电沟道存在。而耗尽型 MOS 管在 $u_{GS} = 0$ 时，存在导电沟道。

3.2.1 N 沟道增强型 MOS 管结构

如图 3-6（a）所示，在一块掺杂浓度较低的 P 型硅衬底上，制作两个高掺杂浓度的 N^+ 区，并用金属引出两个电极，分别作漏极 d 和源极 s。然后在半导体表面覆盖一层很薄的二氧化硅（SiO_2）绝缘层，在漏-源极间的绝缘层上引出金属电极，作为栅极 g。在衬底上也引出一个电极 B，这就构成了一个 N 沟道增强型 MOS 管。MOS 管的源极和衬底通常是接在一起的（大多数管子在出厂前已连接好）。它的栅极与其他电极间是绝缘的，因此，又称绝缘栅型场效应管（IGFET）。

图 3-6（b）所示为代表符号，箭头的方向表示由 P（衬底）指向 N（沟道）。P 沟道增强型 MOS 管的箭头方向与之相反，如图 3-6（c）所示。

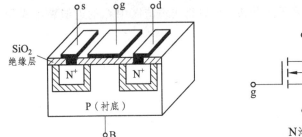
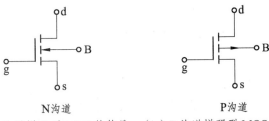

（a）N 沟道增强型 MOS 管结构　　（b）N 沟道增强型 MOS 管符号　（c）P 沟道增强型 MOS 管符号

图 3-6　增强型 MOS 管

3.2.2 N 沟道增强型 MOS 管工作原理

从图 3-7（a）可以看出，增强型 MOS 管的漏极 d 和源极 s 之间有两个背靠背的 PN 结。当栅-源电压 $u_{GS}=0$ 时，即使加上漏-源电压 u_{DS}，不管 u_{DS} 的极性如何，总有一个 PN 结处于反偏状态，漏-源极间没有导电沟道，所以漏极电流 $i_D \approx 0$。

若 $u_{GS}>0$，由于 SiO_2 绝缘层的存在，栅极电流为零。但栅极金属层将聚集正电荷，它们排斥 P 型衬底靠近 SiO_2 一侧的空穴，剩下不能移动的受主离子（负离子），形成耗尽层；同时将 P 型衬底中的电子（少子）被吸引到衬底表面。增大 u_{GS} 时，耗尽层变宽，同时将衬底中的自由电子吸引到栅极附近的 P 衬底表面，形成一个 N 型薄层，且与两个 N^+ 区相连通，在漏-源极间形成 N 型导电沟道，其导电类型与 P 衬底相反，称为反型层，如图 3-7（b）所示。开始形成沟道时的栅-源极电压称为开启电压，用 $U_{GS(th)}$ 表示。u_{GS} 越大，作用于半导体表面的电场就越强，吸引到 P 衬底表面的电子就越多，导电沟道电阻越小。

沟道形成以后，在漏-源极间加上正向电压 u_{DS}，就有漏极电流 i_D 产生。此时，漏-源电压 u_{DS} 对导电沟道及电流 i_D 的影响与结型场效应管相似。如图 3-8 所示，当外加较小的 u_{DS} 时，漏极电流 i_D 随 u_{DS} 线性增大。但随着 u_{DS} 增大，沟道存在电位梯度，沟道厚度不均匀，靠近源端厚，靠近漏端薄，沟道呈楔形。当 u_{DS} 增大到一定数值时（使 $u_{GD}=U_{GS(th)}$），靠近漏极的反型层消失出现夹断点，称为预夹断。如果继续增大 u_{DS}，夹断区随之延长，u_{DS} 增加的部分几乎全部用来克服夹断区对漏极电流的阻力，所以，i_D 不随 u_{DS} 的增大而增大，管子由可变电阻区进入饱和恒流区，i_D 几乎仅决定于 u_{GS}。

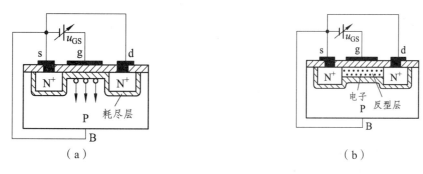

图 3-7　u_{GS} 对导电沟道的影响

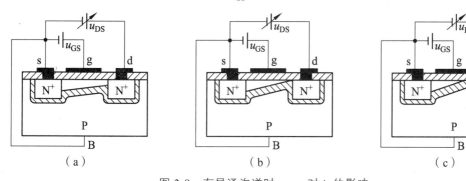

图 3-8　有导通沟道时，u_{DS} 对 i_D 的影响

在 $u_{DS} > u_{GS} - U_{GS(th)}$ 时，对应于每一个 u_{GS} 就有一个确定的 i_D，此时，可将 i_D 视为电压 u_{GS} 控制的电流源。

3.2.3　特性曲线和电流方程

N 沟道增强型 MOS 管的转移特性曲线和输出特性曲线，如图 3-9（a）、（b）所示。与结型场效应管一样，MOS 管也有可变电阻区、恒流区和夹断区。

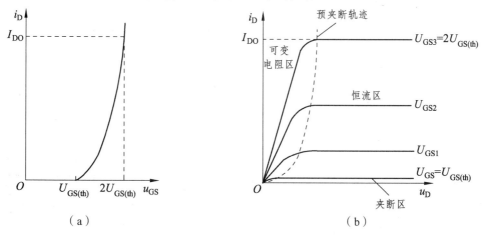

图 3-9　N 沟道增强型 MOS 管特性曲线

与结型场效应管相类似，由于在恒流区，可以看成 i_D 不随 u_{DS} 变化，可得到 i_D 与 u_{GS} 的近似关系式为

$$i_D = I_{DO}\left(\frac{u_{GS}}{U_{GS(th)}} - 1\right)^2 \tag{3-5}$$

式中，I_{DO} 指 $u_{GS} = 2U_{GS(th)}$ 时的 i_D。

3.2.4　N 沟道耗尽型 MOS 管

如图 3-10（a）所示，耗尽型 MOS 管制造时在 SiO_2 绝缘层中掺入了大量的正离子，即使 $u_{GS} = 0$，在正离子的作用下，P 型衬底表面层也存在反型层，即漏-源之间存在导通沟道，只要在漏-源间加上正电压，就会产生漏极电流。

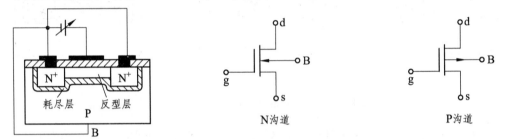

（a）N 沟通耗尽型 MOS 管结构　　（b）N 沟通耗尽型 MOS 管符号　　（c）P 沟通耗尽型 MOS 管符号

图 3-10　耗尽型 MOS 管

图 3-10（b）所示为 N 沟道耗尽型 MOS 管符号，与增强型的区别是 d-s 之间的连线为实线，表示漏源之间存在导通沟道。图 3-10（c）所示为 P 沟道耗尽型 MOS 管符号。

为了便于对比掌握，将各类场效应管的特性列表，如表 3-1 所示。

表 3-1　各种场效应管特性比较

分类		符号	转移特性曲线	输出特性曲线
结型场效应管	N 沟道			
	P 沟道			

续表

分类		符号	转移特性曲线	输出特性曲线
绝缘栅型场效应管	N沟管 增强型	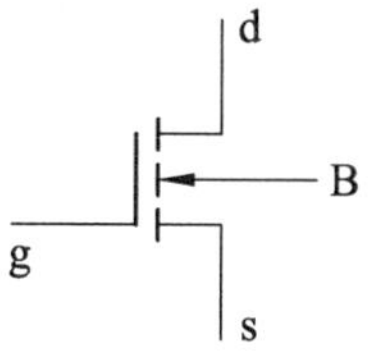 d B g s	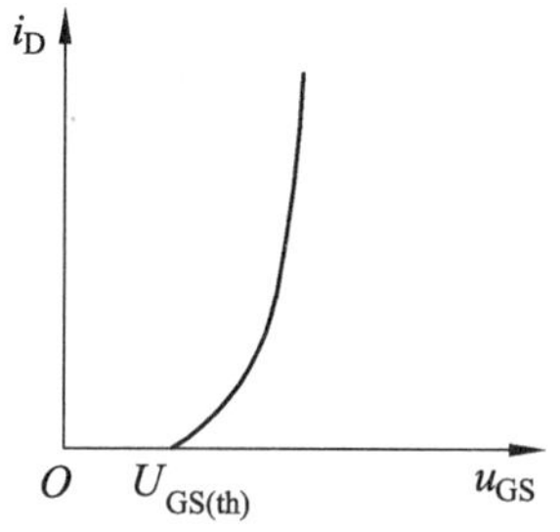 i_D／O $U_{GS(th)}$ u_{GS}	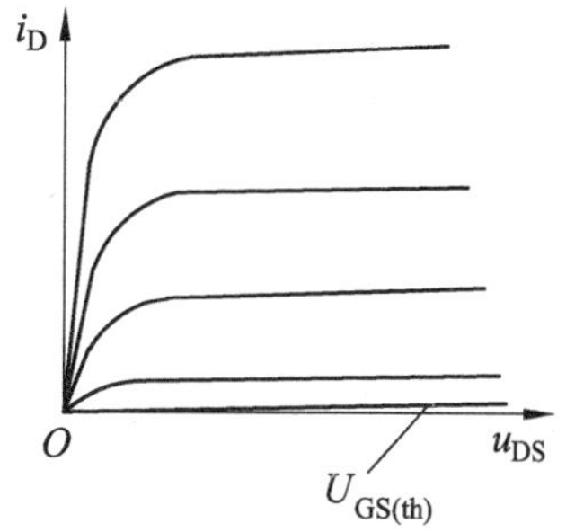 i_D／O $U_{GS(th)}$ u_{DS}
	N沟管 耗尽型	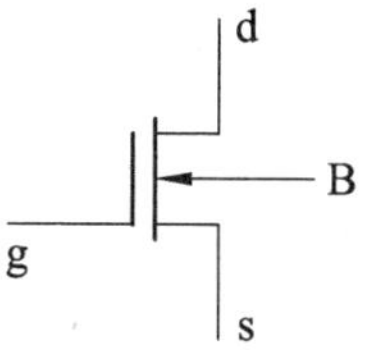 d B g s	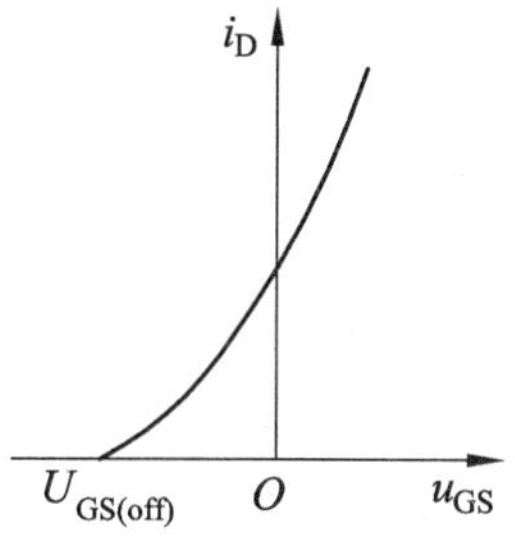 i_D／$U_{GS(off)}$ O u_{GS}	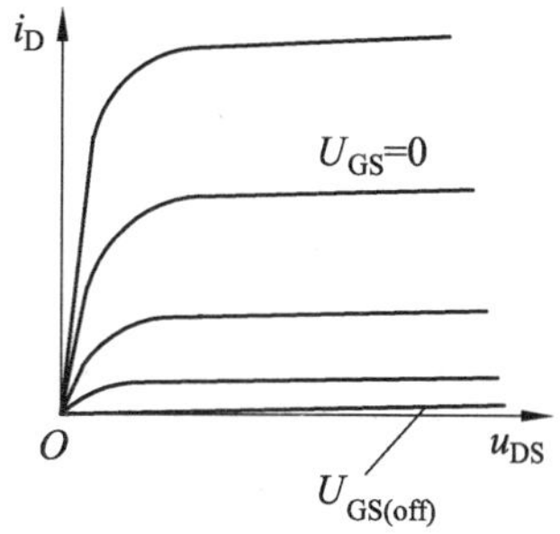 i_D／$U_{GS}=0$ O $U_{GS(off)}$ u_{DS}
	P沟道 增强型	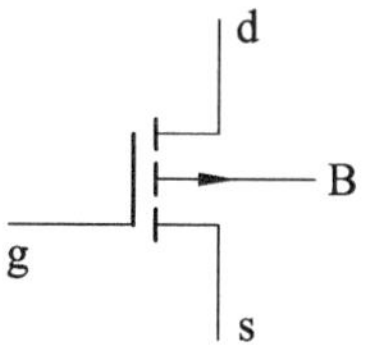 d B g s	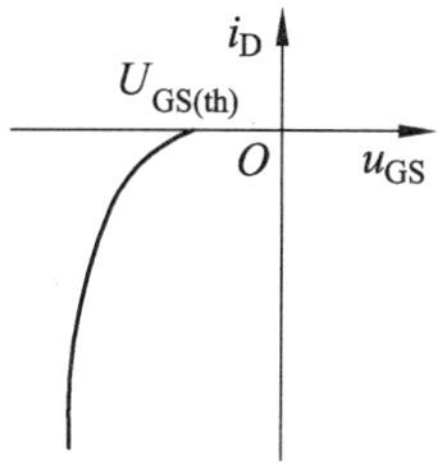 $U_{GS(th)}$ O u_{GS} i_D	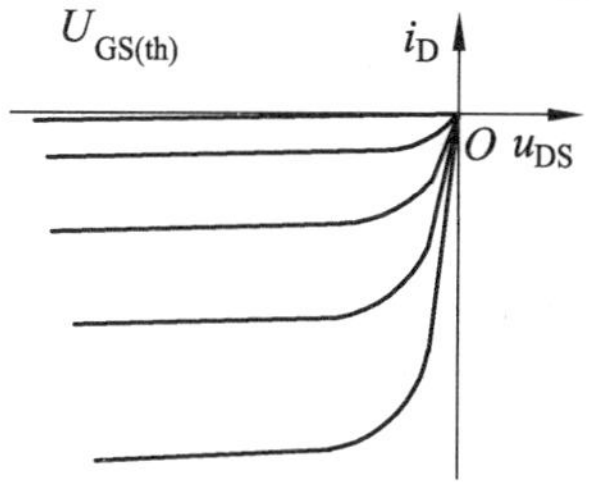 $U_{GS(th)}$ i_D O u_{DS}
	P沟道 耗尽型	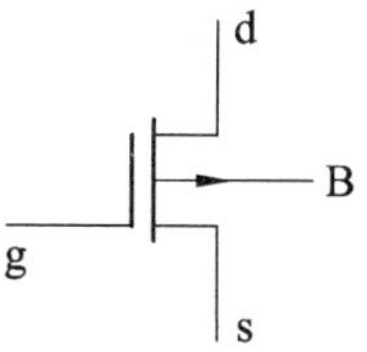 d B g s	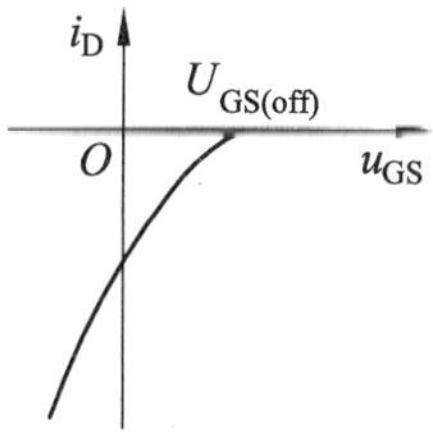 i_D $U_{GS(off)}$ O u_{GS}	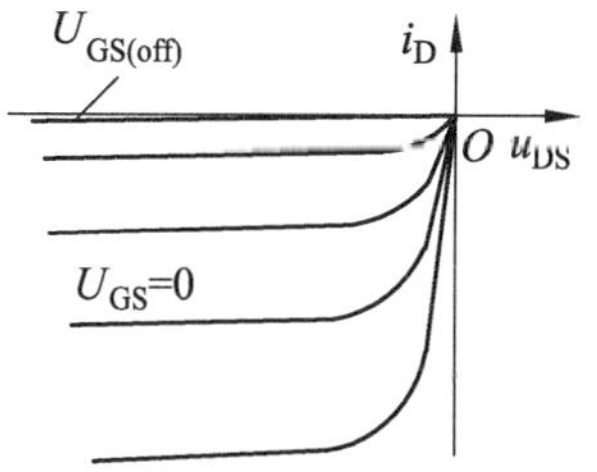 $U_{GS(off)}$ i_D O u_{DS} $U_{GS}=0$

3.2.5 场效应管的主要参数

1. 直流参数

1）开启电压 $U_{GS(th)}$

$U_{GS(th)}$ 是增强型场效应管的参数，是 u_{DS} 为某值时，使 i_D 大于零时的最小栅源电压。

2）夹断电压 $U_{GS(off)}$

$U_{GS(off)}$ 是结型场效应管和耗尽型场效应管的参数，是 u_{DS} 为某值时，使 i_D 为规定的微小电流（如 5 μA）时的栅源电压。

3）饱和漏极电流 I_{DSS}

对于结型场效应管，I_{DSS} 是指在 $u_{GS}=0$ 的情况下，产生预夹断时的漏源电流。

4）直流输入电阻 R_{GS}

R_{GS} 是指栅源电压与栅极电流之比。结型场效应管 $R_{GS}>10^7\ \Omega$，而 MOS 管 $R_{GS}>10^9\ \Omega$。

2. 交流参数

1）低频跨导 g_m

g_m 是指管子工作在恒流区，u_{DS} 为常数时，漏极电流的微小变化量和引起这个变化的栅源电压的微小变化量之比，即

$$g_m = \frac{\partial i_D}{\partial u_{GS}}\bigg|_{u_{DS}=\text{常量}} \tag{3-6}$$

跨导反映了栅源电压对漏极电流的控制能力，它相当于转移特性曲线上工作点的斜率。

2）极间电容

极间电容是指场效应管三个极之间的电容。通常栅-源、栅-漏电容约为 1～3 pF，漏-源电容约为 0.1～1 pF。在高频电路中应当考虑极间电容的影响。

3. 极限参数

1）最大漏极电流 I_{DM}

I_{DM} 是指管子正常工作时漏极电流所允许的最大值。

2）最大耗散功率 P_{DM}

$P_{DM}=u_{DS}i_D$，取决于管子允许的温升，为了限制它的温度不要升高太高，就要限制它不要超过最大值。

3）击穿电压 $U_{(BR)DS}$

$U_{(BR)DS}$ 是指发生雪崩击穿，i_D 开始急剧上升时的 u_{DS} 值。

3.2.6　场效应管与三极管的性能比较

场效应管的源极 s、栅极 g、漏极 d 分别对应于三极管的发射极 e、基极 b、集电极 c，它们的作用相似。

（1）场效应管是电压控制电流器件，由 u_{GS} 控制 i_D，其放大系数 g_m 一般较小，因此场效应管的放大能力较差；三极管是电流控制电流器件，由 i_b 控制 i_c。

（2）场效应管栅极几乎不取电流；而三极管工作时基极总要索取一定的电流。因此要求输入电阻高的场合选场效应管，而要信号源提供一定电流的，则可选三极管。

（3）场效应管只有多子参与导电；三极管有多子和少子两种载流子参与导电，因少子浓度受温度、辐射等因素影响较大，所以场效应管比三极管的温度稳定性好、抗辐射能力强。在环境条件（温度等）变化很大的情况下应选用场效应管。

（4）场效应管在源极未与衬底连在一起时，源极和漏极可以互换使用，且特性变化不大；

而三极管的集电极与发射极互换使用时，其特性差异很大，只有在特殊需要时才互换。

（5）场效应管的噪声系数很小，在低噪声放大电路的输入级以及要求信噪比较高的电路中应选用场效应管。

（6）场效应管和三极管均可组成各种放大电路和开关电路，但由于前者制造工艺简单，且具有耗电少、热稳定性好、工作电源电压范围宽等优点，因而被广泛用于大规模和超大规模集成电路中。

3.3 共源极放大电路

与三极管放大电路相似，场效应管放大电路的共源、共漏、共栅三种接法分别对应三极管的共射、共集、共基接法。因为共栅放大电路实际应用较少，所以本节只讨论共源、共漏放大电路。

3.3.1 直流偏置电路及静态分析

与三极管放大电路一样，由场效应管组成的放大电路也必须设置合适的静态工作点，使管子工作在恒流区。所不同的是，场效应管是电压控制器件，因此需要合适的栅-源电压。下面以 N 沟道场效应管共源放大电路为例说明静态工作点的设置方法。

1. 直流偏置电路

1）自偏压电路

图 3-11（a）所示为 N 沟道场效应管自偏压电路，图中电容 C_1、C_2 为耦合电容，C_s 为旁路电容，将电容开路就可得直流通路，如图 3-11（b）所示。

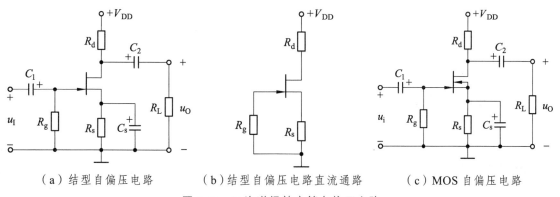

（a）结型自偏压电路　　　（b）结型自偏压电路直流通路　　　（c）MOS 自偏压电路

图 3-11 N 沟道场效应管自偏压电路

图 3-11（b）中，由于栅极电流为零，从而使 R_g 电流为零，所以栅极电位 $U_{GQ} = 0$，所以

$$U_{GSQ} = U_{GQ} - U_{SQ} = 0 - I_{DQ}R_S = -I_{DQ}R_S \tag{3-7}$$

式（3-7）表明，靠 R_S 上电压使 U_{GSQ} 获得负偏压，这种依靠自身负偏压的方式称为自偏压。由结型场效应管电流方程可以得出漏极电流 I_{DQ}，即

$$I_{DQ} = I_{DSS}\left(1 - \frac{U_{GSQ}}{U_{GS(off)}}\right)^2 = I_{DSS}\left(1 - \frac{-I_{DQ}R_S}{U_{GS(off)}}\right)^2 \tag{3-8}$$

根据输出回路方程可以求出管压降

$$U_{DSQ} = V_{DD} - I_{DQ}(R_d + R_S) \tag{3-9}$$

图 3-11（c）MOS 自偏压电路静态工作点求法与之类似。

2）分压式偏置电路

图 3-12（a）所示为分压式偏置电路，图中电容 C_1、C_2 为耦合电容，C_s 为旁路电容，将电容开路就可得直流通路，如图 3-12（b）所示。

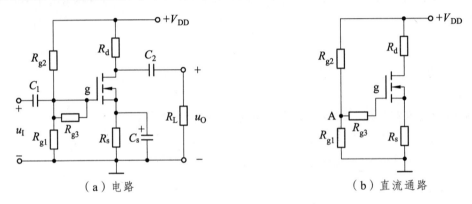

（a）电路　　　　　　　　　　（b）直流通路

图 3-12　分压式偏置电路

由于 MOS 场效应管栅极电流为零，即电阻 R_{g3} 中电流为零，所以栅极静态电位为

$$U_{GQ} = \frac{R_{g1}}{R_{g1} + R_{g2}}V_{DD} \tag{3-10}$$

源极静态电位为

$$U_{SQ} = I_{DQ}R_S \tag{3-11}$$

所以，栅-源静态电压

$$U_{GSQ} = U_{GQ} - U_{SQ} = \frac{R_{g1}}{R_{g1} + R_{g2}}V_{DD} - I_{DQ}R_S \tag{3-12}$$

由 MOS 管电流方程可知

$$I_{DQ} = I_{D0}\left(\frac{U_{GSQ}}{U_{GS(th)}} - 1\right)^2 \tag{3-13}$$

可求得

$$U_{DSQ} = V_{DD} - I_{DQ}(R_d + R_S)$$（3-14）

3.3.2　小信号模型分析法

1. FET 小信号模型

结型场效应管的栅-源间的动态电阻可达 $10^7\Omega$ 以上，绝缘栅型场效应管的栅-源间动态电阻更高，可达 $10^{10}\Omega$ 以上。因此，可认为栅-源间近似开路，不从信号源索取电流。场效应管工作在恒流区时，漏极动态电流仅决定于栅-源电压，可认为输出回路是一个电压控制的电流源。一般情况下，r_{ds} 比外接电阻大得多，因而，在近似分析时，可认为它们是开路的。场效应管交流等效模型如图 3-13（c）所示。

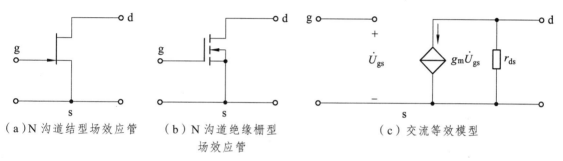

（a）N 沟道结型场效应管　（b）N 沟道绝缘栅型　　　（c）交流等效模型
　　　　　　　　　　　　　场效应管

图 3-13　场效应管交流等效模型

其中 g_m 为场效应管的低频跨导，根据结型场效应管的电流方程可以求出 g_m，即

$$g_m = \frac{\partial i_D}{\partial u_{GS}}\Big|_{U_{DS}}$$

$$= \frac{2I_{DSS}}{-U_{GS(off)}}\left(1 - \frac{u_{GS}}{U_{GS(off)}}\right)$$

$$= \frac{2\sqrt{I_{DSS}^2\left(1 - \frac{u_{GS}}{U_{GS(off)}}\right)^2}}{-U_{GS(off)}}$$（3-15）

当小信号作用时，$I_{DQ} \approx i_D$，所以

$$g_m \approx \frac{2\sqrt{I_{DSS}I_{DQ}}}{-U_{GS(off)}}$$（3-16）

同理，增强型 MOS 管

$$g_m \approx \frac{2\sqrt{I_{DO}I_{DQ}}}{U_{GS(th)}}$$（3-17）

2. 动态分析

动态分析需首先画出共源放大电路的交流通路，然后将电路中的场效应管用交流等效模

型替代，图 3-14 所示为图 3-12（a）共源极放大电路的交流等效电路。

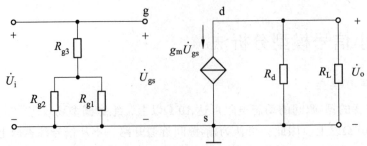

图 3-14　共源极放大电路的交流等效电路

由 $g_{\mathrm{m}} \approx \dfrac{2\sqrt{I_{\mathrm{DO}}I_{\mathrm{DQ}}}}{U_{\mathrm{GS(th)}}}$ 求低频跨导。

从图 3-14 可以看出

$$\dot{U}_{\mathrm{gs}} = \dot{U}_{\mathrm{i}} \tag{3-18}$$

$$\dot{U}_{\mathrm{o}} = -\dot{I}_{\mathrm{d}}(R_{\mathrm{d}} /\!/ R_{\mathrm{L}}) = -g_{\mathrm{m}}\dot{U}_{\mathrm{gs}}(R_{\mathrm{d}} /\!/ R_{\mathrm{L}}) \tag{3-19}$$

则有

$$\dot{A}_{\mathrm{u}} = \frac{\dot{U}_{\mathrm{o}}}{\dot{U}_{\mathrm{i}}} = -g_{\mathrm{m}}(R_{\mathrm{d}} /\!/ R_{\mathrm{L}}) \tag{3-20}$$

$$R_{\mathrm{i}} = R_{g3} + (R_{g1} /\!/ R_{g2}) \tag{3-21}$$

$$R_{\mathrm{o}} = R_{\mathrm{d}} \tag{3-22}$$

电路中串联电阻 R_{g3} 的目的就是增大放大电路的输入电阻，不至于因为 R_{g1}、R_{g2} 两个电阻并联而使输入电阻减小。

3.4　共漏极放大电路

3.4.1　静态分析

如图 3-15（a）所示为 MOS 场效应管共漏放大电路，其静态分析与共源放大电路类似，其静态工作点用下面式子求得：

$$I_{\mathrm{DQ}} = I_{\mathrm{DO}}\left(\frac{U_{\mathrm{GSQ}}}{U_{\mathrm{GS(th)}}} - 1\right)^{2} \tag{3-23}$$

$$U_{\mathrm{GSQ}} = V_{\mathrm{GG}} - I_{\mathrm{DQ}}R_{\mathrm{s}} \tag{3-24}$$

$$U_{\mathrm{DSQ}} = U_{\mathrm{DD}} - I_{\mathrm{DQ}}R_{\mathrm{s}} \tag{3-25}$$

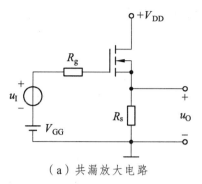 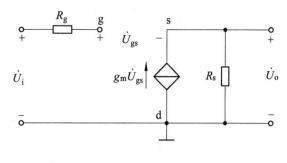

（a）共漏放大电路　　　　　　　　（b）交流等效电路

图 3-15　场效应管共漏放大电路

3.4.2　动态分析

由图 3-15（b）可以看出

$$\dot{U}_o = \dot{I}_d R_s = g_m \dot{U}_{gs} R_s \tag{3-26}$$

$$\dot{U}_i = \dot{U}_{gs} + g_m \dot{U}_{gs} R_s \tag{3-27}$$

放大倍数为

$$\dot{A}_u = \frac{\dot{U}_o}{\dot{U}_i} = \frac{R_s}{1 + g_m R_s} \tag{3-28}$$

输入电阻 R_i 趋于无穷大。

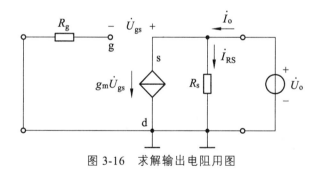

图 3-16　求解输出电阻用图

　　输出电阻的求解，可以将输入端短路，在输出端加交流电压 $\dot{U}_o$，则产生电流 $\dot{I}_o$，如图 3-16 所示。

$$\dot{I}_o = \frac{\dot{U}_o}{R_s} + g_m \dot{U}_o \tag{3-29}$$

则有

$$R_o = \frac{\dot{U}_o}{\dot{I}_o} = \frac{\dot{U}_o}{\dfrac{\dot{U}_o}{R_s} + g_m \dot{U}_o} = \frac{1}{\dfrac{1}{R_s} + g_m} = R_s \;//\; \frac{1}{g_m} \tag{3-30}$$

3.5 场效应管放大电路与三极管放大电路的性能比较

场效应管放大电路的共源电路、共漏电路、共栅电路分别与三极管放大电路的共射电路、共集电路、共基电路相对应。共源电路与共射电路均有电压放大作用，且输出电压与输入电压相位相反。为此，可统称这两种放大电路为反相电压放大器。共漏电路与共集电路均没有电压放大作用且输出电压与输入电压同相位。因此，可将这两种放大电路称为电压跟随器。

共栅电路和共基电路均有输出电流与输入电流接近或相等的特性。为此，可将它们称为电流跟随器。由于这两种放大电路的输入电流都比较大，因此，它们的输入电阻都比较小。

场效应管放大电路最突出的优点：共源、共漏和共栅电路的输入电阻高于相应的共射、共集和共基电路的输入电阻。此外，场效应管还有噪声低、温度稳定性好、抗辐射能力强等优于三极管的特点，而且便于集成。

必须指出，由于场效应管的低频跨导一般比较小，所以场效应管的放大能力比三极管差，因而共源电路的电压增益往往小于共射电路的电压增益。另外，由于 MOS 管栅源极之间的等效电容 C_{gs} 只有几皮法到几十皮法，而栅源电阻 r_{gs} 又很大，若有感应电荷，则不易释放，从而形成高电压，以至于将栅源极间的绝缘层击穿，造成管子永久性损坏，使用时应注意保护。实际应用中可根据具体要求将上述各种组态的电路进行适当的组合，以构成高性能的放大电路，如图 3-17 所示。

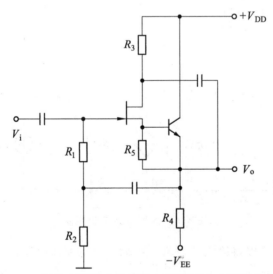

图 3-17 场效应管放大和晶体三极管放大电路组合电路

本章小结

1. 场效应管

场效应管分为结型和绝缘栅型两种类型，每种类型又分为 N 沟道和 P 沟道两种，同一沟道的 MOS 管又分为增强型和耗尽型两种形式。

场效应管工作在恒流区时，利用栅-源之间外加电压所产生的电场来改变导电沟道的宽窄，从而控制多子漂移运动所产生的漏极电流 i_D。此时，可将 i_D 看成电压 u_{GS} 控制的电流源，转移特性曲线描述了这种控制关系。输出特性曲线描述 u_{GS}、u_{DS} 与 i_D 三者之间的关系。g_m、$U_{GS(th)}$ 或 $U_{GS(off)}$、I_{DSS} 或 I_{DO}、P_{DM}、$U_{(BR)DS}$ 是它的主要参数。和三极管相类似，场效应管有夹断区、恒流区、和可变电阻区三个工作区域。

尽管各种半导体器件的工作原理不尽相同，但在外特性上却有不少相同之处。例如，三极管的输入特性与二极管的伏安特性相似、二极管的反向特性（特别是光电二极管在第三象限的反向特性）与三极管的输出特性相似，而场效应管与三极管的输出特性也相似。

2. 场效应管小信号模型

场效应管工作在恒流区时，漏极动态电流仅决定于栅-源电压，可认为输出回路是一个电压控制的电流源。场效应管栅-源间电阻很大，输入回路可近似开路。

3. 场效应管放大电路

场效应管放大电路有共源、共漏、共栅接法，与三极管放大电路的共射、共集、共基接法相对应，因共源、共漏电路比三极管电路输入电阻高、噪声系数低、抗辐射能力强，适用于作电压放大电路的输入级。由于场效应管的低频跨导一般比较小，所以场效应管的放大能力比三极管差，因而共源电路的电压增益往往小于共射电路的电压增益。

习　题

1. 判断题

（1）结型场效应管外加的栅-源电压应使栅-源间的耗尽层承受反向电压，才能保证其 R_{GS} 大的特点。（　　）

（2）为保证结型场效应管栅-源间的耗尽层加反向电压，对于 P 沟道管，$u_{GS} \geqslant 0$。（　　）

（3）若耗尽型 N 沟道 MOS 管的 U_{GS} 大于零，则其输入电阻会明显变小。（　　）

（4）$U_{GS} = 0\text{ V}$ 时，增强型 MOS 管可以工作在恒流区。（　　）

（5）耗尽型 MOS 管的栅-源电压可正、可零、可负。（　　）

（6）当场效应管的漏极直流电流 I_D 从 2 mA 变为 4 mA 时，它的低频跨导 g_m 将增大。（　　）

2. 基本题

（1）已知放大电路中一只 N 沟道场效应管 3 个极①、②、③的电位分别为 4 V、8 V、12 V，管子工作在恒流区。试判断它可能是哪种管子（结型管、MOS 管、增强型、耗尽型），并说明①、②、③与 g、s、d 的对应关系。

（2）测得某放大电路中 3 个 MOS 管的 3 个电极的电位如表 3-2 所示，它们的开启电压也在表中。试分析各管的工作状态（截止区、恒流区、可变电阻区），并填入表内。

表 3-2

管号	$U_{GS(th)}$/V	U_S/V	U_G/V	U_D/V	工作状态
T_1	4	-5	1	3	
T_2	-4	3	3	10	
T_3	-4	6	0	5	

（3）测得某放大电路中，5 只场效应管的 3 个电极电位分别如表 3-3 所示，它们的开启电压也在表中。试分析各管为哪种场效应管（① N 沟道结型场效应管、② P 沟道结型场效应管、③ N 沟道增强型 MOS 管、④ N 沟道耗尽型 MOS 管、⑤ P 沟道增强型 MOS 管、⑥ P 沟道耗尽型 MOS 管）及其工作状态（① 截止区、② 恒流区、③ 可变电阻区），并填入表内，可只填写编号。

表 3-3

管号		$U_{GS(th)}$/V 或 $U_{GS(off)}$/V	U_S/V	U_G/V	U_D/V	管型	工作状态
结型	T_1	3	1	3	-10		
	T_2	-3	3	-1	10		
MOS	T_3	-4	5	0	-5		
	T_4	4	-2	3	-1.2		
	T_5	-3	0	0	10		

（4）分别判断图 3-18 所示各电路中的场效应管是否有可能工作在恒流区。

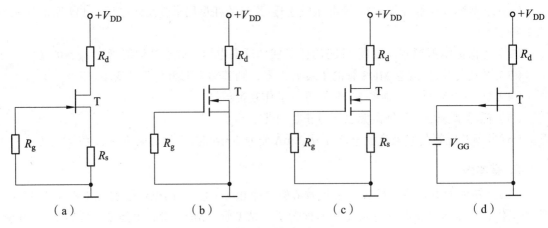

图 3-18 题（4）图

（5）电路如图 3-19 所示，设 $R_{g1} = 90$ kΩ，$R_{g2} = 60$ kΩ，$R_d = 30$ kΩ，$V_{DD} = 5$ V，$I_{DO} = 0.1$ mA/V^2，$U_{GS(th)} = 1$ V，试计算电路的栅源电压 U_{GS} 和漏源电压 U_{DS}。

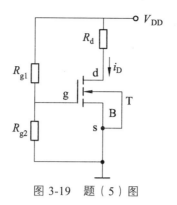

图 3-19　题（5）图

（6）如图 3-20 所示，管子 T 的输出特性曲线如图 3-20（b）所示。试求：① 场效应管的开启电压 U_{GS} 和 I_{DO} 各为多少？② u_i 为 0 V、8 V 两种情况下 u_o 分别为多少？③ u_i 为 10 V 时在可变电阻区内 d-s 间等效电阻 r_{DS} 为多少？

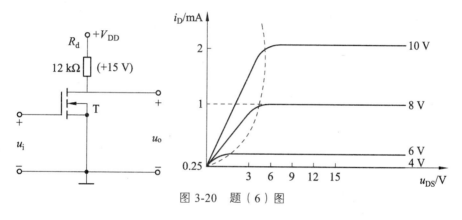

图 3-20　题（6）图

（7）场效应管自给栅偏压电路如图 3-21 所示。已知图 3-21（a）中 T 管为 N 沟道耗尽型管，其特性如图 3-21（b）所示，$+V_{DD}=+15\ V$，$R_d=15\ k\Omega$，$R_s=8\ k\Omega$，$R_g=100\ k\Omega$，$R_L=75\ k\Omega$，试计算：静态工作点 Q（I_{DQ}，U_{GSQ}，U_{DSQ}）；输入电阻 R_i、输出电阻 R_o；电压放大倍数 $\dot{A}_u$。

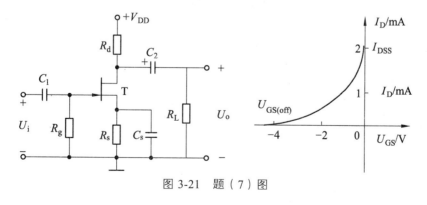

图 3-21　题（7）图

（8）改正图 3-22 所示各电路中的错误，使它们有可能放大正弦波电压，要求保留电路的共源接法。

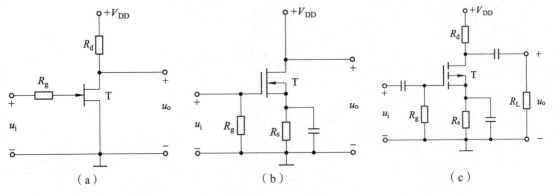

图 3-22　题（8）图

（9）场效应管源极输出电路如图 3-23 所示，场效应管为 N 沟道结型结构。已知场效应管的夹断电压 $U_{GS(off)} = -4\,V$，$I_{DSS} = 2\,mA$，$V_{DD} = +15\,V$，$R_g = 1\,M\Omega$，$R_s = 8\,k\Omega$，$R_L = 1\,M\Omega$，试计算静态工作点 Q；输入电阻 R_i、输出电阻 R_O；电压放大倍数 $\dot{A}_u$。

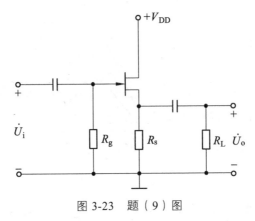

图 3-23　题（9）图

第 3 章　习题答案

1. 判断题

（1）√　（2）√　（3）×　（4）×　（5）√　（6）√

2. 基本题

（1）解：管子可能是增强型管、耗尽型管和结型管，三个极①、②、③与 g、s、d 的对应关系如图 3-24 所示。

图 3-24　题（1）解

（2）解：因为三只管子均有参数开启电压$U_{GS(th)}$，所以它们均为增强型 MOS 管。各管子工作状态的判断如下：

视频：题（2）解答

T_1：$U_{GS(th)}>0$，为 N 沟道管。$U_{GS}=U_G-U_S=6\,\text{V}>U_{GS(th)}$，且$U_{GD}=U_G-U_D=-2\,\text{V}<U_{GS(th)}$，说明 T_1 管工作在恒流区。

T_2：$U_{GS(th)}<0$，为 P 沟道管。$U_{GS}=U_G-U_S=0\,\text{V}>U_{GS(th)}$，说明 T_2 管工作在截止区。

T_3：$U_{GS(th)}<0$，为 P 沟道管。$U_{GS}=U_G-U_S=6\,\text{V}>U_{GS(th)}$，且 $U_{GD}=U_G-U_D=-5\,\text{V}<U_{GS(th)}$，说明 T_3 管工作在可变电阻区。

结论如表 3-4 所示。

表 3-4

管号	$U_{GS(th)}$/V	U_S/V	U_G/V	U_D/V	工作状态
T_1	4	−5	1	3	恒流区
T_2	−4	3	3	10	截止区
T_3	−4	6	0	5	可变电阻区

（3）解：由于 T_1 管为结型场效应管，且 $U_{GS(off)}=3\,\text{V}>0$，故为 P 沟道管；由于 $U_{GD}=U_G-U_D=[3-(-10)]\,\text{V}=13\text{V}>U_{GS(off)}$，故管子工作在恒流区。

T_2 管为结型场效应管，且 $U_{GS(off)}=-3<0$，故为 N 沟道管；由于 $U_{GS}=U_G-U_S=(-1-3)\,\text{V}=-4<U_{GS(off)}$，故管子截止。

T_3 管为 MOS 管，由于 $U_{GS(th)}=-4\,\text{V}<0$ 且 $U_{DS}=U_D-U_S=(-5-5)\text{V}=-10\,\text{V}<0$，故为增强型 P 沟道管；由于 $U_{GS}=U_G-U_S=(0-5)\,\text{V}=-5\text{V}<U_{GS(th)}$，故工作在恒流区。

T_4 管为 MOS 管，由于 $U_{GS(th)}=4\,\text{V}>0$ 且 $U_{DS}=U_D-U_S=[-1.2-(-2)]\text{V}=0.8\,\text{V}>0$，故为增强型 N 沟道管；$U_{GD}=U_G-U_D=[3-(-1.2)]\text{V}=4.2\text{V}>U_{GS(th)}$，故管子工作在可变电阻区。

T_5 管为 MOS 管，由于 $U_{GS(off)}=-3<0$ 且 $U_{DS}=U_D-U_S=(10-0)\,\text{V}=10\,\text{V}>0$，故为耗尽型 N 沟道管；$U_{GD}=U_G-U_D=(0-10)=-10<U_{GS(off)}$，故管子工作在恒流区。

（4）解：图（a）所示电路中的 T 为 N 沟道结型场效应管，夹断电压 $U_{GS(off)}<0$。因为其栅-源电压有可能是 $0\sim U_{GS(off)}$ 的某值，且 V_{DD} 有可能使 $U_{GD}<U_{GS(off)}$，所以 T 有可能工作在恒流区。

图（b）（c）所示电路中的 T 均为 N 沟道 MOS 管，开启电压 $U_{GS(off)}$。因为它们的栅极电位均为 0，栅-源电压不可能大于 $U_{GS(th)}$，所以它们均处于截止状态。

图（d）所示电路中的 T 为 P 沟道结型场效应管，夹断电压 $U_{GS(off)}>0$。因为其栅-源电压有可能是 $0\sim U_{GS(off)}$ 的某值，且 V_{DD} 有可能使 $U_{GD}>U_{GS(off)}$，所以 T 有可能工作在恒流区。

（5）解：由图 3-19 可知

$$U_{GSQ} = \frac{R_{g2}}{R_{g1} + R_{g2}} \times V_{DD} = \frac{60}{90 + 60} \times 5 = 2 \text{ V}$$

设该 NMOS 管（N 沟道增强型）工作在恒流区，则其漏极电流应为

$$I_{DQ} = I_{DO}\left(\frac{U_{GSQ}}{U_{GS(th)}} - 1\right)^2 = 0.1 \times (2-1)^2 = 0.1 \text{ mA}$$

其漏源电压为

$$U_{DSQ} = V_{DD} - I_{DQ}R_d = 5 - 0.1 \times 30 = 2 \text{ V}$$

U_{DSQ} 满足 $U_{DS} \geqslant U_{GS} - U_{GS(th)} = 2 - 1 = 1 \text{ V}$ 的场效应管工作在饱和区条件，故以上假设正确，以上求得的参数亦为电路实际参数。

（6）解：① 从图 3-25（b）得：$U_{GS(th)} = 4 \text{ V}$，$U_{GS} = 2U_{GS(th)} = 8 \text{ V}$ 时的 I_{DO} 为 1 mA。

② 当 $u_{GS} = u_i = 0 \text{ V}$ 时，管子处于夹断状态，因而 $i_D = 0$，$u_O = u_{DS} = V_{DD} - i_D R_d = V_{DD} = 15 \text{ V}$。

当 $u_{GS} = u_i = 8 \text{ V}$ 时，从输出特性曲线可知，管子工作在恒流区时的 I_D 为 1 mA，所以

$$u_O = u_{DS} = V_{DD} - i_D R_d = V_{DD} - (15 - 1 \times 12) \text{ V} = 3 \text{ V}$$

$U_{GD} = U_G - U_D = (8 - 3) \text{ V} > U_{GS(th)}$，故管子工作在可变电阻区。此时 d-s 间等效为一个电阻 r_{DS}，与 R_d 分压得到输出电压。从输出特性中，在 $u_{GS} = 8 \text{ V}$ 的曲线的可变电阻区内取一点，读出坐标值，如（2，0.5），可得等效电阻

$$r_{DS} = \frac{U_{DS}}{I_D} = \frac{2}{0.5} = 4 \text{ k}\Omega$$

所以输出电压 $u_o = \frac{r_{DS}}{r_{DS} + R_d} V_{DD} = 3.75 \text{ V}$

③ 在 $u_{GS} = 10 \text{ V}$ 的曲线可变电阻区内取一点，读出坐标值，如（3，1），可得等效电阻

$$r_{DS} = \frac{U_{DS}}{I_D} = \frac{3}{1} = 3 \text{ k}\Omega$$

与 $u_{GS} = 8 \text{ V}$ 的等效电阻相比，在可变电阻区，u_{GS} 增大，等效电阻 r_{DS} 减小，体现出 u_{GS} 对 r_{DS} 的控制作用。

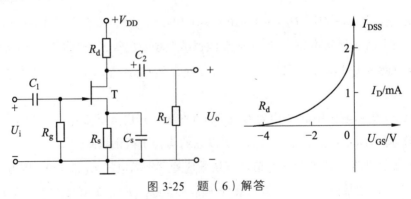

图 3-25 题（6）解答

（7）① 静态工作点 Q 的计算方法通常有图解法和近似计算法两种。图解法需要有场效应管的转移特性和输出特性曲线，近似计算法则采用下列公式求解：

$$\begin{cases} I_D = I_{DSS}\left(1-\dfrac{U_{GS}}{U_{GS(off)}}\right)^2 & （1） \\[4mm] U_{GS} = -I_D R_S & （2） \end{cases}$$

视频：题（7）解答

式中，I_{DSS} 称为饱和电流，即为 $U_{GS}=0$ V 时 I_D 的值；$U_{GS(off)}$ 称为夹断电压，当 $U_{GS}=U_{GS(off)}$ 时，漏极电流 I_D 为 0。由图（b）场效应管转移特性曲线可得 $U_{GS(off)}$、I_{DSS} 值，即有

$$U_{GS(off)} = -4 \text{ V} , \quad I_{DSS} = 2 \text{ mA}$$

代入方程（1）、（2）得

$$I_D = 2\left(1-\frac{U_{GS}}{-4}\right)^2 \tag{3}$$

$$U_{GS} = -8I_D \tag{4}$$

式（4）代入式（3）得

$$I_D = 2\left(1-\frac{-8I_D}{-4}\right) = 2 - 8I_D + 8I_D{}^2$$

求解此方程，解得

$$I_{D1} = 0.82 \text{ mA} , \quad I_{D2} = 0.30 \text{ mA}$$

其中，$I_{D1}=0.82$ mA 不合题意（$U_{GS}=-8I_D=-6.56\text{ V}<U_{GS(off)}$），舍去，故静态漏极电流为 $I_{DQ}=0.30$ mA

静态管压降 U_{GSQ}、U_{DSQ} 分别为

$$U_{GSQ} = -I_D R_S = -0.3\times 8 = -2.4 \text{ (V)}$$

② 输入电阻 R_i 输出电阻 R_o 的计算

由于场效应管栅极电流 $i_G=0$，故电路输入电阻 R_i，为

$$R_i = R_g = 100 \text{ k}\Omega$$

电路输出电阻 R_o 为

$$R_o = R_d = 15 \text{ k}\Omega$$

③ 电压放大倍数 $\dot{A}_u$ 的计算（见图 3-26）

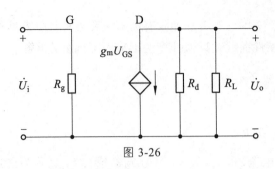

图 3-26

$$\dot{A}_u = \frac{\dot{U}_o}{\dot{U}_i} = \frac{-g_m U_{GS}(R_d /\!/ R_L)}{U_{GS}}$$

$$= -g_m (R_d /\!/ R_L)$$

参数 g_m 称为跨导，其定义为

$$g_m = \frac{\mathrm{d}I_D}{\mathrm{d}U_{GS}} = -\frac{2I_{DSS}}{U_{GS(off)}}\left(1 - \frac{U_{GS}}{U_{GS(off)}}\right)$$

将 $I_{DSS} = 2 \text{ mA}$，$U_{GS(off)} = -4 \text{ V}$，$U_{GS} = -2.4 \text{ V}$ 代入 g_m 公式，求得 g_m 为

$$g_m = \frac{2\times 2}{-4}\times\left(1 - \frac{-2.4}{-4}\right) = 0.4 \ (\text{mA/V})$$

因此电压放大倍数 $\dot{A}_u$ 为

$$\dot{A}_u = -0.4\times(15 /\!/ 75) = -5$$

（8）解：图 3-27（a）中，为使输入信号时栅源电压不大于 0，需再源极加电阻 R_s，为栅源设置负偏压。

视频：题（8）解答

图 3-27（b）为将漏极电流的变化转换成电压的变化，需在漏极加电阻 R_d。该电路采用自给偏压的方式设置静态栅-源偏压，故可在输入端加耦合电容。

图 3-27（c）中 T 为 P 沟道增强型管，故栅源电压应小于 0，为此在 R_g 支路加 $-V_{GG}$，漏源电压应为负值，为此 $+V_{DD}$ 应改为 $-V_{DD}$。

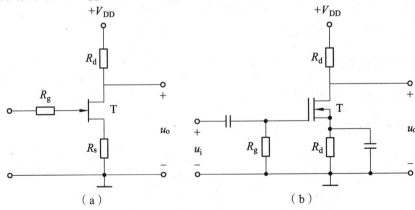

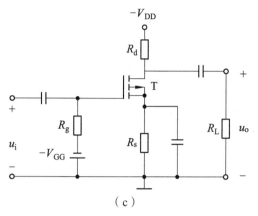

（c）

图 3-27 题（8）解答

（9）解：① 静态工作点 Q 的计算

源极输出电路静态工作点 Q 的计算同题（7），由下述公式即可求得：

$$\begin{cases} I_D = I_{DSS}\left(1 - \dfrac{U_{GS}}{U_{GS(off)}}\right)^2 & (1) \\[2mm] U_{GS} = -I_D R_s & (2) \end{cases}$$

本题 R_s、I_{DSS}、$U_{GS(off)}$ 等参数和题（7）的电路参数相同，故静态漏极电流 $I_{DQ} = 0.30\ \text{mA}$。于是求得管压降 U_{GSQ}、U_{DSQ} 为

$$U_{GSQ} = -I_D \cdot R_s = -0.3 \times 8 = -2.4\ (V)$$

$$U_{DSQ} = V_{DD} - I_D R_s = 15 - 0.3 \times 8 = 12.6\ (V)$$

② 输入电阻 R_i 与输出电阻 R_o 的计算

等效电路如图 3-28 所示，可直接得到输入电阻 R_i 为

$$R_i = R_g = 1\ \text{M}\Omega$$

输出电阻 R_o 的表达式为

$$R_o = R_s /\!/ \frac{1}{g_m}$$

在 $R_s = 8\ \text{k}\Omega$、$g_m = 0.4\ \text{mA/V}$ [g_m 值已在题（7）中求得] 的条件下，R_o 为

$$R_o = 8 /\!/ \frac{1}{0.4} = 0.9\ (\text{k}\Omega)$$

③ 电压放大倍数 $\dot{A}_u$ 的计算

$$\dot{U}_i = \dot{U}_{GS} + \dot{U}_o$$

$$\dot{U}_o = g_m \dot{U}_{GS} \cdot (R_s /\!/ R_L)$$

所以，电压放大倍数 $\dot{A}_u$ 为

$$\dot{A}_u = \frac{\dot{U}_o}{\dot{U}_i} = \frac{g_m \dot{U}_{GS}(R_s /\!/ R_L)}{U_{GS} + g_m U_{GS}(R_s /\!/ R_L)} = \frac{g_m \cdot R_s /\!/ R_L}{1 + g_m R_s /\!/ R_L}$$

$$= \frac{0.4 \times 8 /\!/ 1000}{1 + 0.4 \times 8 /\!/ 1000} = 0.76$$

场效应管源极输出器类同 BJT 型射极跟随器，具有电压放大倍数小于 1、输出输入同相以及电阻小等特点。

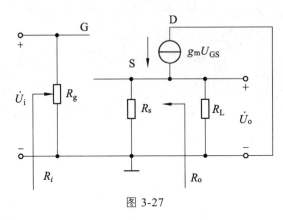

图 3-27

4　集成运算放大电路

前 3 章讲的是分立元件电路，就是由各种单个元器件连接起来的电路。集成电路是把各个元器件以及相互之间的连接同时制造在一块半导体芯片上，组成一个不可分割、具有一定功能的电路。根据功能的不同，集成电路分为模拟集成电路和数字集成电路两大类，其中集成运算放大器在模拟集成电路中的应用较为广泛，它实质上是一个高增益直接耦合的多级放大电路。本章主要学习构成集成运算放大器的差分放大电路、电流源电路。

教学目标：

（1）了解多级放大电路耦合方式、特点，以及动态分析方法。

（2）理解差分放大电路如何抑制零点漂移。

（3）掌握差分放大电路的静态分析、动态分析。

（4）理解差分放大电路的 4 种接法的区别，从差模放大、共模放大、共模抑制比方面进行比较。

（5）了解电流源电路的组成特点，理解常见的几种电流源电路工作原理。

（6）掌握集成运算放大器的基本组成、符号、输入输出关系。

4.1　多级放大电路

一般情况下，单级放大电路的电压放大倍数有限，其他技术指标也很难达到实际工作中提出的要求。因此，实际中常需要将多个基本放大电路级连接起来，构成多级放大电路。

4.1.1　多级放大电路的耦合方式

多级放大电路各级间的连接方式称为耦合方式。级间耦合时，一方面要确保各级放大电路有合适的静态工作点，另一方面应使前级输出信号尽可能不衰减地加到后级输入。常用的耦合方式有阻容耦合、变压器耦合、光电耦合和直接耦合。

将放大电路的前级输出端通过电容接到后级输入端，这种连接方式称为阻容耦合。图 4-1所示为两级阻容耦合放大电路。第一级和第二级都为共射放大电路。由于电容器隔直流、通交流，所以各级直流工作点相互独立，这样就给设计、调试和分析带来很大方便。而且，只要输入信号频率较高，耦合电容选得足够大，前一级的输出信号可以几乎没有衰减地加到后级，因此，在分立元件中阻容耦合方式得到非常广泛的应用。

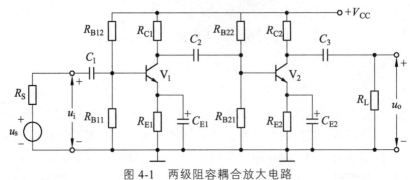

图 4-1　两级阻容耦合放大电路

　　阻容耦合放大电路的缺点是低频特性差，不能放大变化缓慢的信号。这是因为电容对低频信号呈现出很大的容抗，信号的一部分甚至全部都衰减在耦合电容上，而根本不能向后级传递。此外，在集成电路中制造大电容很困难，甚至不可能，所以这种耦合方式不便于集成。

　　变压器耦合是将前级的输出信号通过变压器接到后级的输入端或负载上。图 4-2 所示为变压器耦合两级共射放大电路，第一级的输出信号通过变压器 T_{r1} 的次级绕组加到第二级，第二级的输出信号通过变压器 T_{r2} 传输到负载 R_L。

　　由于变压器耦合电路的前后级靠磁路耦合，与阻容耦合一样，它的各级放大电路的静态工作点也是互相独立的，便于分析、设计和调试。另外，变压器耦合的最大特点是可以实现阻抗变换。在实际系统中，负载电阻的数值往往很小，如扬声器的阻值一般为几欧姆至几十欧姆。如果把它们直接接到任何一种放大电路的输出端，都将使电压放大倍数幅度下降，从而使负载上不能获得足够的功率。采用变压器耦合，若原边和副边的匝数比 $n = N_1/N_2$，副边接有电阻 R_L，则折合到原边的等效电阻为 $R'_L = n^2 R_L$。这样根据所需的电压放大倍数，可以选择合适的匝数比，使负载电阻上获得足够大的电压，匹配得当时，负载可以获得足够大的功率。

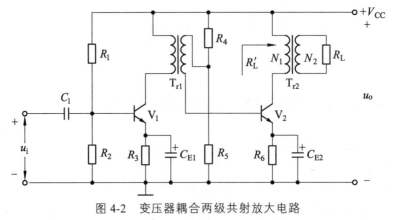

图 4-2　变压器耦合两级共射放大电路

　　变压器耦合的另一优点是前后级直流通路互相隔离，因此，各级静态工作点互相独立。

变压器耦合方式的缺点是变压器比较笨重，无法集成。另外，缓慢变化的信号和直流信号也不能通过变压器。目前，只有在输出特大功率或高频功率放大时，才考虑用分立元件构成的变压器耦合放大电路。

光电耦合器件（简称为光耦）是把发光器件（如发光二极管）和光敏器件（如光敏三极管）组装在一起，通过光线实现耦合构成电/光和光/电的转换器件。光电耦合器分为很多种类，图 4-3 所示为常用的三极管型光电耦合器电路原理。

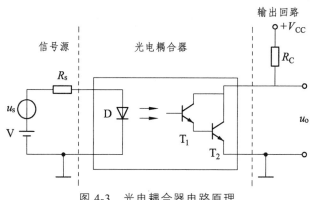

图 4-3　光电耦合器电路原理

当电信号送入光电耦合器的输入端时，发光二极管通过电流而发光，光敏三极管受到光照后产生电流，导通；当输入端无信号时，发光二极管不亮，光敏三极管截止。对于数字信号，当输入为低电平 "0" 时，光敏三极管截止，输出为高电平 "1"；当输入为高电平 "1" 时，光敏三极管饱和导通，输出为低电平 " 0"。

光电耦合是以光信号为媒介来实现电信号的耦合和传递的，在传输信号的同时能有效地抑制尖脉冲和各种噪声干扰，因而得到越来越广泛的应用。

直接耦合是将前后级直接相连的一种耦合方式。直接耦合放大电路既能放大交流信号，又能放大缓慢变化信号和直流信号。更重要的是，直接耦合方式便于集成。因此，实际的集成运算放大电路通常都是直接耦合多级放大电路。

但是，直接耦合不是简单地将两个单管放大电路直接连在一起。这种接法有可能使放大电路不能正常工作。例如，图 4-4 中由于三极管 T_1 的集电极电位与 T_2 的基极电位相等，为 0.7 V 左右，因此，T_1 的静态工作点接近饱和区，无法正常进行放大。

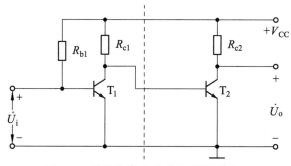

图 4-4　前级输出直接接到后级的输入

为了使直接耦合的两个放大级各自都有合适的静态工作点，可以采取在 T_2 的发射极接入

一个电阻 R_{e2}，提高第二级的发射极电位 U_{E2} 和基极电位 U_{B2}，从而使第一级的集电极具有较高的静态电位，避免工作在饱和区，如图 4-5 所示。但是，接入 R_{e2} 后，将使第二级的放大倍数下降。

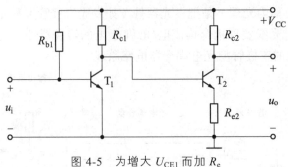

图 4-5　为增大 U_{CE1} 而加 R_e

在图 4-6 中用稳压管 D_z 替代图 4-5 中的 R_{e2}。因为稳压管的动态内阻通常很小，一般在几十欧的数量级，因此，第二级的放大倍数不致下降很多。但是，接入稳压管相当于接入一个固定电压，将使 T_2 集电极的有效电压变化范围减小。

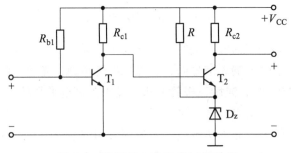

图 4-6　发射极电阻用稳压管替代

图 4-5 和图 4-6 电路还存在一个共同的问题，那就是当耦合的级数更多时，为了继续保证三极管工作在放大区，要使发射结正向偏置，集电结反向偏置，集电极的电位将越来越高，以至于接近电源电压，势必使后级的静态工作点不合适。因此，直接耦合多级放大电路常采用 NPN 型和 PNP 型管混合使用的方法解决上述问题，如图 4-7 所示。

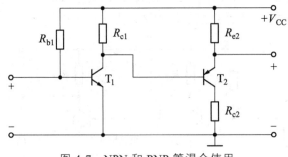

图 4-7　NPN 和 PNP 管混合使用

直接耦合放大电路的突出优点是具有良好的低频特性，可以放大变化缓慢的信号，并且由于没有大电容，易于实现集成。

直接耦合电路的缺点是各级之间直流通路相连，因而静态工作点相互影响，会给电路分析、设计和调试带来一定的困难。

另一突出问题是零点漂移。如果将直接耦合放大电路的输入对地短接，理论上输出电压一直保持不变，但实际上，输出电压会发生缓慢的、不规则的变化，这种现象称为零点漂移。这种不稳定可看作缓慢变化的干扰信号，由放大器逐级放大。抑制零点漂移最有效的措施是采用差分放大电路。

4.1.2 多级放大电路的动态分析

多级放大电路中，由于各级是互相串联起来的，前一级的输出就是后一级的输入，所以多级放大电路的总的电压放大倍数等于各级放大倍数的乘积，即

$$A_u = \frac{u_o}{u_i} = \frac{u_{o1}}{u_i} \cdot \frac{u_{o2}}{u_{o1}} \cdots \frac{u_o}{u_o(n-1)} = A_{u1}A_{u2}A_{u3} \cdots A_{un} \qquad (4-1)$$

但是，在分别计算每一级的电压放大倍数时，必须考虑前后级之间的相互影响。例如，可把后一级的输入电阻看作前一级的负载电阻，或把前一级的输出电阻作为后一级的信号源内阻（见图 4-8）。

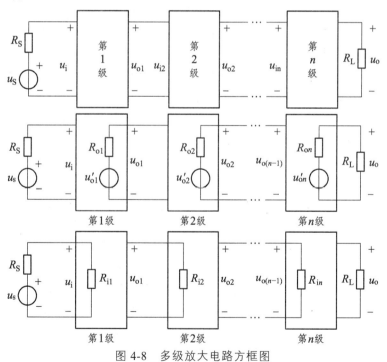

图 4-8　多级放大电路方框图

一般来说，多级放大电路的输入电阻就是输入级的电阻，而多级放大电路的输出电阻就是输出级的电阻。

在具体计算输入输出电阻时，有时不仅仅决定于本级参数，也与后级或前级的参数有关。

4.2 集成电路概述

将一个具有特定功能电子电路中的全部或绝大部分元器件制作在一个硅片上，做成一个独立的器件封装称为集成电路（Integrated Circuit，简称 IC），常见集成电路的封装形式如图 4-9 所示。相对于分立元件电路，集成电路具有体积小、成本低、性能优越等优点。

　　　　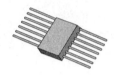

（a）双列直插式　　　　　　（b）圆壳式　　　　　　　（c）扁平式

图 4-9　常见集成电路的封装

4.2.1 集成电路分类及特点

集成电路种类繁多，按照其集成度，可分为小规模集成电路（SSI），中规模集成电路（MSI）、大规模集成电路（LSI）和超大规模集成电路（VLSI）等；按照处理信号的对象，可分为模拟集成电路、数字集成电路、混合型集成电路；按照芯片的制造工艺，可分为薄膜集成电路、厚膜集成电路和混合型集成电路；按照内部有源器件的种类，可分为双极型集成电路和单极型集成电路；按照其晶体管的工作状态可分为线性集成电路和非线性集成电路。数字集成电路属于非线性集成电路，将在数字电子技术部分介绍。

模拟集成电路包括线性集成电路和非线性集成电路。所谓线性集成电路就是输入和输出的信号成线性关系的电路，其晶体管一般工作在放大状态，而非线性集成电路中的晶体管通常工作在开关状态。模拟集成电路包括运算放大器、功率放大器、模拟乘法器、直流稳压电源和其他专用集成电路等。

由于集成电路要将很多元器件做在一个很小的硅片上，其电路中的元器件种类、参数、性能和电路结构设计都将受到集成电路制作工艺的限制，因此具有以下特点：

（1）在集成电路中制作大电容是比较困难的。一般只能制作几十皮法以下的小电容。因此集成电路内部一般都采用直接耦合方式，如需大电容，只能外接。

（2）集成工艺制造的元件参数准确度不高，但同类元器件都历经相同的工艺流程，所以它们的参数一致性好。另外，元器件都做在基本等温的同一芯片上，所以温度的匹配性也好。因此，在集成电路的设计中，应尽可能使电路性能取决于元器件的参数的比值。而不依赖于元器件参数本身，以保证电路参数的准确及性能的稳定。

（3）集成电路的芯片面积小，集成度高，因此功耗很小，一般在毫瓦级以下。

（4）不易制作大电阻，因为在集成电路中制作大电阻需要占较大的芯片面积，而且电阻的精度和稳定性都不高。所以，在电路中需要大电阻时，往往用有源器件的等效电阻代替或外接。

（5）不能制作电感，如一定要用电感，也只能外接。

4.2.2 集成运算放大器的组成

集成运算放大器简称为集成运放，是一种采用直接耦合方式连接的高增益、多级线性放大电路。早期的集成运放主要用来实现对模拟量进行数学运算的功能，并由此得名，一直沿用至今。但随着器件性能的改进，它已成为一种通用的增益器件，广泛应用于电子电路中的各个领域。

集成运放电路形式多样，各具特色。但从电路的组成和结构看，一般是由输入级、中间级、输出级和偏置电路4部分组成（见图4-10）。

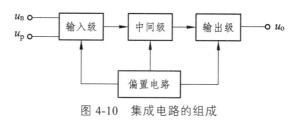

图 4-10　集成电路的组成

输入级通常采用对称结构的高性能差分放大电路，既可以获得一定的增益，又可以抑制直接耦合电路的零点漂移。

中间级是整个放大电路的主要放大电路，其作用是使集成运放具有较强的放大能力，多采用共射极（或共源极）放大电路，而且为了提高电压放大倍数，经常采用复合管做放电管，以恒流源作集电极负载，其电压放大倍数可达千倍以上。

输出级主要起阻抗匹配、增强带负载能力及输出端保护作用，多采用射极输出器或互补对称电路做输出级。

偏置电路主要为各级的放大电路提供合适的静态工作点，保证晶体管工作在线性放大状态，采用电流源为各级提供偏置电流。

整个电路设计成两个输入端 u_n 和 u_p，一个输出端 u_o，u_n 和 u_p 分别称为反相输入端和同相输入端，即当在 u_n 端加电压信号时，输出电压 u_o 与 u_n 反相，在 u_p 端加电压时，输出电压 u_o 与 u_p 同相。运放的输出电压 $u_o = A_{uo}(u_p - u_n)$，其中 A_{uo} 是运放开环电压增益。

运放的代表符号如图4-11所示，图4-11（a）所示是现行国家标准规定的符号，图4-11（b）所示是国内外通用符号。

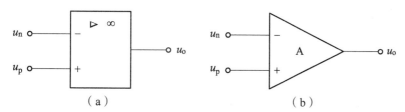

（a）　　　　　　　　　　　（b）

图 4-11　集成运放的符号

4.3 差分式放大电路

差分放大电路就其性能来说，是放大两个输入信号之差。由于它在电路和性能上有许多优点，最典型的优点是能有效地抑制零点漂移，因而常作为集成运放的输入级。

4.3.1 差分式放大电路的组成

如图 4-12 所示，将两个电路结构、参数均相同的共射极放大电路组合到一起，就构成了差分放大电路的基本形式。输入电压 u_{i1} 和 u_{i2} 分别加到两管的基极，输出电压等于两个的集电极电压之差。

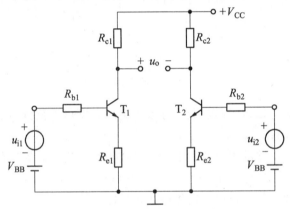

图 4-12　基本差分放大电路组成

如果输入信号 u_{i1} 和 u_{i2} 大小相等，极性相反，这两个信号称为差模信号，这种输入方式称为差模输入。如果输入信号 u_{i1} 和 u_{i2} 大小相等，极性相同，这两个信号称为共模信号，这种输入方式称为共模输入。

实际上，在差模放大电路的两个输入端加上的任意大小、任意极性的信号 u_{i1} 和 u_{i2} 都可以看作是某两个差模信号与某两个共模信号的组合，差模信号 $u_{id} = u_{i1} - u_{i2}$，共模信号 $u_{ic} = \dfrac{1}{2}(u_{i1} + u_{i2})$。

通常情况下，差模输入信号反应有效的信号，而共模输入信号反应由于温度变化而产生的漂移信号，或者是随着有效信号一起进入放大电路的某些干扰信号。

差模电压增益反应放大电路对差模信号的放大能力，$A_d = \dfrac{u_o}{u_{id}}$。

共模电压增益反应放大电路对共模信号的放大能力，$A_c = \dfrac{u_o}{u_{ic}}$。

通常希望差分放大电路的差模增益越大越好，而共模增益越小越好。即放大差模信号抑

制共模信号。用共模抑制比来表示，差模信号增益和共模信号增益的比值来表示，$K_{CMR}=\left|\dfrac{A_d}{A_c}\right|$，共模抑制比反映抑制零漂能力的指标，共模抑制比越大，说明抑制零点漂移的能力越强。

理想情况下，即差分放大电路左右两部分的参数完全对称，则加上共模输入信号时，T_1、T_2 的集电极电位完全相等，输出电压等于零，则此时共模电压放大倍数等于零，共模抑制比趋于无穷大。

实际上，由于电路不可能完全绝对匹配，因此加上共模输入电压时，存在一定的输出电压，共模电压放大倍数不等于零。对于这种基本形式的差分放大电路来说，从每个三极管的集电极来看，其稳定漂移与单管放大电路相同，丝毫没有改善，因此，实际上不采用这种基本形式的差分放大电路。

典型差分放大电路如图 4-13 所示。

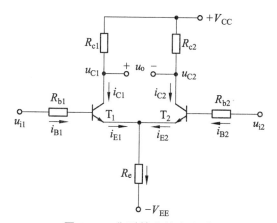

图 4-13　典型差分放大电路

将两个基本放大电路的放大管的发射极连到一起接入一个公共的发射极电阻 R_e，就构成了射极耦合差分放大电路，由于 R_e 接负电源 $-V_{EE}$，拖一个长尾巴，所以也叫长尾式差分放大电路。

4.3.2　差分放大电路的工作原理

为了便于理解，工作原理可以动态和静态分开单独分析，然后再叠加。

1. 静态分析

当没有输入信号电压，即 $u_{i1}=u_{i2}=0$ 时，由于电路完全对称，即 $\beta_1=\beta_2=\beta$，$U_{BE1}=U_{BE2}=0.7$，$R_{c1}=R_{c2}=R_c$，$R_{b1}=R_{b2}=R_b$，$r_{be1}=r_{be2}=r_{be}$。

电阻 R_e 中的电流等于 T_1、T_2 管发射极电流之和，即

$$I_{Re}=I_{E1}+I_{E2}=2I_E \tag{4-2}$$

根据基极回路方程

$$I_B R_b + U_{BE1} + 2I_E R_e = V_{EE} \tag{4-3}$$

可以求出基极静态电流 I_B 或发射极电流 I_E，从而解出静态工作点。通常情况下，由于 R_b 阻值很小（很多情况下为信号源内阻），而且 I_B 也很小，所以 R_b 上的电压可忽略不计，可求出 I_E，从而求出 I_B，即

$$I_{B1} = I_{B2} = \frac{I_E}{1+\beta} \tag{4-4}$$

$$U_{CE} = U_C - U_E = V_{CC} - I_C R_c + U_{BE} \tag{4-5}$$

$$u_o = U_{C1} - U_{C2} = 0 \tag{4-6}$$

由此可知，输入信号电压 $u_{id} = u_{i1} - u_{i2} = 0$ 时，输出电压 u_o 也为零。

2. 动态分析

如图 4-14 所示，当给两个输入端加共模信号电压时，由于共模信号的输入使两管集电极电压有相同的变化。所以

$$u_{oc} = u_{oc1} - u_{oc2} \approx 0 \tag{4-7}$$

共模增益为

$$A_{uc} = \frac{u_{oc}}{u_{ic}} = 0 \tag{4-8}$$

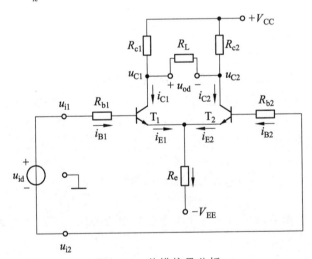

图 4-14　共模信号分析

电路参数的理想对称性：温度变化时管子的电流变化完全相同，故可以将温度漂移等效成共模信号，差分放大电路对共模信号有很强的抑制作用。

实际上，差分放大电路对共模信号的抑制，不但利用了电路参数对称性所起的补偿作用，而且还利用了发射极电阻 R_e 对共模信号的负反馈作用，抑制了每只晶体管集电极电流的变化，从而抑制集电极的电位的变化。

温度↑→i_{C1}↑→i_{E1}↑（u_{B1}、u_{B2}不变）u_E↑→u_{BE1}和u_{BE2}↓→i_{B1}和i_{B1}↓→i_{C1}↓

如图 4-15 所示，若输入差模信号，$u_{i1}=-u_{i2}=\dfrac{u_{id}}{2}$，则因一管的电流增加，另一管的电流减小，在电路完全对称的条件下，i_{c1}的增加量等于i_{c2}减小量，所以流过 R_e 的电流不变，u_e相当于一个固定电位，在交流通路中可将 R_e 视为短路，E 点电位在差模信号作用下不变，相当于接"地"。微变等效电路如图 4-16 所示。R_L 为接在两个三极管集电极之间的负载电阻。当输入差模时，一管集电极电位降低，一管集电极电位升高，可以认为 R_L 中点处的电位保持不变，也就是说，$R_L/2$ 处相当于交流接地。故从两管集电极双端输出时，其差模电压增益与单管放大电路的电压增益相同，即

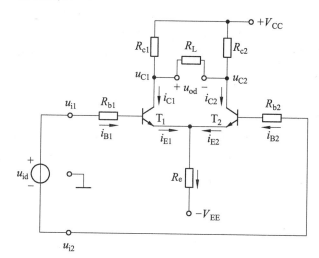

图 4-15 差模信号分析

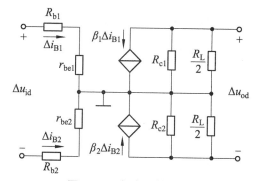

图 4-16 交流等效电路

$$A_d=\frac{\Delta u_0}{\Delta u_{id}}=\frac{u_{c1}-u_{c2}}{u_{i1}-u_{i2}}=-\frac{\beta\left(R_c /\!/ \frac{1}{2}R_L\right)}{R_b+r_{be}} \tag{4-9}$$

差模输入电阻为

$$R_{id}=2\left(R_b+r_{be}\right) \tag{4-10}$$

差模输出电阻为

$$R_{\mathrm{od}} = 2R_{\mathrm{c}} \qquad\qquad (4\text{-}11)$$

理想情况下，双端输出共模抑制比为

$$K_{\mathrm{CMR}} = \infty \qquad\qquad (4\text{-}12)$$

差分放大电路的静态、动态分析见仿真视频。

仿真视频：差分放大电路

4.3.3 差分放大电路的4种接法

差分放大电路有两个三极管,它们的基极和集电极可以分别成为放大电路的两个输入端和两个输出端。基于不同的应用场合，有双、单端输入和双、单端输出的情况。当输入输出接法不同时，放大电路的某些性能指标和电路的特点也有差别，上面介绍了双端输入、双端输出的电路，下面介绍其他接法电路。

1. 双端输入、单端输出

如图 4-17 所示，所谓"单端"指一端接地。由于只从一个三极管的集电极输出，而另一个三极管的集电极变化没有输出，因而这时的电压增益是双端输出时的一半。

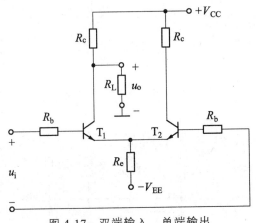

图 4-17 双端输入、单端输出

差模放大倍数为

$$A_{\mathrm{d}} = -\frac{1}{2}\frac{\beta(R_{\mathrm{c}} /\!/ R_{\mathrm{L}})}{R_{\mathrm{b}} + r_{\mathrm{be}}} \qquad\qquad (4\text{-}13)$$

差模输入电阻为

$$R_{\mathrm{id}} = 2\,(R_{\mathrm{b}} + r_{\mathrm{be}}) \qquad\qquad (4\text{-}14)$$

差模输出电阻为

$$R_{\mathrm{od}} = R_{\mathrm{c}} \qquad\qquad (4\text{-}15)$$

这种接法主要用于将双端差分信号转换为单端信号，以便与后面的放大级共地，集成运放的中间级有时就采取这种接法。单端输出时，由于电路对称性被破坏，所以共模放大倍数 $A_c \neq 0$，共模抑制比不再等于无穷大。其交流等效电路如图 4-18 所示。

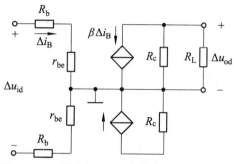

图 4-18　双端输入、单端输出交流等效电路

2. 单端输入

如图 4-19 所示，输入电压只加在某一三极管的基极与公共端之间，另一端的基极接地。由前面的分析可知，在差分放大电路的两个输入端加上的任意大小、任意极性的输入信号电压 u_{i1} 和 u_{i2}，都可以看作是某两个差模信号与两个共模信号的组合。

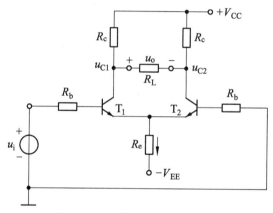

图 4-19　单端输入、双端输出

差模信号为 $u_{id} = u_{i1} - u_{i2} = u_i$，共模信号 $u_{ic} = \dfrac{1}{2}(u_{i1} + u_{i2}) = \dfrac{u_i}{2}$。

对于输入信号 u_{i2} 接地的情形，可被认为 $u_{i1} = \dfrac{u_i}{2} + \dfrac{u_i}{2}$ 和 $u_{i2} = \dfrac{u_i}{2} - \dfrac{u_i}{2}$ 仍相当于分别从两端输入一对差模信号，所以，单端输入与双端输入指标相同。

差分放大电路的主要作用是能够抑制零点漂移，根据输入输出的接法不同分为双端输入和单端输入，双端输出和单端输出 4 种接法。单端输入与双端输入相同。单端输出电压增益是双端输出电压增益的一半。不接负载电阻时，4 种接法的对比如表 4-1 所示。

表 4-1 四种差分放大电路

输入方式	双端		单端	
输出方式	双端	单端	双端	单端
差模放大倍数	$-\dfrac{\beta R_c}{R_b + r_{be}}$	$\pm\dfrac{\beta R_c}{2(R_b + r_{be})}$	$-\dfrac{\beta R_c}{R_b + r_{be}}$	$\pm\dfrac{\beta R_c}{2(R_b + r_{be})}$
共模放大倍数	$= 0$	$\neq 0$	$= 0$	$\neq 0$
差模输入电阻	$2(R_b + r_{be})$		$2(R_b + r_{be})$	
差模输出电阻	$2R_c$	R_c	$2R_c$	R_c

【例 4-1】 如图所示电路参数理想对称，晶体管的 β 均为 50，$r_{bb'} = 100\ \Omega$，$U_{BEQ} = 0.7\ \text{V}$，试计算 R_w 滑动端在中点时 T_1 管和 T_2 管的发射极静态电流 I_{EQ} 以及动态参数 A_d 和 R_{id}。

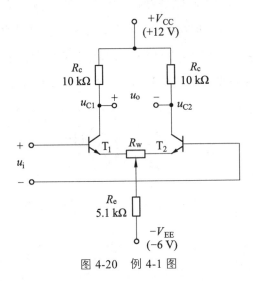

图 4-20 例 4-1 图

解： R_w 滑动端在中点时，T_1 管和 T_2 管的发射极静态电流分析如下

$$U_{BEQ} + I_{EQ}\frac{R_W}{2} + 2I_{EQ}R_e = V_{EE}$$

$$I_{EQ} = \frac{V_{EE} - U_{BEQ}}{\dfrac{R_W}{2} + 2R_e} \approx 0.157\ (\text{mA})$$

A_d 和 R_i 分析如下

$$r_{be} = r_{bb'} + (1+\beta)\frac{26\ \text{mV}}{I_{EQ}} \approx 5.18(\text{k}\Omega)$$

$$A_d = -\frac{\beta R_c}{r_{be} + (1+\beta)\dfrac{R_W}{2}} = -97$$

$$R_{id} = 2[r_{be} + (1+\beta)R_W] = 20.5(\text{k}\Omega)$$

如果在图 4-20 中从 T_1 集电极或 T_2 集电极单端输出，则差模电压放大倍数分别为

T_1 集电极输出为反相输出，$A_d = \dfrac{u_{c1}}{u_i} = -\dfrac{\beta R_c}{2(R_b + r_{be})}$

T_2 集电极输出为同相输出，$A_d = \dfrac{u_{c2}}{u_i} = \dfrac{\beta R_c}{2(R_b + r_{be})}$

4.4　集成运放中的电流源电路

集成运放中的偏置电路一般采用电流源偏置电路。这样可以保证当电源电压在较大范围内波动时，放大电路的静态工作点基本稳定，增强电路的电源电压适用性，集成运放内部偏置电路中常用的电流源电路包括镜像电流源、微电流源、多路镜像电流源等几种结构。

4.4.1　镜像电流源

如图 4-21 所示，镜像电流源电路，T_0、T_1 是制作在同一硅片上的两个性能一致的晶体三极管，它们的特性完全相同。两管子的基极相连接，射极并联接地，其中 T_0 的基极与集电极相连接成二极管，通过 R 连接到电源 V_{CC}。电阻 R 上的基准电流 $I_R = (V_{CC} - U_{BE})/R$。则有

$$\beta_0 = \beta_1 = \beta，U_{BE1} = U_{BE0}, I_{B1} = I_{B0}, I_{C1} = I_{C0} = I_C$$

$$I_R = I_{C0} + I_{B0} + I_{B1} = I_C + \frac{2I_C}{\beta}$$

$$I_C = \frac{\beta}{\beta+2} \cdot I_R$$

若 $\beta \gg 2$，则

$$I_C \approx I_R = (V_{CC} - U_{BE})/R \tag{4-19}$$

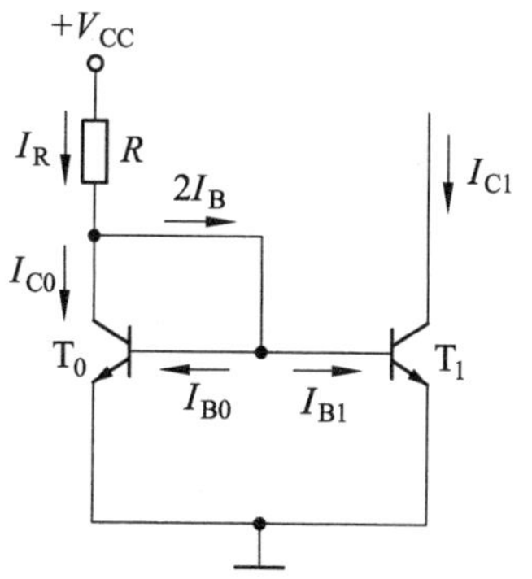

图 4-21　镜像电流源电路

可见，当电源电压和电阻值确定以后，I_R 就确定了，电流源的电流 I_C 始终和 I_R 一致，就像是 I_R 的镜像，所以这个电路被称为镜像电流源电路。

镜像电流源电路适用于较大工作电流（毫安数量级）的场合，若需要减小 I_C 的值（例如微安级），就要求 R 的数值较大，这在集成电路中难以实现。因此，需要研究改进型的电流源。

4.4.2 微电流源

如图 4-22 所示，与镜像电流源不同的是在 T_1 的发射极电路接入电阻 R_e，这样

$$U_{BE0} = U_{BE1} + I_{E1}R_e \tag{4-20}$$

$$I_{E1} = (U_{BE0} - U_{BE1})/R_e = \frac{\Delta U_{BE}}{R_e} \tag{4-21}$$

$$I_{C1} \approx I_{E1} = \frac{\Delta U_{BE}}{R_e} \tag{4-22}$$

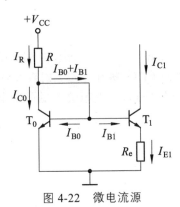

图 4-22 微电流源

利用两管基-射极电压差 ΔU_{BE} 可以控制输出电流 I_{C1}。由于 ΔU_{BE} 很小，所以用阻值不是很大的 R_e 即可获得微小的工作电流，故称为微电流源。

4.4.3 多路比例电流源

在一个集成电路中有多个晶体管需要提供一定比例关系的偏置电流，如图 4-23 中的多路成一定比例关系的电流源偏置电路。

$$U_{BE0}+I_{E0}R_{e0} = U_{BE1}+I_{E1}R_{e1} = U_{BE2}+I_{E2}R_{e2} = U_{BE3}+I_{E3}R_{e4} \tag{4-23}$$

因为 U_{BE} 相差不多，故 $I_{E0}R_{e0} \approx I_{E1}R_{e1} \approx I_{E2}R_{e2} \approx I_{E3}R_{e3}$。

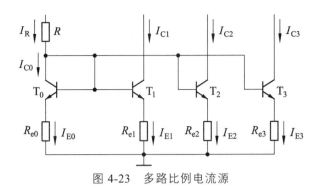

图 4-23 多路比例电流源

因此，可以根据所需静态电流，来选取发射极电阻的数值。

4.4.4 电流源做有源负载

由于电流源具有直流电阻小而交流电阻大的特点，在模拟集成电路中，广泛地把它作为负载使用，称为有源负载。

如图 4-24 所示，T_1 是放大管，T_2、T_3 组成镜像电流源作为 T_1 的集电极有源负载，电流 I_{C2} 等于基准电流 I_R，电流源的交变电阻很大，在共射极电路中，可使每级电压增益达 10^3 甚至更高，电流源也常作为射极负载。

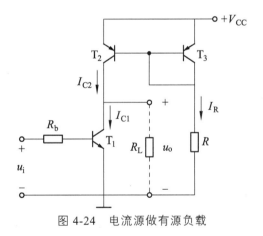

图 4-24 电流源做有源负载

4.5 典型集成运算放大器

集成运放是一种高增益、高输入阻抗和低输出阻抗的多级直接耦合放大电路。集成运算放大器的种类很多，本节以常用双极型集成运算放大器 F007 为例，以便了解集成运放的内部结构、工作原理及性能，学习复杂电路的读图方法。

4.5.1 集成运放的电路结构

对于集成运放电路，应首先找出偏置电路，然后根据信号流通顺序，将其分为输入级、中间级和输出级电路。

1. 偏置电路

偏置电路是给运放中各级提供静态偏置电流的。其性能的好坏直接影响运放各项参数。在体积小的条件下，为了降低功耗以限制升温，必须减小各级的静态工作电流，故采用微电流源。

F007 的偏置电路是一个组合电流源（见图 4-25）。上部的 T_8、T_9、T_{12}、T_{13} 为 PNP 型管，下部的 T_{10}、T_{11} 为 NPN 型管，由 V_{CC}、T_{12}、R_5、T_{11} 和 T_{10} 构成主偏置电路，产生主偏置基准电流 I_R。其他电流源电流都与 I_R 成比例，现从几个方面分析。

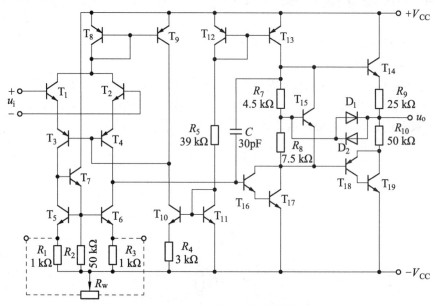

图 4-25　F007 的内部结构电路

T_{10}、T_{11} 构成微电流源电路（$I_{C11} \approx I_R$），I_{C10} 远小于 I_R，为微安级电流。由 I_{C10} 给输入级 T_3、T_4 提供偏置电流。$I_{3.4} = I_{C10} - I_{C9}$。

T_8、T_9 构成镜像电流源，$I_{C8} \approx I_{C9}$，给输入级 T_1、T_2 提供工作电流，另外，忽略 T_3、T_4 基极偏置电流，很明显有

$$I_{C8} = (1+\beta_{1.2}) I_{3.4} \approx \beta I_{3.4} \qquad (4\text{-}24)$$

可得 $I_{C8} \approx I_{c10}$。

T_{12}、T_{13} 构成镜像电流源，I_{C13} 为中间级和输出级提供工作电流。同时，I_{C13} 作为中间级的有源负载。

将电流源电路用理想电流源符号表示可简化电路，这样能很容易分解出三级电路：双端输入、单端输出差分放大电路，以复合管为放大管、恒流源作负载的共射放大电路，用 U_{BE}

倍增电路消除交越失真的准互补对称输出级。

2. 输入级

输入级由 T_1、T_2 和 T_3、T_4 组成共集-共基差分电路。T_1 和 T_2 从基极输入、射极输出，共集形式，输入电阻大，允许的共模输入电压幅值大。T_3 和 T_4 从射极输入、集电极输出，共基形式频带宽。T_3、T_4 为横向 PNP 型管，输入端耐压高。T_5、T_6 分别是 T_3、T_4 的有源负载，而 T_4 又是 T_6 的有源负载。另外，有源负载比较对称，有利于提高输出输入级的共模抑制比。T_7 的作用为抑制共模信号，放大差模信号。

电路中外接调零电位器 R_W 是为了补偿输入级差分放大电路中器件参数的不完全对称，当输入信号为零时，调节 R_W，使输出电压为零。

输入级特点是输入电阻大、差模放大倍数大、共模放大倍数小、输入端耐压高，并完成电平转换（即对"地"输出）。

3. 中间级

中间级是主放大器，它所采取的一切措施都是为了增大放大倍数。

这一级由 T_{16}、T_{17} 构成 NPN 型复合管，其等效电流放大倍数 $\beta = \beta_{16}\beta_{17}$。$T_{13}$ 组成的电流源做集电极有源负载，由于电流源等效阻抗非常高，因此可获得很高的电压增益，同时 T_{16} 共集电极电路，也具有较高的输入电阻。

在 F007 应用电路中引入负反馈时，为了防止产生自激现象，在 T_{16} 管基极与集电极之间接了一个 30 pF 的电容 C 用作频率补偿。

4. 输出级

输出级要求具有较强的带负载能力、高输入阻抗、大的动态范围和对输出端过载、短路等保护能力。

本级中 T_{18}、T_{19} 构成等效 PNP 型复合管，与 T_{14} 一起构成互补对称输出级，三极管工作在共集电极状态，因此具有很高的输入电阻和很强的带负载能力。

R_7、R_8 和 T_{15} 构成恒压电路，给互补输出级提供静态偏置，使之处于甲乙类状态以避免交越失真。为了防止输出级信号过大或输出短路而造成的损坏，电路中的 D_1 和 D_2 起过流保护作用，未过流时，两只二极管均截止。当正向输出电流过大，流过 T_{14} 和 R_9 的电流增大，使 R_9 两端的压降增大到一定大小时，$U_{D1} = U_{BE14} + i_O R_9 - U_{R7}$，导致 D_1 通过 R_7 导通，对 T_{14} 基极电流进行分流，从而限制输出电流继续增大，起到限流保护作用。同样，当输出负电流过大时，流过 T_{18}、T_{19} 和 R_{10} 的电流增加，使 R_{10} 两端的压降增大到一定大小时，导致 D_2 通过 R_8 导通，对 T_{18}、T_{19} 基极电流进行分流，从而限制输出电流继续增大，起到限流保护作用。

输出级的特点是输出电阻小，最大不失真输出电压高。

下面我们讨论下集成运放输入端的相位问题。

为什么运放的两个输入端分别称为同相输入端和反相输入端呢？我们结合图形来说明，如果将运放 T_2 输入端接地，从 T_1 输入端输入信号，则信号经过 T_1 同相、T_3 反相、T_7 同相、T_6 反相、T_{16}、T_{17} 反相、T_{14}、T_{18}、T_{19} 同相到达输出端，共经过两次反相放大，所以输出信号与输入信号依然同相。如果将 T_1 输入端接地，从 T_2 输入端输入信号，则信号经过 T_2 同相、

T_4同相、T_{16}、T_{17}反相、T_{14}、T_{18}、T_{19}同相到达输出端，只经历一次反相，因此输出信号与输入信号反相。同样，如果在 T_1、T_2 两端加输入信号 u_i，上正下负，信号经过 T_2 同相、T_4同相，T_4 集电极为负，T_{16}、T_{17} 反相为正、T_{14}、T_{18}、T_{19} 同相到达输出端为正，T_1 输入端与输出端相位相同，T_2 输入端与输出端相位相反，这就是 T_1 输入端称为同相输入端，而 T_2 输入端称为反相输入端的原因。

4.5.2 集成运放的参数

集成运放的参数比较多，大体包括与运算精度有关的参数、与工作速率和工作频率有关的参数、与器件安全工作有关的参数。为了准确选择和使用集成运放，必须弄清主要参数的含义。

1. 输入失调电压 U_{IO}

由于差分放大器输入级不完全对称，使得输入端为零时，输出电压不为零。为了使输入电压为零时，输出电压也为零，在输入端所加的补偿电压称为输入失调电压 U_{IO}。U_{IO} 越大，说明电路对称性越差。

2. 输入偏置电流 I_{IB}

输入偏置电流 I_{IB} 是当输入电压为零时，流过两个输入端静态电流的平均值。

$$I_{IB} = \frac{1}{2}(I_{B1} + I_{B2}) \qquad (4\text{-}25)$$

输入偏置电流越小，信号源内阻对输出电压的影响越小。

3. 输入失调电流 I_{IO}

输入失调电流 I_{IO} 是指输出电压为零时，流过运放两个输入端静态电流的差。

$$I_{IO} = |I_{B1} - I_{B2}| \qquad (4\text{-}26)$$

I_{IO} 流过信号源内阻而产生附加输入电压，会破坏运放的平衡，所以希望 I_{IO} 越小越好。

4. 温度漂移

输入失调电压随温度变化而变化，其比值 $\dfrac{\Delta U_{IO}}{\Delta T}$ 称为输入电压温度漂移。

输入失调电流随温度变化而变化，其比值 $\dfrac{\Delta I_{IO}}{\Delta T}$ 称为输入电流温度漂移。

5. 最大差模输入电压 U_{Idmax}

最大差模输入电压 U_{Idmax} 是指保证运放正常工作时,反相端和同相端所能承受的最大电压差值，超过此值运放输入级三极管发射结会反向击穿。

6. 最大共模输入电压 U_{Icmax}

最大共模输入电压 U_{Icmax} 是指保证运放正常工作时，运放所能承受的共模输入电压最大值，超过此值运放运放的共模抑制比会显著下降。

7. 最大输出电流 I_{Omax}

最大输出电流 I_{Omax} 是指运放所能输出的正相或反相电流的最大值。

8. 开环差模电压增益 A_{uo}

开环差模电压增益 A_{uo} 是指接入规定负载后，运放开环（不加反馈）情况下，运放的增益。A_{uo} 数值很大常用分贝（dB）表示，A_{uo} 越大，所构成的运放稳定性越高。

9. 开环带宽 B_W

开环带宽 B_W 是指开环电压增益下降 3 dB 时，对应的频率 f_H。

10. 转换速率 SR

SR 反应运放对高速变化的信号的响应速度，定义为

$$SR = \left| \frac{du_o}{dt} \right|_{max} \tag{4-27}$$

通常要求运放的 SR 值大于信号变化斜率的绝对值，否则输出会失真。

11. 共模抑制比 K_{CMR}

共模抑制比 K_{CMR} 是指运放开环差模电压增益与开环共模电压增益之比，即

$$K_{CMR} = 20 \lg \left| \frac{A_{Od}}{A_{Oc}} \right| dB \tag{4-28}$$

K_{CMR} 越大，表示运放对共模信号的抑制能力越强，一般 K_{CMR} 在 80 dB 以上。

本章小结

1. 多级放大电路

多级放大电路的耦合方式和分析方法。

直接耦合放大电路存在温度漂移问题，低频特性好，能够放大变化缓慢的信号，便于集成化，应用广泛；阻容耦合放大电路利用耦合电容"隔离直流，通过交流"，低频特性差，不便于集成化，仅用于非用分立元件电路不可的情况；变压器耦合放大电路能够实现阻抗变换，常用作调谐放大电路或输出功率很大的功率放大电路；光电耦合方式具有电气隔离作用，使电路抗干扰能力强，适用于信号的隔离和远距离传送。

多级放大电路的电压放大倍数等于组成它的各级电路电压放大倍数之积，在求解某一级的电压放大倍数时应将后级输入电阻作为负载。其输入电阻是第一级的输入电阻，输出电阻

是末级的输出电阻。

2. 集成运算放大器

集成运放是一种高性能的直接耦合放大电路，从外部看，可等效成双端输入、单端输出的差分放大电路。通常由输入级、中间级、输出级和偏置电路 4 部分组成。输入级多用差分放大电路，中间级为共射（共源）电路，输出级多用互补输出级，偏置电路是多路电流源电路。

3. 差分放大电路

基本差分放大电路利用参数的对称性进行补偿来抑制温漂，长尾式放大电路和具有恒流源的差分放大电路还利用共模负反馈抑制每只放大管的温漂。用共模放大倍数 A_c、差模放大倍数 A_d、共模抑制比 K_{CMR}、输入电阻和输出电阻来描述差分电路的性能。

根据输入端与输出端接地情况不同，差分放大电路有 4 种接法。不接负载电阻时，单端输出差模放大倍数是双端输出的一半；单端输出共模放大倍数不等于 0，共模抑制比不趋于无穷；输入电阻相同，双端输出电阻是单端输出电阻的 2 倍。

4. 电流源电路

在集成运放中，充分利用元件参数一致性好的特点，不但可以构成高质量的差分放大电路，而且还可构成各种电流源电路，它们既为各级放大电路提供合适的静态电流，又作为有源负载，从而大大提高了运放的增益。

习　题

1. 选择题

（1）（　　）多级放大电路各级的 Q 点相互独立，它只能放大交流信号。

    A. 直接耦合　　　　　　　B. 阻容耦合　　　　　　　C. 光电耦合

（2）（　　）放大电路既能放大交流信号，又能放大缓慢变化信号和直流信号。

    A. 直接耦合　　　　　　　B. 阻容耦合　　　　　　　C. 变压器耦合

（3）现有基本放大电路：

    A. 共射电路　　　　　　　B. 共集电路　　　　　　　C.共基电路

    D. 共源电路　　　　　　　E. 共漏电路

输入电阻为 R_i，电压放大倍数的数值为 $|\dot{A}_u|$，输出电阻为 R_o。根据要求选择合适的电路组成两级放大电路。

① 要求 R_i 为 1～3 kΩ，$|\dot{A}_u|>10^4$，第一级应采用（　　），第二级应采用（　　）。

② 要求 $R_i>10$ MΩ，$|\dot{A}_u|$ 为 500 左右，第一级应采用（　　），第二级应采用（　　）。

③ 要求 R_i 约为 150 kΩ，$|\dot{A}_u|$ 约为 100，第一级应采用（　　），第二级应采用（　　）。

④ 要求 $|\dot{A}_u|$ 约为 10，R_i 大于 10 MΩ，R_o 小于 100 Ω，第一级应采用（　　），第二级应采用（　　）。

⑤ 设信号源为内阻很大的电压源，要求将输入电流转换成输出电压，且 $|\dot{A}_{uls}| = |\dot{U}_o / \dot{I}_s| > 1000$，$R_o$ 小于 100 Ω，第一级应采用（　　　），第二级应采用（　　　）。

（4）集成运放电路采用直接耦合方式是因为（　　　）。

A. 可获得很大的放大倍数

B. 可使温漂小

C. 集成工艺难以制造大容量电容

（5）集成运放的输入级采用差分放大电路是因为可以（　　　）。

A. 减小温漂　　　　　　　　B. 增大放大倍数　　　　　　　C. 提高输入电阻

（6）为增大电压放大倍数，集成运放的中间级多采用（　　　）。

A. 共射放大电路　　　　　　B. 共集放大电路　　　　　　　C. 共基放大电路

（7）互补输出级采用共集形式是为了使（　　　）。

A. 电压放大倍数大　　　　　B. 不失真输出电压大　　　　　C. 带负载能力强

（8）从外部看，集成运放可等效为高性能的（　　　）。

A. 双端输入双端输出的差分放大电路

B. 双端输入单端输出的差分放大电路

C. 单端输入单端输出的差分放大电路

（9）差分放大电路的差模信号是两个输入端信号的，共模信号是两个输入端信号的（　　　）。

A. 差　　　　　　　　　　　B. 和　　　　　　　　　　　　C. 平均值

（10）用恒流源取代长尾式差分放大电路中的发射极电阻 R_e，将使电路的（　　　）。

A. 差模放大倍数数值增大

B. 抑制共模信号能力增强

C. 差模输入电阻增大

（11）两个两级放大电路如图 4-26 所示，已知图中所有晶体管的 β 均为 100，r_{be} 均为 1 kΩ，所有电容均为 10 μF，V_{CC} 均相同。

① 选择将 A. 共射放大电路　B. 共基放大电路　C. 共集电极放大电路填入括号中。

图（a）的第一级为（　　　），第二级为（　　　）；

图（b）的第一级为（　　　），第二级为（　　　）；

图（c）的第一级为（　　　），第二级为（　　　）。

② 3 个电路中输入电阻最大的电路是（　　　），最小的电路是（　　　）；输出电阻最大的电路是（　　　），最小的电路是（　　　）；电压放大倍数数值最大的电路是（　　　）；低频特性最好的电路是（　　　）；若能调节 Q 点，则最大不失真输出电压最大的电路是（　　　）；输出电压与输入电压相同的电路是（　　　）。

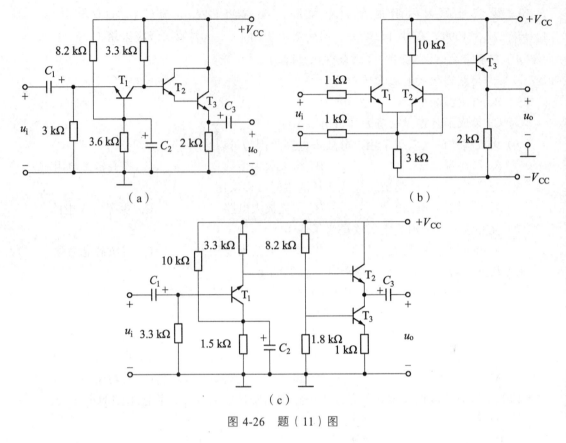

图 4-26 题（11）图

（12）图 4-27 所示为简化的集成运放电路，输入级具有理想对称性，选择正确答案填入空内。

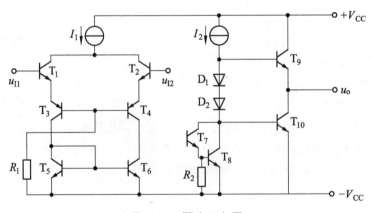

图 4-27 题（12）图

① 该电路输入级采用了（　　）。

    A. 共集-共射接法　　　　　　　　B. 共集-共基接法　　　　　　　C. 共射-共基接法

② 输入级采用上述接法是为了（　　）。

    A. 展宽频带　　　　　　　　　　　B. 增大输入电阻　　　　　　　　C.增大电流放大系数

③ T_5 和 T_6 作为 T_3 和 T_4 的有源负载是为了（　　）。

  A. 增大输入电阻   B. 抑制温漂   C. 增大差模放大倍数

④ 该电路的中间级采用（   ）。

  A. 共射电路   B. 共基电路   C. 共集电路

⑤ 中间级的放大管为（   ）。

  A. T_7 B. T_8 C. T_7 和 T_8 组成的复合管

⑥ 该电路的输出级采用（   ）。

  A. 共射电路   B. 共基电路   C. 互补输出级

⑦ D_1 和 D_2 的作用是为了消除输出级的（   ）。

  A. 交越失真   B. 饱和失真   C. 截止失真

⑧ 输出电压 u_o 与 u_{I1} 的相位关系为（   ）。

  A. 反相   B. 同相   C. 不可知

2. 基本题

（1）判断图 4-28 所示两级放大电路中，T_1 和 T_2 管分别组成哪种组态（共射、共集……接法）。设图中所有电容对于交流信号均可视为短路。

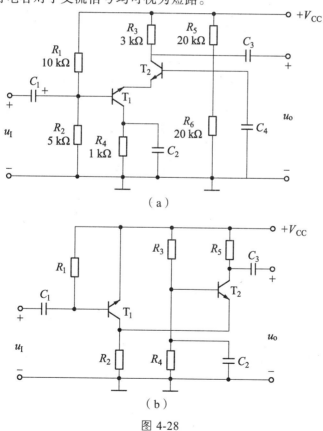

（a）

（b）

图 4-28

（2）差动放大电路如图 4-29 所示，$u_{I1} = 9\ \text{mV}$，$u_{I2} = -3\ \text{mV}$。求该放大电路的差模输入电压 u_{Id} 和共模输入电压 u_{Ic}。

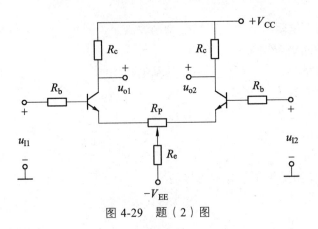

图 4-29　题（2）图

（3）电路如图 4-30 所示，已知 T_1 管和 T_2 管的 β 均为 140，r_{be} 均为 4 kΩ。试问：若输入直流信号 $u_{I1} = 20$ mV，$u_{I2} = 10$ mV，则电路的共模输入电压 $u_{Ic} = ?$ 差模输入电压 $u_{Id} = ?$ 输出动态电压 $\Delta u_o = ?$

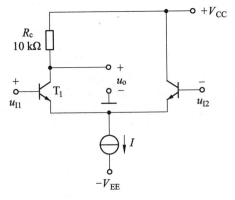

图 4-30　题（3）图

（4）电路如图 4-31 所示，T_1 和 T_2 的低频跨导 g_m 均为 10 mS。试求解差模放大倍数和输入电阻。

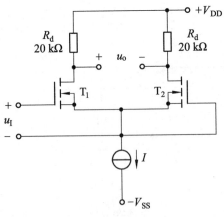

图 4-31　题（4）图

（5）图 4-32 所示电路参数理想对称，晶体管的 β 均为 80，$r_{be} = 7$ kΩ，$U_{BEQ} \approx 0.7$ V；T_1

管和 T_2 管的发射极静态电流 $I_{EQ} = 0.3$ mA。试估算：

① R_{e3}。

② 集电极静态电位 U_{CQ1} 和 U_{CQ2}。

③ A_d、A_c、R_i 和 R_o。

④ 若直流信号 $u_I = 10$ mV，则 $u_o = ?$

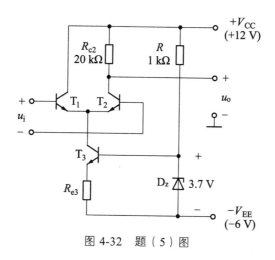

图 4-32 题（5）图

（6）多路电流源电路如图 4-33 所示，已知所有晶体管的特性均相同，U_{BE} 均为 0.7 V。试问：

（1）I_{C1}、I_{C2} 各约为多少？

（2）T_3 的作用是什么？简述理由。

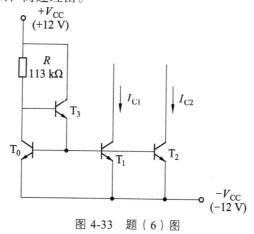

图 4-33 题（6）图

第 4 章 习题答案

1. 判断题

（1）B　　（2）A　　（3）① A A　② D A　③ B A ④ D B　　（4）C　(5) A

（6）A　　（7）C　　（8）B　　（9）C　　（10）B　　（11）① B C A C A A

② （b）（a）；（c）（a）；（c）；（b）；（b）；（a）（b）（c）

解释：① 在电路（a）中，T_1 为第一级的放大管，信号作用于其发射极，又从集电极输出，作用于负载（即第二级电路），故第一级是共基放大电路；T_2 和 T_3 组成的复合管为第二级的放大管，第一级的输出信号作用于 T_2 的基极，又从复合管的发射极输出，故第二级是共集放大电路。

在电路（b）中，T_1 和 T_2 为第一级的放大管，构成差分放大电路，信号作用于 T_1 和 T_2 的基极，又从 T_2 的集电极输出，作用于负载（即第二级电路），是双端输入单端输出形式，故第一级是差分放大电路；T_3 为第二级的放大管，第一级的输出信号作用于 T_3 的基极，又从其发射极输出，故第二级是共集放大电路。

在电路（c）中，第一级是典型的 Q 点稳定电路，信号作用于 T_1 的基极，又从集电极输出，作用于负载（即第二级电路），故为共射放大电路；T_2 为第二级的放大管，第一级的输出信号作用于 T_2 的基极，又从其集电极输出，故第二级是共射放大电路。

应当特别指出，电路（c）中 T_3 和三个电阻（8.2 kΩ、1.8 kΩ、1 kΩ）组成的电路构成电流源，等效成 T_2 的集电极负载，理想情况下等效电阻趋于无穷大。电流源的特征是其输入回路没有动态信号的作用。要特别注意电路（c）的第二级电路与互补输出级的区别。

② 本题是研究多级放大电路动态参数与组成它的各级电路的关系，研究的基础一是要掌握各种晶体管基本放大电路的参数特点，二是要掌握单级放大电路连接成多级后相互间的影响。如果不能想象出电路的交流通路，则可画之。

比较 3 个电路的输入回路，电路(a)的输入级为共基电路，它的 e-b 间等效电阻为 $r_{be}/(1+\beta)$，R_i 小于 $r_{be}/(1+\beta)$；电路（b）的输入级为差分电路，R_i 大于 $2r_{be}$；电路（c）的输入级为共射电路，R_i 是 r_{be} 与 10 kΩ、3.3 kΩ 电阻并联，R_i 不可能小于 $r_{be}/(1+\beta)$；因此，输入电阻最小的电路为（a），最大的电路为（b）。

电路（c）的输出端接 T_2 和 T_3 的集电极，对于具有理想输出特性的晶体管，它们对"地"看进去的等效电阻均为无穷大，故电路（c）的输出电阻最大。比较电路（a）和电路（b），虽然它们的输出级均为射极输出器，但前者的信号源内阻（即其第一级的输出电阻）为 3.3 kΩ，后者的信号源内阻（即其第一级的输出电阻）为 10 kΩ；且由于前者采用复合管作放大管，从射极回路看进去的等效电阻表达式中有系数 $1/(1+\beta)^2$，而后者从射极回路看进去的等效电阻表达式中仅有系数 $1/(1+\beta)$，故电路（a）的输出电阻最小。

由于电路（c）采用两级共射放大电路，且因第二级等效的集电极电阻趋于无穷大，而使其电压放大倍数数值趋于无穷大；而电路（a）和（b）均只有第一级有电压放大作用，故电压放大倍数数值最大的电路是（c）。

由于只有电路（b）采用直接耦合方式，故其低频特性最好。

由于只有电路（b）采用 $\pm V_{CC}$ 两路电源供电，故若 Q 点可调节，则其最大不失真输出电压的峰值可接近 V_{CC}，故最大不失真输出电压最大的电路是（b）。

由于共射电路的输出电压与输入电压反相，共集和共基电路的输出电压与输入电压同相，可以逐级判断相位关系，从而得出各电路输出电压与输入电压的相位关系。电路（a）和（b）中两级电路的输出电压与输入电压均同相，故两个电路的输出电压与输入电压均同相。电路（c）中两级电路的输出电压与输入电压均反相，故整个电路的输出电压与输入电压也同相。

（12）① B　② A　③ C　④ A　⑤ C　⑥ C　⑦ A　⑧ B

解释：① 输入信号作用于 T_1 和 T_2 管的基极，并从它们的发射极输出分别作用于 T_3 和 T_4 管的发射极，又从 T_4 管的集电极输出作用于第二级，故为共集-共基接法。

② 上述接法可以展宽频带。

为什么不是增大输入电阻呢？因为共基接法的输入电阻很小，即 T_1 和 T_2 管等效的发射极电阻很小，所以达不到增大输入电阻的目的。因为共基接法不放大电流，所以不能增大电流放大系数。

③ T_5 和 T_6 作为 T_3 和 T_4 的有源负载是为了增大差模放大倍数。利用镜像电流源作有源负载，可使单端输出差分放大电路的差模放大倍数增大到近似等于双端输出时的差模放大倍数。

④ 为了完成"主放大器"的功能，中间级采用共射放大电路。

⑤ 根据第一级的输出信号作用于 T_7 的基极以及 T_7 和 T_8 的连接方式可得，T_7 和 T_8 组成的复合管为中间级的放大管。

⑥ T_9 和 T_{10} 的基极相连作为输入端，发射极相连作为输出端，故输出级为互补输出级。

⑦ D_1 和 D_2 的作用是为了清除输出级交越失真。

⑧ 若在输入端 u_{I1} 加"+"、u_{I2} 加"-"的差模信号，则 T_2 的共集接法使其发射极（即 T_4 的发射极）电位为"-"，T_4 的共基接法使其集电极（即 T_7 的基极）电位也为"-"；以 T_7、T_8 构成的复合管为放大管的共射放大电路输出与输入反相，它们的集电极电位为"+"；互补输出级的输出与输入同相，输出电压为"+"；故 u_{I1} 一端为同相输入端，u_{I2} 一端为反相输入端。

2. 基本题

（1）解：图（a）中的 T_1 管为共射接法，T_2 管为共基接法。图（b）中的 T_1 管为共集接法，T_2 管为共基接法。

（2）解：因为当 u_{I1} 单独作用时，电路获得的共模信号为 $u_{I1}/2$，差模信号为 u_{I1}；当 u_{I2} 单独作用时，电路获得的共模信号为 $u_{I2}/2$，差模信号为 $-u_{I2}$；所以当 u_{I1} 和 u_{I2} 共同作用时，电路的共模输入电压 u_{Ic} 和差模输入电压 u_{Id} 分别为

视频：题（1）解答

$$u_{Ic} = \frac{u_{I1} + u_{I2}}{2} = \frac{9-3}{2} \text{mV} = 3 \text{ mV}$$

$$u_{Id} = u_{I1} - u_{I2} = (9 - (-3)) \text{mV} = 12 \text{ mV}$$

（3）解：因为当 u_{I1} 单独作用时，电路获得的共模信号为 $u_{I1}/2$，差模信号为 u_{I1}；当 u_{I2}

单独作用时，电路获得的共模信号为 $u_{I2}/2$，差模信号为 $-u_{I2}$；所以当 u_{I1} 和 u_{I2} 共同作用时，电路的共模输入电压 u_{Ic} 和差模输入电压 u_{Id} 分别为

$$u_{Ic} = \frac{u_{I1}+u_{I2}}{2} = \frac{20+10}{2} \text{mV} = 12 \text{ mV}$$

$$u_{Id} = u_{I1}-u_{I2} = (20-10)\text{mV} = 10 \text{ mV}$$

差模放大倍数为

$$A_d = -\frac{\beta R_c}{2r_{be}} = -\frac{140 \times 10}{2 \times 4} = -175$$

由于电路的共模放大倍数约为零，故动态电压 Δu_o 仅由差模输入电压和差模放大倍数决定，即

$$\Delta u_o = A_d u_{Id} = -175 \times 10 \text{ mV} = 1.75 \text{ V}$$

（4）解：差模放大倍数和输入电阻分别为

$$A_d = -g_m R_d = -200$$

$$R_i = \infty$$

（5）解：① 本小题带有设计性质，是在一定的需求下选择电路参数。
R_{e3} 中电流约为 T_1、T_2 发射极电流之和，即 $I_{Re3} \approx 2I_{EQ} = 0.6 \text{ mA}$，故

$$R_{e3} \approx \frac{U_Z - U_{BE3}}{2I_{EQ}} = \frac{3.7-0.7}{2 \times 0.3}\text{k}\Omega = 5 \text{ k}\Omega$$

② 集电极静态电位 U_{CQ1} 和 U_{CQ2} 分别为

视频：题（5）解答

$$U_{CQ1} = V_{CC} = 12 \text{ V}$$

$$U_{CQ2} = V_{CC} - I_{CQ}R_{c2} \approx (12 - 0.3 \times 20) \text{ V} = 6 \text{ V}$$

③ 空载时，单端输出电路的差模放大倍数是双端输出的一半，且由于在 T_2 集电极输出，输出电压与输入电压同相，故，

$$A_d = \frac{\beta R_{c2}}{2r_{be}} = \frac{80 \times 20}{2 \times 7} \approx 114$$

R_i 和 R_o 分别为

$$R_i = 2r_{be} = 2 \times 7 \text{ k}\Omega = 14 \text{ k}\Omega$$

$$R_o = R_{c2} = 20 \text{ k}\Omega$$

由于电路是具有恒流源的差分放大电路，故 $A_c = 0$。
④ 若直流信号 $u_I = 10 \text{ mV}$，则 u_o 的变化量

$$\Delta u_o = A_d u_I = 114 \times 0.01 \text{ V} = 1.14 \text{ V}$$

因此

$$u_{o} = U_{CQ2} + \Delta u_{o} \approx (6 + 1.14)\text{V} = 7.14 \text{ V}$$

（6）解：（1）首先求出 R 的电流，即

$$I_{R} = \frac{2V_{CC} - U_{BE3} - U_{BE0}}{R} = \frac{2 \times 12 - 0.7 - 0.7}{113} \text{mA} = 0.2 \text{ mA}$$

视频：题（6）解答

因为 T_0、T_1、T_2 的特性均相同，且 U_{BE} 均相同，所以它们的基极、集电极电流均相等，设它们分别为 I_B、I_C。由于 T_3 的发射极电流是 T_0、T_1、T_2 的基极电流之和，故在 T_0 集电极节点

$$I_{R} = I_{C} + I_{B3} = I_{C} + \frac{3I_{B}}{1+\beta} = I_{C} + \frac{3I_{C}}{\beta(1+\beta)}$$

求出 I_{C1}、I_{C2}，为

$$I_{C} = \frac{\beta(1+\beta)}{\beta(1+\beta)+3} I_{R}$$

因此，当 $\beta(1+\beta) \gg 3$ 时

$$I_{C1} = I_{C2} = I_{C} \approx I_{R} = 0.2 \text{ mA}$$

在 β 较小时就可满足 $\beta(1+\beta) \gg 3$，如 $\beta = 10$，$\beta(1+\beta) = 110$，可得

$$I_{C1} = I_{C2} = \frac{110}{113} I_{R} \approx 0.973 I_{R}$$

I_{C1}、I_{C2} 接近 I_{R}。

② T_3 的作用是 I_{C1}、I_{C2} 更接近 I_{R}，从而更稳定。

由于在图示电路中，$2V_{CC} \gg U_{BE}$，任何原因引起的 U_{BE} 的变化对 I_{R} 的影响都很小，即 I_{R} 稳定；而 I_{C1}、I_{C2} 近似为 I_{R}，故也基本稳定。

若无 T_3，T_1、T_2 的基极直接接 T_0 的集电极，则为保证 I_{R} 不变，R 的取值应为 $116.5 \text{ k}\Omega$。此时基准电流为

$$I_{R} = I_{C0} + 3I_{B} = I_{C} + \frac{3I_{C}}{\beta} = 0.2 \text{ mA}$$

T_1、T_2 的集电极电流为

$$I_{C} = \frac{\beta}{\beta+3} I_{R}$$

当 $\beta \gg 3$ 时，才得到 $I_{C1} = I_{C2} = I_{C} \approx I_{R}$。而在 β 较小时，如 $\beta = 10$，则可得

$$I_{C1} = I_{C2} = \frac{10}{13} I_{R} \approx 0.769 I_{R}$$

I_{C1}、I_{C2} 与 I_{R} 相差约 1/4，而且由于 β 随温度而变化，I_{C1} 与 I_{R} 的关系也将随之变化，使 I_C 没有足够的稳定性。

5　放大电路中的负反馈

　　反馈在自动控制、信号处理、电子电路及电子设备中有着广泛的应用，并发挥着十分重要的作用。凡是在精度、稳定性或其他性能方面有较高要求的放大电路，大都引入了各种形式的反馈，以改善放大电路的某些方面的性能，达到实际工作中提出的技术指标。而且，反馈不仅是改善放大电路性能的重要手段，也是电子技术和自动调节原理中的一个基本概念。

教学目标：
（1）了解反馈的概念、分类及判定方法。
（2）掌握四种类型交流负反馈的判定。
（3）掌握负反馈对放大电路性能的影响。
（4）学会深度负反馈放大电路的近似估算。

5.1　反馈的基本概念与分类

5.1.1　反馈的概念

　　将电子电路输出量（电压或电流）的一部分或全部通过一定的方式引回到输入回路，并以某种形式（电压或电流）影响输入量或输出量的过程，称为反馈。反馈体现输出信号对输入信号的反作用。带有反馈的放大电路称为反馈放大电路，图 5-1 所示为反馈放大电路的框图。它是由正向传输的基本放大电路和反向传输的反馈网络构成一个闭合环路，没有反馈的放大电路称为开环。真正进入放大电路的输入信号称为净输入信号，它是由输入量和反馈量叠加而成的。净输入信号才是真正影响放大电路输出的量。

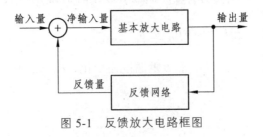

图 5-1　反馈放大电路框图

　　判断电路是否存在反馈，就是要看输出量是否馈送到输入端，即要寻找输出回路与输入回路的联系，而不仅是输出端与输入端的联系。

【例 5-1】判断图 5-2 所示电路是否存在反馈？

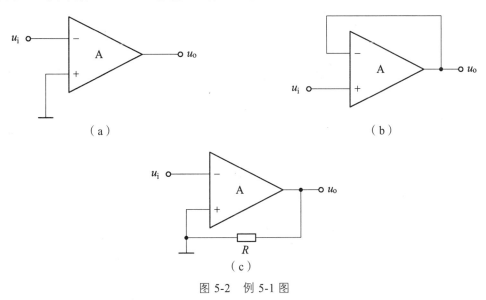

图 5-2　例 5-1 图

　　解：图（a）：只有正向传输，没有反向传输，显然没有联系，无反馈网络。

　　图（b）：将输出电压全部反馈到输入端，有反馈。

　　图（c）：好像是有反馈，但要注意，左端是接地，没有对输入信号产生影响，其实是无反馈。

【例 5-2】判断图 5-3 所示电路是否存在反馈？

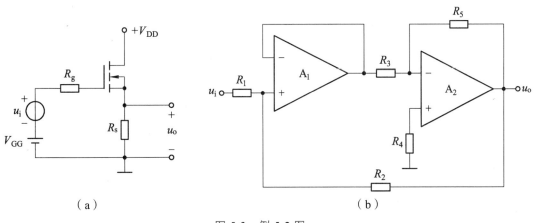

图 5-3　例 5-2 图

　　解：图 5-3（a）的电路中，源极电阻 R_s 既在输入回路又在输出回路，将输出与输入联系起来，因而引入反馈。

　　图 5-3（b）是由两级放大电路组成的电路，第一级输出全部馈送到输入端构成反馈，第二级输出信号通过电阻 R_5 馈送到本级的输入端，同时输出电压通过电阻 R_2 反馈到输入端，

构成级间反馈，同时每一级还有反馈。

5.1.2 反馈的分类

1. 直流反馈与交流反馈

直流通路中存在的反馈称为直流反馈，交流通路中存在的反馈称为交流反馈。

判别直流反馈与交流反馈就是看通路，看反馈是存在于直流通路还是交流通路。

【例 5-3】判断图 5-4 所示反馈是直流反馈还是交流反馈？

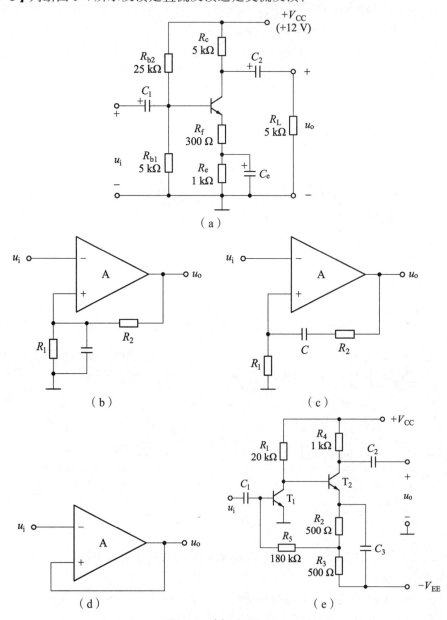

图 5-4 例 5-3 图

解：判断是交流反馈还是直流反馈，分别画出他们的直流通路和交流通路，凡是在直流反馈通路中的就是直流反馈，在交流反馈通路中的就是交流反馈。

图（a）所示电路：在直流通路中，发射极电阻 R_f、R_e 既在输入回路又在输出回路，有直流反馈；在交流通路中，C_e 将电阻 R_e 短路，所以只剩 R_f 既在输入回路又在输出回路，有交流反馈。

图（b）所示电路：电容对交流可以看作短路，对直流可以看作开路，电容和电阻 R_1 并联，交流通路电容对电阻 R_1 短路，所以只有直流反馈。

图（c）所示电路：电容 C 与电阻 R_2 串联，直流断路，只有交流通路，是交流反馈。

图（d）所示电路：通过导线将输出反馈到输入端，交直流通路一样，有交直流反馈。

图（e）所示电路：直流通路中，电容断开，有直流反馈；交流通路中，电容将电阻短路，没有反馈了。

2. 正反馈和负反馈

从反馈的结果来判断，凡反馈的结果使输出量的变化减小的为负反馈，使输出量增大的则为正反馈；或者，凡反馈的结果使净输入量减小的为负反馈，否则为正反馈。净输入量可以是电压，也可以是电流。

如何判别是正反馈还是负反馈呢？通常采用瞬时极性法。即在电路中，给定输入信号的瞬时极性，并以此为依据分析电路中各电流、电位的极性从而得到输出信号的极性；确定净输入量是被增大还是被减小，减小的为负反馈，增加的为正反馈。

【**例 5-4**】判断图 5-5 中电路是正反馈还是负反馈？

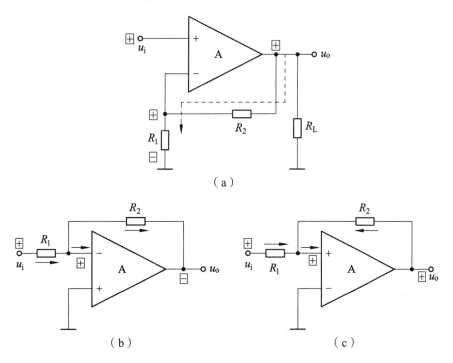

（a）

（b）　　　　　　　　（c）

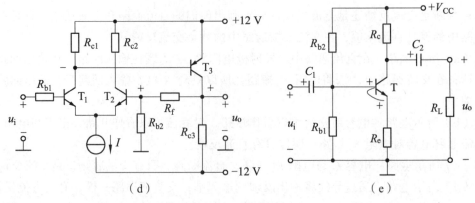

图 5-5　例题 5-4 图

解：图（a）所示电路：假设输入信号 u_i 瞬时极性为正，同相比例输出也为正，反馈电压为正，u_f 等于输出电压对 R_1、R_2 串联 R_1 上分压值。净输入电压等于输入电压减去反馈电压，净输入电压减小，为负反馈。

图（b）所示电路：假设输入信号 u_i 瞬时极性为正，反相比例输出为负，反馈电流按照图中虚线方向，净输入电流等于输入电流减去反馈电流，净输入电流减小，为负反馈。

图（c）所示电路：假设输入信号 u_i 瞬时极性为正，同相比例输出为正，输出电位比输入电位高，反馈电流按照图中箭头方向，净输入电流等于输入电流加上反馈电流，净输入电流增大，为正反馈。

图（d）所示电路：假设输入信号 u_i 瞬时极性为正，T_1 集电极与基极相位相反为负，T_3 的集电极与基极相位相反，为正，经 R_f 反馈到 T_2 基极的电压为正，净输入电压等于输入电压减去反馈电压，净输入电压减小，为负反馈。

图（e）所示电路：假设输入信号 u_i 瞬时极性为正，射极与基极相位相同，为正，净输入信号 u_{be} 等于输入信号电压减去 R_e 上的反馈电压，净输入电压减小，为负反馈。

5.2　交流负反馈的 4 种组态

由于反馈网络在放大电路输出端有电压和电流两种取样方式，在输入端有串联和并联两种连接方式，因此，负反馈放大电路有 4 种基本组态，即电压串联、电压并联、电流串联和电流并联负反馈放大电路。

5.2.1　电压反馈与电流反馈

电压反馈与电流反馈由反馈网络在放大电路输出端的取样对象决定的。如果反馈量取自输出电压，与输出电压成正比，称为电压反馈；如果反馈量取自输出电流，与输出电流成正比，则称为电流反馈。

电压反馈与电流反馈的判断方法：一般可假设将负载短路，即令输出电压为零，如果此时反馈量仍然存在则为电流反馈；如果反馈量为零则为电压反馈。

如图 5-6（a）所示电路，假设将负载短路，就变为图 5-6（b）所示电路，这个电路的反馈量就没有了，所以是电压反馈。

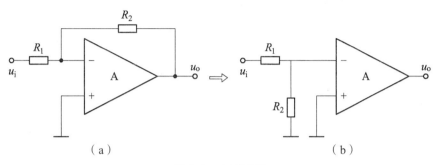

图 5-6　电压反馈

如图 5-7 所示电路中，假设将负载短路，反馈量仅受基极电流控制，仍然存在，故为电流反馈。

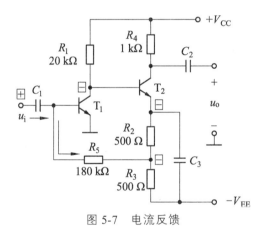

图 5-7　电流反馈

一般来说，反馈信号取自输出的同一节点为电压反馈，取自非输出电压端的为电流反馈。

电压和电流负反馈的重要特征：电压负反馈使输出电压保持稳定，电流负反馈使输出电流保持稳定。

对输出电流或输出电压的稳定作用见仿真视频。

仿真视频：负反馈对
轴出量的作用

5.2.2　串联反馈与并联反馈

根据反馈量与输入量在放大电路输入回路中是以电压量叠加还是以电流量叠加，可以将反馈分为串联反馈和并联反馈。

如果反馈量与输入量在输入回路中以电压形式叠加，称之为串联反馈；如果二者以电流形式叠加，则称之为并联反馈。

如图 5-8（a）所示，反馈信号与输入信号加在同端，反馈量与输入量以电流形式叠加，$i_N = i_I - i_F$，故引入并联反馈。

如图 5-8（b）所示，反馈信号与输入信号加在不同端，反馈量与输入量以电压形式叠加，$u_D = u_i - u_F$，故引入串联反馈。

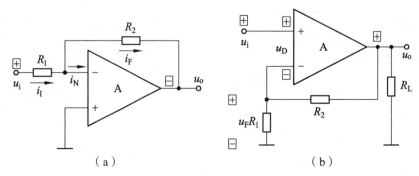

（a）   （b）

图 5-8　串联反馈和并联反馈

一般来说，反馈信号引入到输入端的同一节点为并联反馈，否则为串联反馈。

5.2.3　负反馈放大电路的 4 种组态

1. 电压串联负反馈放大电路

如图 5-9 所示电路中，电阻 R_2 引入一个反馈，反馈电压为输出电压 u_o 在 R_1、R_2 上分压所得，取自输出电压是电压反馈，在输入端反馈信号与输入信号加在不同端，反馈信号串联于输入回路中，反馈信号与输入信号以电压形式叠架，因而是串联反馈。用瞬时极性法判断反馈极性，令 u_i 在某一瞬时的极性为+，经同相比例放大后，u_o 也为+，与 u_o 成正比的 u_f 也为+，于是该放大电路的净输入电压为 $u_D = u_i - u_f$，可见反馈电压削弱了外加输入电压的作用，使放大倍数降低，所以该组态为电压串联负反馈。

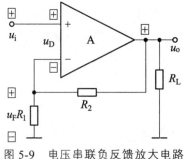

图 5-9　电压串联负反馈放大电路

2. 电压并联负反馈放大电路

如图 5-10 所示，放大电路反馈取自输出电压，是电压反馈，从反馈网络在放大电路输入端的连接方式看，反馈信号与输入信号加在同一端，输入量与反馈量是以电流的形式求和，是并联反馈。根据瞬时极性法，设 u_i 在某一瞬时的极性为+，经反相放大后，u_o 为 −，流经电阻 R_2 的反馈电流 i_F，于是净输入电流为 $i_D = i_I - i_F$，比没有反馈时减小了，故为负反馈，所以该组态为电压并联负反馈。

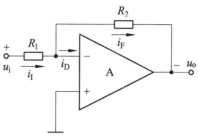

图 5-10 电压并联负反馈放大电路

3. 电流串联负反馈放大电路

如图 5-11 所示电路中 $u_F = i_o R_L$，即反馈电压取自输出电流，为电流反馈；而放大电路的净输入电压 $u_D = u_i - u_F$，说明反馈量与输入量以电压形式叠加，是串联反馈。另外，由瞬时极性法判断该反馈为负反馈，所以该组态为电流串联负反馈。

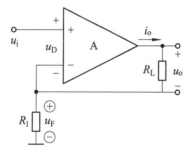

图 5-11 电流串联负反馈放大电路

4. 电流并联负反馈放大电路

如图 5-12 所示，放大电路的电阻 R_1、R_2 构成反馈网络。设 $\dot{U}_s$ 在某一瞬时的极性为+，经反相放大后，u_o 为 −，由此可标出 i_I、i_o、i_F 和 i_D 的瞬时流向，显然 $i_D = i_I - i_F$，故为负反馈。输出信号 $i_o = i_F + i_{R2}$，i_F 是输出电流的一部分，所以是电流反馈，反馈信号与输入信号接至同一节点上，是并联反馈，所以该组态为电流并联负反馈。

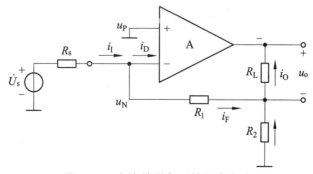

图 5-12 电流并联负反馈放大电路

从取样方式判断是电压还是电流反馈，从反馈量与输入量是否为电压和电流判断是串联还是并联反馈，利用瞬时极性法判断正负反馈。实际中，凡是串联负反馈，反馈信号的极性与输入信号极性都相同，而并联负反馈，反馈信号极性与输入信号都相反，所以满足串联相同并联相反的极性就是负反馈。

5.3　负反馈放大电路增益

5.3.1　负反馈放大电路的一般表达式

放大电路引入负反馈后，净输入减小，增益要发生变化，下面依据负反馈放大电路的组成框图，讨论闭环增益的一般表达式，如图 5-13 所示。

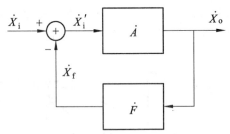

图 5-13　负反馈放大电路的组成框图

已知：开环增益 $\dot{A} = \dfrac{\dot{X}_\text{o}}{\dot{X}_\text{i}'}$，反馈系数 $\dot{F} = \dfrac{\dot{X}_\text{f}}{\dot{X}_\text{o}}$。

因为 $\dot{X}_\text{i}' = \dot{X}_\text{i} - \dot{X}_\text{f}$

所以闭环增益

$$\dot{A}_\text{f} = \frac{\dot{X}_\text{o}}{\dot{X}_\text{i}} = \frac{\dot{X}_\text{o}}{\dot{X}_\text{i}' + \dot{X}_\text{f}} = \frac{\dot{X}_\text{o}}{\dot{X}_\text{o}/\dot{A} + \dot{X}_\text{o}\dot{F}} = \frac{\dot{A}}{1 + \dot{A}\dot{F}} \tag{5-1}$$

即闭环增益的一般表达式为

$$\dot{A}_\text{f} = \frac{\dot{A}}{1 + \dot{A}\dot{F}} \tag{5-2}$$

可以看出，引入负反馈后，放大电路的闭环增益大小与 $1 + \dot{A}\dot{F}$ 有关。$1 + \dot{A}\dot{F}$ 是衡量反馈程度的重要指标，负反馈放大电路的所有性能的改变程度都与 $1 + \dot{A}\dot{F}$ 有关。通常把 $1 + \dot{A}\dot{F}$ 的大小称为反馈深度，而将 $\dot{A}\dot{F}$ 称为环路增益。当放大电路工作在中频段，$\dot{A}$ 和 $\dot{F}$ 不是频率的函数，可以用 A_f、A 和 F 表示。

下面分几种情况对 $\dot{A}_\text{f}$ 的表达式进行讨论。

（1）当 $\left|1+\dot{A}\dot{F}\right|>1$ 时，$\left|\dot{A}_{\mathrm{F}}\right|<\left|\dot{A}\right|$，即引入反馈后，增益下降了，这时反馈是负反馈；

在 $\left|1+\dot{A}\dot{F}\right|\gg1$ 时，$\dot{A}_{\mathrm{f}}\approx\dfrac{1}{\dot{F}}$，说明在深度负反馈条件下，闭环增益几乎取决于反馈系数，而与开环增益的具体数值无关。

（2）当 $\left|1+\dot{A}\dot{F}\right|<1$ 时，$\left|\dot{A}_{\mathrm{F}}\right|>\left|\dot{A}\right|$，这说明已从原来的负反馈变成正反馈。

（3）当 $\left|1+\dot{A}\dot{F}\right|=0$ 时，则 $\left|\dot{A}_{\mathrm{F}}\right|\to\infty$，这就是说，放大电路在没有输入信号时，也会有输出信号，产生了自激振荡，使放大电路不能正常工作。在负反馈放大电路中，自激振荡是要设法消除的。

5.3.2　深度负反馈条件下的近似计算

由于 $\left|1+\dot{A}\dot{F}\right|\gg1$　则

$$\dot{A}_{\mathrm{f}}=\frac{\dot{A}}{1+\dot{A}\dot{F}}\approx\frac{\dot{A}}{\dot{A}\dot{F}}=\frac{1}{\dot{F}} \tag{5-3}$$

即，深度负反馈条件下，闭环增益只与反馈网络有关。

又因为 $\dot{A}_{\mathrm{f}}=\dfrac{\dot{X}_{\mathrm{o}}}{\dot{X}_{\mathrm{i}}}$，将 $\dot{F}=\dfrac{\dot{X}_{\mathrm{f}}}{\dot{X}_{\mathrm{o}}}$ 代入式（5-3），得

$\dot{X}_{\mathrm{f}}\approx\dot{X}_{\mathrm{i}}$，输入量近似等于反馈量。

$X'_{\mathrm{i}}=\dot{X}_{\mathrm{i}}-\dot{X}_{\mathrm{f}}\approx0$，净输入量近似等于零。

由此可得深度负反馈条件下，基本放大电路"两虚"的概念。

串联负反馈，输入端电压叠加，

$$\dot{U}'_{\mathrm{i}}=\dot{U}_{\mathrm{i}}-\dot{U}_{\mathrm{f}}\approx0\ \ 即\ \dot{U}_{\mathrm{i}}\approx\dot{U}_{\mathrm{f}}，为虚短。$$

$$\dot{I}'_{\mathrm{i}}=\frac{U'_{\mathrm{i}}}{R_{\mathrm{i}}}\approx0，虚断。$$

并联负反馈，输入端电流叠加，

$$\dot{I}'_{\mathrm{i}}=\dot{I}_{\mathrm{i}}-\dot{I}_{\mathrm{f}}\approx0\ \ 即\ \dot{I}_{\mathrm{i}}\approx\dot{I}_{\mathrm{f}}，为虚断。$$

$$\dot{U}'_{\mathrm{i}}=\dot{I}'_{\mathrm{i}}R_{\mathrm{i}}\approx0，为虚短。$$

下面我们通过两个实例分析，熟悉下如何运用虚短、虚断概念来近似计算深度负反馈条件下的增益。

【例 5-5】设电路满足深度负反馈条件（见图 5-14），试写出该电路的闭环电压增益表达式。

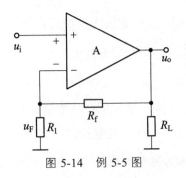

图 5-14   例 5-5 图

解： 电压串联负反馈，根据虚短、虚断概念，则反馈系数

$$F = \frac{u_F}{u_o} = \frac{R_1}{R_1 + R_f}$$

所以，闭环增益

$$A_{uf} = \frac{u_o}{u_i} = \frac{1}{F} = 1 + \frac{R_f}{R_1}$$

实际上该电路就是运算放大电路介绍的同相比例放大电路，该结果与后面所得结果相同。

【**例 5-6**】设电路满足深度负反馈条件（见图 5-15），试写出该电路的闭环电压增益表达式。

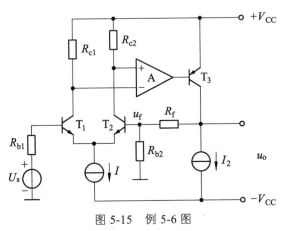

图 5-15   例 5-6 图

解： 电压串联负反馈，根据虚短、虚断概念。

$$u_i = u_f, \quad u_f = \frac{R_{b2}}{R_{b2} + R_f} u_o$$

所以，闭环电压增益 $A_{uf} = \dfrac{u_o}{u_i} = \dfrac{1}{F} = 1 + \dfrac{R_f}{R_{b2}}$

5.4　负反馈对放大电路性能的影响

放大电路引入负反馈后，虽然放大倍数有所下降，但是能从多方面改善放大电路的性能。

5.4.1　提高增益的稳定性

放大电路引入负反馈后得到最直接、最显著的效果就是提高增益的稳定性。电压负反馈能使输出电压维持基本稳定，电流负反馈能使输出电流维持基本稳定。现分析引入负反馈后稳定放大倍数的原理。

闭环时 $\dot{A}_f = \dfrac{\dot{A}}{1+\dot{A}\dot{F}}$ ，只考虑幅值有 $A_f = \dfrac{A}{1+AF}$

对 A 求导得 $\dfrac{dA_f}{dA} = \dfrac{1}{(1+AF)^2}$ ，有

$$\frac{dA_f}{A_f} = \frac{1}{1+AF} \cdot \frac{dA}{A} \tag{5-4}$$

由此说明，负反馈放大电路的闭环放大倍数 A_f 的相对变化量等于无反馈时开环放大倍数 A 的相对变化量的 $1/(1+AF)$。换句话说，引入负反馈后，放大倍数下降为原来的 $1/(1+AF)$，但放大倍数的稳定性提高了（$1+AF$）倍。

另一方面，在深度负反馈条件下 $\dot{A}_f \approx \dfrac{1}{\dot{F}}$ ，即闭环增益只取决于反馈网络。当反馈网络由稳定的线性元件组成时，闭环增益将有很高的稳定性。

负反馈的组态不同，稳定的增益不同（A_{uf}、A_{rf}、A_{gf}、A_{if}）。

5.4.2　减小非线性失真

由于放大器件特性曲线的非线性，当输入信号为正弦波时，输出信号的波形可能不再是一个真正的正弦波，而将产生或多或少的非线性失真。当信号幅度比较大时，非线性失真更为严重。引入负反馈后，可使这种非线性失真减小。

图 5-16 中，曲线 1 是电压放大电路开环传输特性曲线，曲线的斜率变化反映了放大倍数随输入信号的大小而变化，u_o 与 u_i 之间的这种非线性关系，是放大电路产生非线性失真的来源。

曲线 2 是深度负反馈条件 $\dot{A}\dot{F}$ 远大于 1 下，反馈放大电路的闭环放大倍数 $\dot{A}_f = 1/\dot{F}$，表明，反馈放大电路中，闭环放大倍数与开环放大倍数无关，近似为一条直线。

在同一输出电压幅度下，虽然曲线 2 的斜率比曲线 1 的斜率小，即闭环放大倍数比开环的小，但放大倍数因输入信号的大小而改变的程度却大大减小。说明 u_o 与 u_i 之间为线性关系，

减小了非线性失真。

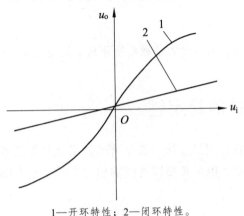

1—开环特性；2—闭环特性。

图 5-16　放大电路的传输特性

需要说明的是，负反馈减小非线性失真，是指反馈环内的失真，如果输入波形本身就是失真的，即使引入负反馈，也无济于事。

5.4.3　抑制反馈环内噪声

当放大电路受到干扰时，也可以通过负反馈进行抑制。为抑制噪声电压 $\dot{U}_{\mathrm{n}}$ 的影响，在图 5-17 中增加了一个无噪声的前置放大级，这时构成的负反馈电路的信噪比，即

$$\frac{S}{N} = \frac{\left|\dot{U}_{\mathrm{s}}\right|}{\left|\dot{U}_{\mathrm{n}}\right|} \tag{5-5}$$

增加一前置级 $\dot{A}_{\mathrm{u2}}$ 并认为该级为无噪声的，输出电压为

$$\dot{U}_{\mathrm{o}} = \dot{U}_{\mathrm{s}} \frac{\dot{A}_{\mathrm{u1}}\dot{A}_{\mathrm{u2}}}{1 + \dot{A}_{\mathrm{u1}}\dot{A}_{\mathrm{u2}}\dot{F}} + \dot{U}_{\mathrm{n}} \frac{\dot{A}_{\mathrm{u1}}}{1 + \dot{A}_{\mathrm{u1}}\dot{A}_{\mathrm{u2}}\dot{F}} \tag{5-6}$$

此时系统的信噪比 $\dfrac{S}{N} = \dfrac{\left|\dot{U}_{\mathrm{s}}\right|}{\left|\dot{U}_{\mathrm{n}}\right|}\left|\dot{A}_{\mathrm{u2}}\right|$，比原有的信噪比提高了 $\left|\dot{A}_{\mathrm{u2}}\right|$ 倍。例如，一台扩音机的功率输出级常有交流声，来源于电源 50 Hz 的干扰。其前置级或电压放大级，由稳定的直流电源供电，噪声或干扰较小，当对整个系统的后面几级外加一负反馈环时，对改善系统的信噪比具有明显的效果。

需要指出的是，负反馈只能抑制反馈环内的噪声，如果干扰和信号同时混入，引入负反馈也无法抑制干扰。

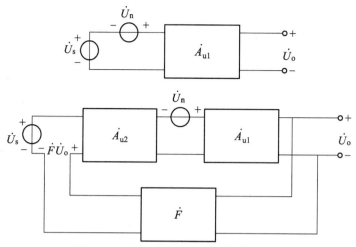

图 5-17　负反馈抑制反馈环内噪声原理

5.4.4　对输入电阻和输出电阻的影响

在不同组态的负反馈放大电路中，负反馈对输入输出电阻的影响是不同的。

1. 对输入电阻的影响

串联负反馈将增大输入电阻，而并联负反馈将减小输入电阻。如图 5-18 所示，这是一个串联负反馈放大电路示意图。

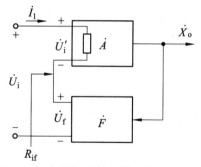

图 5-18　串联负反馈对输入电阻的影响

开环输入电阻为

$$R_i = \frac{U_i^{'}}{I_i} \tag{5-7}$$

引入串联负反馈后

$$R_{if} = \frac{U_i}{I_i} = \frac{U_i^{'} + U_f}{I_i} = \frac{U_i^{'} + AFU_i^{'}}{I_i} \tag{5-8}$$

$$R_{if} = (1 + AF)R_i \tag{5-9}$$

由此可见引入串联负反馈后，输入电阻增大了（$1+AF$）倍。

如图 5-19 所示，这是一个并联负反馈放大电路示意图。

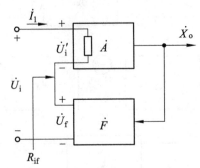

图 5-19　并联负反馈对输出电阻的影响

开环输入电阻为

$$R_i = \frac{\dot{U}_i}{\dot{I}'_i} \tag{5-10}$$

引入负反馈后

$$R_{if} = \frac{\dot{U}_i}{\dot{I}_i} = \frac{\dot{U}_i}{\dot{I}'_i + \dot{I}_f} = \frac{\dot{U}_i}{\dot{I}'_i + \dot{A}\dot{F}\dot{I}'_i} \tag{5-11}$$

$$R_{if} = \frac{R_i}{1+\dot{A}\dot{F}} \tag{5-12}$$

所以引入并联负反馈后，输入电阻是无负反馈时的 $1/$（$1+\dot{A}\dot{F}$）。

2. 对输出电阻的影响

输出电阻是从放大电路输出端看进去的等效电阻。电压负反馈和电流负反馈对输出电阻的影响是不同的，电压负反馈将减小输出电阻，电流负反馈将增大输出电阻。

电压负反馈能使放大电路的输出电压趋于稳定，使输出电阻减小。如图 5-20 所示，R_o 是放大电路的开环输出电阻，$\dot{A}$ 是放大电路在负载开路时的增益，令输入信号源为零，负载开路，在输出端加一测试电压 $\dot{U}_o$，则闭环输出电阻为

忽略反馈网络对 $\dot{I}_o$ 的分流

$$R_{of} = \frac{\dot{U}_o}{\dot{I}_o} = \frac{\dot{U}_o}{\dfrac{\dot{U}_o - (-\dot{A}\dot{F}\dot{U}_o)}{R_o}} \tag{5-13}$$

$$R_{of} = \frac{R_o}{1+\dot{A}\dot{F}} \tag{5-14}$$

引入电压负反馈后，输出电阻为开环输出电阻的 $1/(1+\dot{A}\dot{F})$。无论是电压串联负反馈还是电压并联负反馈均如此。

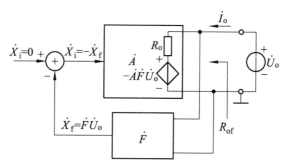

图 5-20　电压负反馈对输出电阻的影响

电流负反馈的作用是稳定输出电流,使其输出电阻增大。如图 5-21 所示,R_o 是放大电路的开环输出电阻,$\dot{A}$ 是放大电路在负载开路时的增益,令输入信号源为零,负载开路,在输出端加一测试电压 $\dot{U}_o$,则

$$\dot{I}_o = \frac{\dot{U}_o}{R_o} + (-\dot{A}\dot{F}\dot{I}_o) \tag{5-15}$$

$$\dot{I}_o = \frac{\dfrac{\dot{U}_o}{R_o}}{1 + \dot{A}\dot{F}} \tag{5-16}$$

则闭环输出电阻为

$$R_{of} = (1 + \dot{A}\dot{F})R \tag{5-17}$$

引入电流负反馈后,输出电阻是开环输出电阻的 $(1 + \dot{A}\dot{F})$ 倍。无论是电流串联负反馈还是电流并联负反馈均如此。

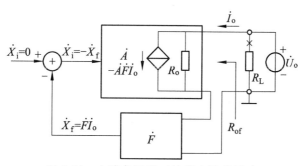

图 5-21　电流负反馈对输出电阻的影响

注意:反馈对输出电阻的影响仅限于环内,对环外不产生影响。

综上所述,关于负反馈对放大电路输入输出电阻的影响,可归纳以下几点。

(1)串联负反馈使输入电阻增大;并联负反馈使输入电阻减小。

(2)电压负反馈使输出电阻减小;电流负反馈使输出电阻增大。

(3)负反馈对输入输出电阻影响的程度,均与反馈深度 $(1 + \dot{A}\dot{F})$ 有关,或增大为原来的 $(1 + \dot{A}\dot{F})$ 倍,或减小为原来的 $1/(1 + \dot{A}\dot{F})$。

5.4.5　展宽通频带

频率响应是放大电路的重要特征，而通频带是它的重要技术指标。引入负反馈后可以改善放大电路的频率特性，展宽放大电路的通频带。为了使问题简化，设反馈网络由纯电阻组成，即反馈系数为与信号频率无关的实数，而且设放大电路在高频区和低频区各有一个极点。放大电路的高频段增益为

$$\dot{A}_{\mathrm{H}} = \frac{\dot{A}_{\mathrm{m}}}{1 + \mathrm{j}\dfrac{f}{f_{\mathrm{H}}}} \tag{5-18}$$

式中，$\dot{A}_{\mathrm{m}}$ 和 f_{H} 分别为开环放大电路的中频放大倍数和上限截止频率。

引入负反馈后，高频段增益为

$$\dot{A}_{\mathrm{Hf}} = \frac{\dot{A}_{\mathrm{H}}}{1 + \dot{A}_{\mathrm{H}}\dot{F}} == \frac{\dot{A}_{\mathrm{m}}}{1 + \mathrm{j}\dfrac{f}{f_{\mathrm{H}}} + \dot{A}_{\mathrm{m}}F} = \frac{\dfrac{\dot{A}_{\mathrm{m}}}{1 + \dot{A}_{\mathrm{m}}F}}{1 + \dfrac{f}{(1 + \dot{A}_{\mathrm{m}}F)f_{\mathrm{H}}}} = \frac{\dot{A}_{\mathrm{mf}}}{1 + \mathrm{j}\dfrac{f}{f_{\mathrm{Hf}}}} \tag{5-19}$$

式中，$\dot{A}_{\mathrm{mf}} = \dfrac{\dot{A}_{\mathrm{m}}}{1 + \dot{A}_{\mathrm{m}}F}$ 为中频区增益 $f_{\mathrm{Hf}} = (1 + \dot{A}_{\mathrm{m}}F)f_{\mathrm{H}}$ 为闭环上限频率。

可见，引入负反馈后，中频放大倍数减小了，是开环时的 $1/(1 + \dot{A}_{\mathrm{m}}F)$，而上限频率提高了，等于开环时的 $(1 + \dot{A}_{\mathrm{m}}F)$ 倍。

同样的方法，假设开环时的下限频率为 f_{L}，得到引入负反馈后的下限频率为

$$f_{\mathrm{Lf}} = \frac{f_{\mathrm{L}}}{(1 + \dot{A}_{\mathrm{m}}F)} \tag{5-20}$$

这说明，引入负反馈后，下限频率减小了，等于开环时 $1/(1 + \dot{A}_{\mathrm{m}}F)$。

开环时，$B_{\mathrm{W}} = f_{\mathrm{H}} - f_{\mathrm{L}} \approx f_{\mathrm{H}}$。

引入负反馈后，$BW_1 = f_{\mathrm{Hf}} - f_{\mathrm{Lf}} \approx f_{\mathrm{Hf}} = (1 + \dot{A}_{\mathrm{m}}F)BW$。

这表明，引入负反馈后，放大电路的通频带展宽了 $(1 + \dot{A}_{\mathrm{m}}F)$ 倍，但同时中频放大倍数下降为 $1/(1 + \dot{A}_{\mathrm{m}}F)$。因此，中频放大倍数与通频带的乘积，也就是增益带宽积将基本不变。

5.5　负反馈放电路的稳定问题

我们已经知道，负反馈放大电路许多性能的改善与反馈深度的数值 $1 + \dot{A}\dot{F}$ 有关。一般来说，负反馈是深度越深，改善的效果越显著。然而，对于多级负反馈放大电路而言，负反馈过深可能会出现，在放大电路的输入端不加信号的情况下，其输出端也会有某个特定频率和幅度的输出信号，即放大电路产生自激振荡而不能稳定地工作。

5.5.1 负反馈放大电路自激振荡

前面讲的负反馈放大电路都是假定其工作在中频区，这时电路中各电抗性元件的影响可以忽略。按照负反馈的定义，引入负反馈后，净输入信号 $\dot{X}_i'$ 在减小，因此，$\dot{X}_f$ 与 $\dot{X}_i$ 必须是同相的，即有 $\varphi_A + \varphi_F = 2n\pi$，n = 0，1，2…（$\varphi_A$、$\varphi_F$ 分别是 $\dot{A}$、$\dot{F}$ 的相角）。

可是，在高频区或低频区时，电路中各种电抗性元件的影响不能再被忽略。$\dot{A}$、$\dot{F}$ 是频率的函数，因而 $\dot{A}$、$\dot{F}$ 的幅值和相位都会随频率而变化。在低频段，因为耦合电容、旁路电容的影响，$\dot{A}\dot{F}$ 的相位将超前；在高频段，因为半导体元件极间电容的存在，$\dot{A}\dot{F}$ 的相位将滞后。相位的改变，使 $\dot{X}_f$ 和 $\dot{X}_i$ 必不再同相，产生了附加相移（$\Delta\varphi_A + \Delta\varphi_F$）。可能在某一频率下，$\dot{A}$、$\dot{F}$ 的附加相移达到 π 即 $\varphi_A + \varphi_F = (2n+1)\pi$，这时，$\dot{X}_f$ 与 $\dot{X}_i$ 必然由中频区的同相变为反相，使放大电路的净输入信号由中频时的减小而变为增加，放大电路就由负反馈变成了正反馈。当正反馈较强以 $\dot{X}_i' = -\dot{X}_f = -\dot{A}\dot{F}\dot{X}_i'$，也就是 $\dot{A}\dot{F} = -1$ 时，即使输入端不加信号（$\dot{X}_i = 0$），输出端也会产生输出信号，电路产生自激振荡。这时，电路失去正常的放大作用而处于一种不稳定的状态（见图 5-22）。

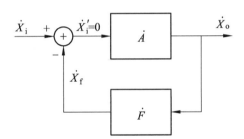

图 5-22　负反馈放大电路的自激

由上面的分析可知，负反馈放大电路产生自激振荡的条件是环增益，即

$$\dot{A}\dot{F} - -1 \tag{5-21}$$

写成模和辐角形式，即

$$\left|\dot{A}\dot{F}\right| = 1 \tag{5-22}$$

$$\varphi_A + \varphi_F = (2n+1)\pi \tag{5-23}$$

式（5-22）、式（5-23）称为负反馈放大电路产生自激振荡的幅值条件和相位条件，只要同时满足这两个条件，负反馈放大电路就会产生自激振荡。

根据自激振荡的条件，可以对反馈放大电路的稳定性进行定性分析。

设反馈放大电路采用直接耦合方式，且反馈网络的纯电阻构成，$\dot{F}$ 为实数。那么，这种类型的电路只有可能产生高频段的自激振荡，而且附加相移只可能由基本放大电路产生。

对于单管放大电路，$f \to \infty$ 时，附加相移 $\varphi'_A \to -90°$，$|\dot{A}| \to 0$，因没有满足相位条件的频率，故引入负反馈后不可能振荡。

对于两级放大电路，$f \to \infty$ 时，附加相移 $\varphi'_A \to -180°$，$|\dot{A}| \to 0$，因没有满足幅值条件的频率，故引入负反馈后不可能振荡。

对于三级放大电路，$f \to \infty$ 时，附加相移 $\varphi'_A \to -270°$，$|\dot{A}| \to 0$，对于产生 $-180°$ 附加相移的信号频率，有可能满足起振条件，故引入负反馈后可能振荡。三级或三级以上的直接耦合放大电路引入负反馈后有可能产生高频振荡。

与上述分析相类似，放大电路中耦合电容、旁路电容等为三个或三个以上的放大电路，引入负反馈后有可能产生低频振荡。

5.5.2　负反馈放大电路稳定性分析

环路放大倍数 $\dot{A}\dot{F}$ 越大，越容易满足起振条件，闭合后越容易产生自激振荡。

工程上常用环路增益 $\dot{A}\dot{F}$ 的波特图分析负反馈放大电路能否稳定地工作。

使环路增益下降到 $20\lg|\dot{A}\dot{F}| = 0$ dB 的频率，记作 f_c；使 $\varphi_A + \varphi_F = (2n+1)\pi$ 的频率，记作 f_0。

在图 5-23（a）中，当 $f = f_0$，即 $\varphi_A + \varphi_F = -180°$ 时，有 $20\lg|\dot{A}\dot{F}| > 0$ dB，即 $|\dot{A}\dot{F}| > 1$，说明相位条件和幅值条件同时能满足。同样，当 $f = f_c$，即 $20\lg|\dot{A}\dot{F}| = 0$ dB，$|\dot{A}\dot{F}| = 1$ 时，有 $|\varphi_A + \varphi_F| > 180°$。所以，具有这样环路增益频率特性的负反馈放大电路会产生自激振荡，不能稳定地工作。

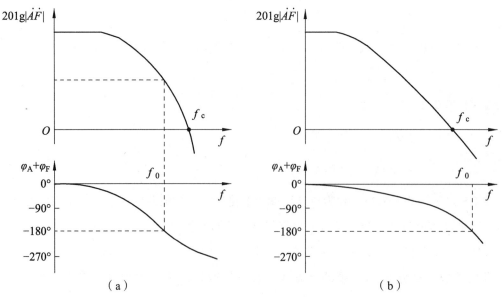

图 5-23　负反馈放大电路的环路增益特性

在图 5-23（b）中，当 $f=f_o$，即 $|\varphi_A+\varphi_F|=-180°$ 时，有 $20\lg|\dot{A}\dot{F}|<0$ dB，即 $|\dot{A}\dot{F}|<1$；而当 $f=f_c$，$20\lg|\dot{A}\dot{F}|=0$ dB，即 $|\dot{A}\dot{F}|=1$ 时，有 $|\varphi_A+\varphi_F|<180°$。说明相位条件和幅值条件不会同时满足。具有这样环路增益频率特性的负反馈放大电路是稳定的，不会产生自激振荡。

综上所述，由环路增益的频率特性判断负反馈放大电路是否稳定的方法是：比较 f_o 与 f_c 的大小。若 $f_o>f_c$，则电路稳定；若 $f_o<f_c$，则电路会产生自激振荡。

根据上面讨论的负反馈放大电路稳定的分析可知，只要满足稳定条件，电路就能稳定，但为了使电路在环境温度、电路参数及电源等因素在一定范围内发生变化时还能够稳定，规定设计电路时应具有一定的稳定裕度，包括增益裕度和相位裕度。

1. 增益裕度 G_m

当负反馈放大电路稳定工作时，将 $f=f_o$ 时的 $20\lg|\dot{A}\dot{F}|$ 的值定义为增益裕度 G_m，即

$$G_m=20\lg|\dot{A}\dot{F}| \qquad (5-24)$$

对于稳定的负反馈放大电路（见图 5-24），G_m 应为负值，G_m 负值越大，表示负反馈放大电路越稳定。一般要求 $G_m \leqslant -10$ dB，保证电路有足够的增益裕度。

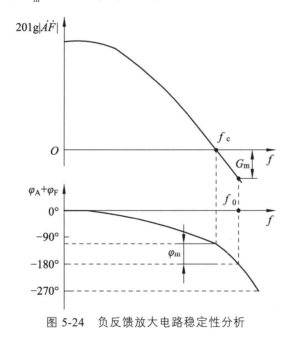

图 5-24 负反馈放大电路稳定性分析

2. 相位裕度 φ_m

当负反馈放大电路稳定工作时，也可以用相位裕度描述负反馈放大电路的稳定性。相位裕度 φ_m 的定义为

$$\varphi_m=180-|\varphi_A-\varphi_F|\big|_{f_0=f_c} \qquad (5-25)$$

负反馈放大电路稳定工作时，φ_m 应为正值，φ_m 越大，表示负反馈放大电路越稳定。一般要求 $\varphi_m \geqslant 45°$，保证电路有足够的增益裕度。

对于三级或更多级的放大电路来说，为了避免产生自激振荡，保证电路稳定工作，通常采取适当的补偿措施来破坏产生自激振荡的幅度条件和相位条件。通常的办法是在反馈环路内增加一些含电抗元件的电路，从而改变 $\dot{A}\dot{F}$ 的频率特性，破坏自激振荡的条件，这种办法称为频率补偿法。频率补偿的形式很多，常用的是滞后补偿。

比较简单的滞后补偿是在反馈环内的基本放大电路中插入一个含有电容 C 的电路，如图 5-25 所示，使开环增益 $\dot{A}_1$ 的相滞后，从而破坏自激振荡的条件，从而达到稳定负反馈放大电路的目的。

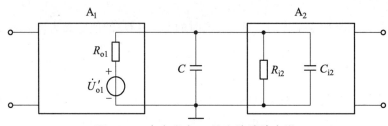

图 5-25　含有电容 C 的电路消除自激

电容滞后补偿虽然可以消除自激振荡，但使通频带变得太窄。图 5-26 采用 RC 滞后补偿不仅可以消除自激振荡，而且可使带宽得到一定的改善。

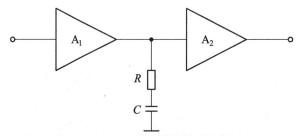

图 5-26　RC 滞后补偿消除自激振荡

除了以上介绍的电容补偿和 RC 补偿外，还有很多其他的校正方法，如改变负反馈放大电路中环路增益 $|\dot{A}\dot{F}| = 0$ dB 点的相位，使之超前，也能破坏其自激振荡的条件，超前补偿法等。大家如有兴趣可参阅其他文献。

本章小结

1. 反馈的概念及分类

在电子电路中，将输出量（输出电压或输出电流）的一部分或全部通过一定的电路形式作用到输入回路，用来影响其输入量（放大电路的输入电压或输入电流）的措施称为反馈。

在分析反馈放大电路时，"有无反馈"决定于输出回路是否存在反馈通路。若反馈存在于直流通路，则称之为直流反馈；若反馈存在于交流通路，则称之为交流反馈。若反馈的结果使输出量的变化（或净输入量）减小，则称之为负反馈；反之，则称之为正反馈。"正、负反馈"用瞬时极性法来判断。

2. 交流负反馈的 4 种组态

交流负反馈有 4 种组态：电压串联负反馈、电压并联负反馈、电流串联负反馈，电流并联负反馈。反馈量取自输出电压的称为电压反馈；反馈量取自输出电流的称为电流反馈；若输入量 $\dot{X}_i$、反馈量 $\dot{X}_f$ 和净输入量 $\dot{X}_i'$ 以电压形式相叠加，即 $\dot{U}_i = \dot{U}_i' + \dot{U}_f$，则称为串联反馈；以电流形式相叠加，即 $\dot{I}_i = \dot{I}_i' + \dot{I}_f$，则称为并联反馈。反馈组态不同，$\dot{X}_i$、$\dot{X}_f$、$\dot{X}_i'$、$\dot{X}_o$ 的量纲也就不同。

3. 负反馈放大电路的增益

负反馈放大电路放大倍数的一般表达式为 $\dot{A}_f = \dfrac{\dot{A}}{1 + \dot{A}\dot{F}}$，若 $\left| 1 + \dot{A}\dot{F} \right| \gg 1$ 时，即在深度负反馈条件下，$\dot{A}_f \approx \dfrac{1}{\dot{F}}$。若电路引入深度串联负反馈，则 $\dot{U}_i \approx \dot{U}_f$；若电路引入深度并联负反馈，则 $\dot{I}_i \approx \dot{I}_f$。利用 $\dot{A}_f \approx \dfrac{1}{\dot{F}}$ 可以求出 4 种反馈组态放大电路的电压放大倍数 $\dot{A}_{uf}$。

4. 负反馈对放大电路性能影响

引入交流负反馈后可以提高放大倍数的稳定性、改变输入电阻和输出电阻、展宽频带、减小非线性失真等。引入不同组态负反馈对放大电路性能的影响不尽相同，在实用电路中应根据需求引入合适组态的负反馈。

5. 负反馈放电路的稳定问题

负反馈放大电路的级数愈多，反馈愈深，产生自激振荡的可能性愈大，因此实用的负反馈放大电路以三级最常见。在已知环路增益的波特图的情况下，可以根据 f_o 和 f_c 的关系判断电路的稳定性，若 $f_o < f_c$，则电路不稳定，会产生自激振荡；若 $f_o > f_c$，则电路稳定，不会产生自激振荡。为使电路具有足够的稳定性，幅值裕度应小于 – 10 dB，相位裕度应大于 45°。若负反馈放大电路产生了自激振荡，则应在电路中合适的位置加小容量电容或电阻和电容来消振。

习　题

1. **选择题**

（1）直流负反馈是指（　　　）。

　　A. 直接耦合放大电路中所引入的负反馈

    B. 只有放大直流信号时才有的负反馈

    C. 在直流通路中的负反馈

（2）对于放大电路，所谓开环是指（　　）。

    A. 无信号源　　　　　　　B. 无反馈通路

    C. 无电源　　　　　　　　D. 无负载

对于放大电路，而所谓闭环是指（　　）。

    A. 考虑信号源内阻　　　　B. 存在反馈通路

    C. 接入电源　　　　　　　D. 接入负载

（3）在输入量不变的情况下，若引入反馈后（　　），则说明引入的反馈是负反馈。

    A. 输入电阻增大　　　　　B. 输出量增大

    C. 净输入量增大　　　　　D. 净输入量减小

（4）交流负反馈是指（　　）。

    A. 阻容耦合放大电路中所引入的负反馈

    B. 只有放大交流信号时才有的负反馈

    C. 在交流通路中的负反馈

（5）为了将电压信号转换成与之成比例的电流信号，应在放大电路中引入（　　）。

    A. 电压并联负反馈

    B. 电压串联负反馈

    C. 电流串联负反馈

    D. 电流并联负反馈

（6）电压串联负反馈的作用是（　　）。

    A. 稳定静态工作点

    B. 稳定输出电压

    C. 减小输入电阻

    D. 增大输出电阻

（7）为了实现下列目的，应引入（　　）。

    A. 直流负反馈　　　　　　B. 交流负反馈

    ① 为了稳定静态工作点，应引入（　　）；

    ② 为了稳定放大倍数，应引入（　　）；

    ③ 为了改变输入电阻和输出电阻，应引入（　　）；

    ④ 为了抑制温漂，应引入（　　）；

    ⑤ 为了展宽频带，应引入（　　）。

2. 基础题

（1）判断图 5-27 所示各电路中是否引入了反馈；若引入了反馈，则判断是正反馈还是负反馈，是直流反馈还是交流反馈；若引入了交流负反馈，则判断是哪种组态的负反馈，设图中所有电容对交流信号均可视为短路。

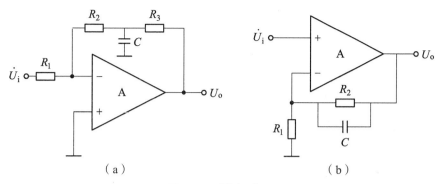

图 5-27 题（1）图

（2）判断图 5-28 所示各电路中是否引入了反馈。若引入了反馈，则判断是正反馈还是负反馈；若引入了交流负反馈，则判断是哪种组态的负反馈，并求出反馈系数和深度负反馈条件下的电压放大倍数 $\dot{A}_{uf}$ 或 $\dot{A}_{usf}$，设图中所有电容对交流信号均可视为短路。

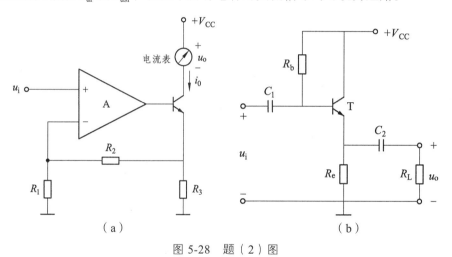

图 5-28 题（2）图

（3）已知电路如图 5-29 所示，集成运放为理想运放。试求解各电路的电压放大倍数。

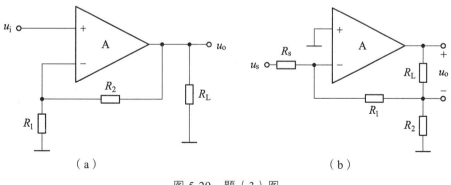

图 5-29 题（3）图

（4）图 5-30（a）所示放大电路环路增益的对数幅频特性如图 5-30（b）所示。试问：

① 判断该电路是否会产生自激振荡，简述理由。

② 若电路产生了自激振荡，则应采取什么措施消振？要求在图 5-30（a）中画出来。

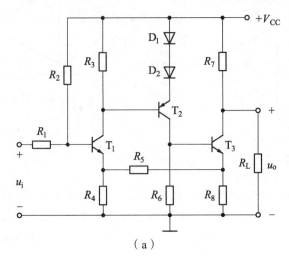

（a）

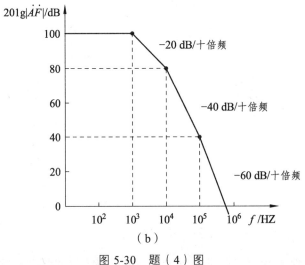

（b）

图 5-30 题（4）图

（5）某负反馈放大电路的基本放大电路的对数幅频特性如图 5-31 所示，其反馈网络由纯电阻组成。试问：若要求电路不产生自激振荡，则反馈系数的上限值为多少分贝？简述理由。

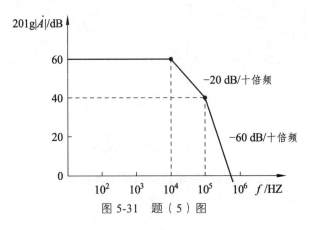

图 5-31 题（5）图

（6）电路如图 5-32 所示，试合理连线，引入合适组态的反馈，分别满足下列要求。

（a）减小放大电路从信号源索取的电流，并增强带负载能力；

（b）减小放大电路从信号源索取的电流，稳定输出电流。

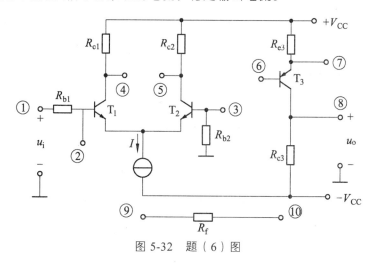

图 5-32 题（6）图

（7）已知一个电压串联负反馈放大电路的电压放大倍数 $A_{uf} = 20$，其基本放大电路的电压放大倍数 A_u 的相对变化率为 1% 时 A_{uf} 的相对变化率为 0.01%，求出 F 和 A_u 各为多少；并以集成运放为放大电路画出电路图来，标注出各电阻值。

（8）已知负反馈放大电路的

$$\dot{A} = \frac{10^4}{\left(1 + j\dfrac{f}{10^4}\right)\left(1 + j\dfrac{f}{10^5}\right)^2}$$

试分析:为了使放大电路能够稳定工作（即不产生自激振荡），反馈系数的上限值为多少？

（9）以集成运放作为放大电路，引入合适的负反馈，分别达到下列目的，要求画出电路图。

① 实现电流-电压转换电路。

② 实现电压-电流转换电路。

第 5 章　习题答案

1. 选择题

（1）C　　（2）B　　（3）D　　（4）C　　（5）C

（6）B　　（7）ABBAB

2. 基础题

（1）解：在图（a）中，R_2 和 R_3，把输出端与集成运放的反相输入端连接起来，故电路中引入了反馈；在其交流通路中将电容 C 短路，如图 5-33（a）所示，R_2 和 R_3 分别接在集成运放的输入端和输出端，无反馈通路；故电路中只引入了直流反馈，没有交流反馈。断开电容 C 就得到直流通路，若输出端电位由于某种原因升高，集成运放反相输入端电位将随之升高，则使输出端电位降低，说明电路引入的是直流负反馈。

在图（b）中，断开电容 C 就得到直流通路，输出端电位通过 R_2，作用于反相输入端，故电路引入了直流负反馈。将电容 C 短路就得到其交流通路，如图 5-33（b）所示，输出电压全部作为反馈电压作用于反相输入端，故电路引入了交流负反馈，且为串联负反馈；令 $\dot{U} = 0$，则 $\dot{U}_f = 0$，故电路引入了电压负反馈。因此，该电路既引入了直流负反馈又引入了电压串联交流负反馈。

视频：题（1）解答

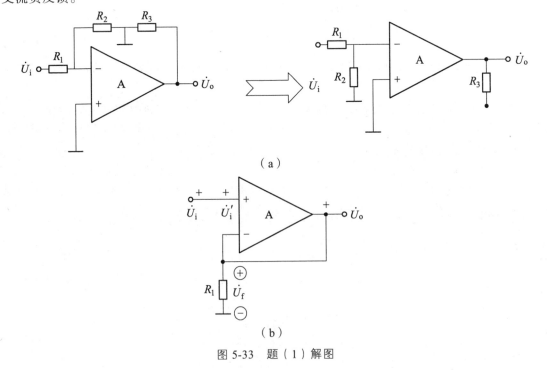

（a）

（b）

图 5-33　题（1）解图

（2）解：根据反馈的判断方法，深度负反馈条件下电压放大倍数的求解方法可得以下结论。

图（a）所示电路中引入了电流串联负反馈。R_1、R_2、R_3 构成反馈网络，i_o 在 R_2 和 R_3 所在回路分流后，在 R_1 上获得反馈电压，利用瞬时极性法判断，输出电流与输入电压符号相同。反馈系数和深度负反馈条件下的电压放大倍数 $\dot{A}_{uf}$ 分别为

$$\dot{F} = \frac{\dot{U}_f}{\dot{I}_o} = \frac{R_1 R_3}{R_1 + R_2 + R_3}$$

$$\dot{A}_{uf} = \frac{\dot{U}_o}{\dot{U}_i} \approx \frac{\dot{I}_o R_L}{\dot{U}_f} = \frac{1}{\dot{F}} R_L = \frac{R_1 + R_2 + R_3}{R_1 R_3} R_L$$

式中，R_L 为电流表的等效电阻。

图（b）所示电路中引入了电压串联负反馈，输出电压全部反馈到输入回路，即 $\dot{U}_f = \dot{U}_o$。因而反馈系数和深度负反馈条件下的电压放大倍数 $\dot{A}_{uf}$ 分别为

$$\dot{F} = \frac{\dot{U}_f}{\dot{U}_o} = 1$$

$$\dot{A}_{uf} = \frac{\dot{U}_o}{\dot{U}_i} \approx \frac{\dot{U}_o}{\dot{U}_f} = 1$$

（3）解：根据反馈的判断方法，图（a）电路中引入了电压串联负反馈，图（b）电路中引入了电流并联负反馈。

设集成运放同相输入端的电位为 u_P，反相输入端的电位为 u_N。

在图（a）电路中，因为 $u_P = u_N = u_1$，且 R_1 和 R_2 的电流相等，所以

视频：题（3）解答

$$u_o = \frac{u_1}{R_1}(R_1 + R_2)$$

$$A_u - \frac{\Delta u_o}{\Delta u_I} = 1 + \frac{R_2}{R_1}$$

在图（b）电路中，因为 $u_P = u_N = 0$，且 R_s 和 R_1 的电流相等，均为 u_s / R_s，所以 R_2 上的电压和电流分别为

$$u_{R2} = -\frac{u_s}{R_s} R_1, \quad i_{R2} = -\frac{u_s R_1}{R_s R_2}$$

负载电流等于 R_1 和 R_2 的电流之和，因此输出电压

$$u_o = (i_{R1} + i_{R2}) R_L = -\left(1 + \frac{R_1}{R_2}\right)\frac{u_s}{R_s} R_L$$

电压放大倍数

$$A_u = \frac{\Delta u_o}{\Delta u_s} = -\left(1 + \frac{R_1}{R_2}\right)\frac{R_L}{R_s}$$

（4）解：① 电路一定会产生自激振荡。由图 5-30 可知，$f_{H1} = 10^3$ Hz，$f_{H2} = 10^4$ Hz，$f_{H3} = 10^5$ Hz；即 $f_{H2} = 10f_{H1}$，$f_{H3} = 10f_{H2}$。根据频率响应的基本知识，在高频段，若 $f = 10f_H$，则附加相移约为 $-90°$。因此，在该电路中，当 $f = 10^3$ Hz 时附加相移为 $-45°$。当 $f = 10^4$ Hz 时，由 f_{H1} 所产生的附加相移约为 $-90°$，由 f_{H2} 所产生的附加相移为 $-45°$，因而总附加相移约为 $-135°$。在 $f = 10^5$ Hz 时，由 f_{H1}、f_{H2} 所产生的附加相移均约为 $-90°$，由 f_{H3} 所产生的附加相移为 $-45°$，因而总附加相移约为 $-225°$。可见，产生 $-180°$ 附加相移的频率在 $10^4 \sim 10^5$ Hz 之间，由图可知，此时 $20\lg|\dot{A}\dot{F}| > 0$ dB，故电路一定会产生自激振荡，不稳定。

② 可在晶体管 T_2 的基极与地之间加消振电容。因为图示电路为三级共射放大电路，每一级晶体管的发射极均接电阻或二极管，故均引入了局部负反馈。由于第二级发射极所接二极管的动态电阻很小，负反馈最弱，故第二级电压放大倍数最大的可能性最大；因而 C'_n 可能最大，即第二级的上限频率可能最低，故可在晶体管 T_2 的基极与地或基极与集电极之间加消振电容。由于该电路没有确切的参数，故上述结论只是按常规推测。若仅从消振的角度出发，而不考虑消振后频带的变化，那么改变哪一级的上限频率都能消振，上述做法不唯一。

（5）解：由图 5-31 可知，增益下降的最大斜率为 -60 dB/十倍频，说明该放大电路有三级，且 $f_{H1} = 10^4$ Hz，$f_{H2} = f_{H3} = 10^5$ Hz；$f_{H2} = 10f_{H1}$。当 $f = 10^5$ Hz 时，由 f_{H1} 所产生的附加相移约为 $-90°$，由 f_{H2}、f_{H3} 所产生的附加相移均约为 $-45°$，因而总附加相移约为 $-180°$。此时，引入负反馈后应使 $20\lg|\dot{A}\dot{F}| < 0$，因为 $20\lg|\dot{A}| = 40$ dB，故要求 $20\lg|\dot{F}| < -40$ dB。

（6）解：图示电路的第一级为差分放大电路，输入电压 u_I，对"地"为"+"时差分管 T_1 的集电极（即④）的电位为"-"，T_2 的集电极（即⑤）的电位为"+"。第二级为共射放大电路，若 T_3 管基极（即⑥）的瞬时极性为"+"，则其集电极（即⑧）的电位为"-"，发射极（即⑦）的电位为"+"；若反之，则⑧的电位为"+"，⑦的电位为"-"

（a）减小放大电路从信号源索取的电流，即增大输入电阻；增强带负载能力，即减小输出电阻；故应引入电压串联负反馈。

因为要引入电压负反馈，所以应从⑧引出反馈；因为要引入串联负反馈，以减小差分管的净输入电压，所以应将反馈引回到③，故而应把电阻 R_f 接在③、⑧之间。R_{b2} 上获得的电压为反馈电压，极性应为上"+"下"-"，即③的电位为"+"。因而要求在输入电压对"地"为"+"时⑧的电位为"+"，由此可推导出⑥的电位为"-"，需将⑥接到④。

结论是，需将③接⑨、⑩接⑧、⑥接④。

（b）减小放大电路从信号源索取的电流，即增大输入电阻；稳定输出电流，即增大输出电阻；故应引入电流串联负反馈。

根据上述分析，R_f 的一端应接在③上；由于需引入电流负反馈，R_f 的另一端应接在⑦上。为了引入负反馈，要求⑦的电位为"+"，由此可推导出⑥的电位为"+"，需将⑥接到⑤。

结论是，需将③接⑨、⑩接⑦、⑥接⑤。

（7）解：先求解 AF，再根据深度负反馈的特点求解 A。

视频：题（7）解答

因为 $AF \approx \dfrac{1\%}{0.01\%} = 100 \gg 1$，所以

$$F \approx \frac{1}{A_f} = \frac{1}{20} = 0.05$$

$$A_u = A = \frac{AF}{F} \approx 2\,000$$

电路如图 5-34 所示。

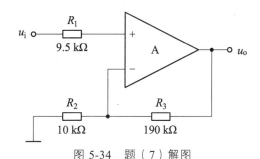

图 5-34 题（7）解图

（8）解：根据放大倍数表达式可知，放大电路中频段增益为 80dB，高频段有三个截止频率，分别为 $f_{H1} = 10^4 \text{Hz}$，$f_{H2} = f_{H3} = 10^5 \text{Hz}$。

因为 $f_{H2} = f_{H3} = 10 f_{H1}$，所以，当 $f = f_{H2} = f_{H3}$ 时，因 f_{H1} 所在回路引起的附加相移约为 $-90°$，增益下降 20dB；因 f_{H2}、f_{H3} 所在回路引起的附加相移各为 $-45°$，增益各下降 3dB；所以 $|\dot{A}|$ 约为 54dB，附加相移约为 $-180°$。为了使 $f = f_{H2} = f_{H3}$ 时的 $20\lg|\dot{A}\dot{F}|$ 小于 0dB，即不满足自激振荡的幅值条件，反馈系数 $20\lg|\dot{F}|$ 的上限值应为 -54dB，即 $\dot{F}$ 的上限值约为 0.002。

（9）解：① 应引入电压并联负反馈；② 应引入电流串联负反馈； 实现①、②的参考电路分别如图 5-35（a）、（b）所示。

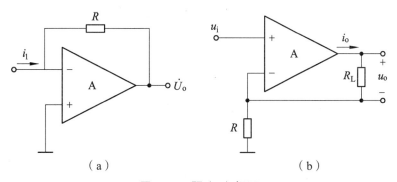

（a）　　　　　　　　　　　　　（b）

图 5-35 题（9）解图

6 集成运算放大电路的应用

集成运算放大电路作为一种通用器件，应用十分广泛，不仅可以构成比例、求和、微分、积分等信号运算电路，还可以构成有源滤波以及电压比较器、正弦波、非正弦波产生等波形发生电路。

教学目标：

（1）掌握比例运算放大电路及其放大倍数的计算。

（2）掌握积分、微分电路及其计算。

（3）了解对数、反对数电路及其计算。

（4）掌握低通、高通有源滤波电路组成及滤波特性。

（5）了解带通、带阻滤波电路的构成及滤波特性。

（6）了解多阶滤波电路的构成及特点。

6.1 比例运算电路

比例运算电路有三种基本形式：反相比例、同相比例及差动比例电路。

6.1.1 反相比例运算电路

如图 6-1 所示的反相比例运算电路中，输入端加在反相输入端，为了使集成运放的两个输入端对地的直流电阻一致，在同相端应接入电阻 R'，且 $R' = R /\!/ R_f$。

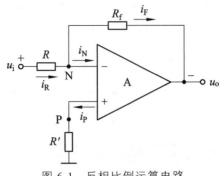

图 6-1 反相比例运算电路

根据理想放大电路工作在线性区"虚断"的概念，有 $i_N = i_P \approx 0$，可知 R' 上没有压降，则 $u_P = 0$。

由"虚短"概念可知，$u_N \approx u_P = 0$，说明两个输入端的电位均为零，如同该两点接地一样，而事实上并没有真正接地故称"虚地"。虚地是反相比例运算电路的重要特征，它表明了运放两个输入端基本没有共模信号电压，因此对集成运放的共模抑制比要求较低。

根据 $i_N = 0$，则 $i_R = i_F$

则

$$\frac{u_i - u_N}{R} = \frac{u_N - u_o}{R_f} \qquad (6\text{-}1)$$

又 $u_N = 0$，所以输出电压与输入电压的关系为

$$u_o = -\frac{R_f}{R} u_i \qquad (6\text{-}2)$$

表明电路的输出电压与输入电压成正比，负号表示输出信号与输入信号反相，故称反相比例运算电路。

由输出电压与输入电压的关系可得

$$A_u = \frac{u_o}{u_i} = -\frac{R_f}{R} \qquad (6\text{-}3)$$

可见反相比例运算电路的电压放大倍数仅由外接电阻 R_f 与 R 之比来决定的，与集成运放参数无关。

由于反相输入端虚地，根据输入电阻的定义可得

$$R_i = \frac{u_i}{i_i} = -\frac{u_i}{u_i / R} = -R \qquad (6\text{-}4)$$

输出电阻 $R_o \rightarrow 0$。

6.1.2 同相比例运算电路

如图 6-2 所示，同相比例运算电路，输入信号通过 R' 接入运放的同相输入端。

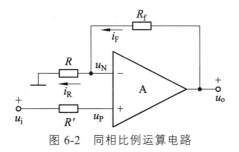

图 6-2 同相比例运算电路

根据"虚短"和"虚断"的概念有

$$u_n \approx u_p = u_i, \quad i_p = -i_n = 0 \tag{6-5}$$

所以 $i_R = i_F$，得

$$u_i = u_n = u_p = \frac{R}{R+R_f}u_o \tag{6-6}$$

整理得

$$u_o = \left(1 + \frac{R_f}{R}\right)u_i \tag{6-7}$$

由此可得，同相比例电压放大倍数为

$$A_u = \frac{u_o}{u_i} = 1 + \frac{R_f}{R} \tag{6-8}$$

表明，输出电压与输入电压成正比，并且相位相同，故称为同相比例运算放大电路。同相比例运算放大电路的放大倍数总是大于1。

输入电阻定义 $R_i = \dfrac{u_i}{i_i}$ ，根据虚断有 $i_i = i_p = 0$ ，所以 $R_i = \dfrac{u_i}{i_i} \to \infty$ 。

输出电阻 $R_o \to 0$ 。

将式 $A_u = \dfrac{u_o}{u_i} = 1 + \dfrac{R_f}{R}$ 中的 $R_f = 0, R = \infty$ ，即 R_f 短路，R 开路，$A_u = 1$ 。

根据虚短和虚断有 $u_o = u_N \approx u_p = u_i$ ，就构成了电压跟随器（见图 6-3）。它的输入电阻 $R_i = \dfrac{u_i}{i_i} \to \infty$ ，输出电阻 $R_o \to 0$ 。故电压跟随器在电路中常作为阻抗变换器或缓冲器。

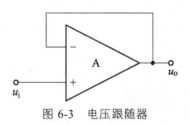

图 6-3　电压跟随器

如图 6-4 所示，当内阻为 $R_s = 100\ \text{k}\Omega$ 的信号源 u_s 直接驱动 $R_L = 1\ \text{k}\Omega$ 的负载时，负载上得到的电压绝大部分降落在信号源内阻上了，输出电压很小，几乎没有输出电压。

$$u_o = \frac{R_L}{R_S + R_L}u_s = \frac{1}{100+1}u_s \approx 0.01u_s$$

如果将电压跟随器串接到信号源和负载之间时，因电压跟随器输入电阻趋近于无穷大，输出电阻趋近于零，有 $u_o = u_N \approx u_p = u_i$ 。当负载变化时，输出电压几乎不变，从而消除了负载变化对输出电压的影响。

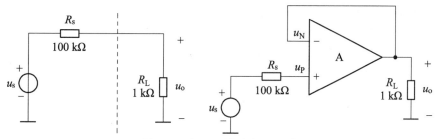

图 6-4 电压跟随器应用电路

【例 6-1】如图 6-5 所示电路中，试计算 u_{o1} 与 u_o 的大小。

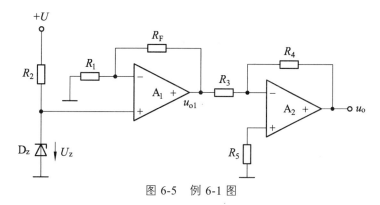

图 6-5 例 6-1 图

解：第一级是同相比例运算电路，加在相同端的输入电压 $u_P = U_z$，所以

$$u_{o1} = \left(1 + \frac{R_F}{R_1}\right)U_z$$

第二级为反相比例运算电路，则运算关系为

$$u_o = -\frac{R_4}{R_3}u_{o1} = -\frac{R_4}{R_3}\left(1 + \frac{R_F}{R_1}\right)U_z$$

6.2 求和求差运算电路

6.2.1 求和运算电路

求和运算电路可以实现多个模拟输入量的相加，分为反相求和电路和同相求和电路。

1. 反相求和电路

图 6-6 所示为反相求和电路。信号从反相端输入，故称为反相求和运算电路，同相端电

阻 R_4 等于反相端电阻 R_1、R_2、R_3 和 R_f 的并联。

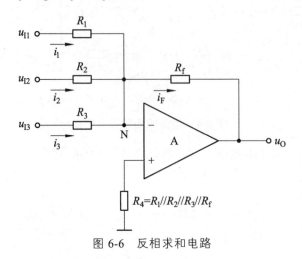

图 6-6 反相求和电路

根据虚短、虚断概念，N 点的节点电流，得

$$u_\mathrm{N} = u_\mathrm{P} = 0 \tag{6-9}$$

$$i_\mathrm{F} = i_\mathrm{R1} + i_\mathrm{R2} + i_\mathrm{R3} = \frac{u_\mathrm{I1}}{R_1} + \frac{u_\mathrm{I2}}{R_2} + \frac{u_\mathrm{I3}}{R_3} \tag{6-10}$$

所以有

$$u_\mathrm{o} = -i_\mathrm{F} R_\mathrm{f} = -R_\mathrm{f} \left(\frac{u_\mathrm{I1}}{R_1} + \frac{u_\mathrm{I2}}{R_2} + \frac{u_\mathrm{I3}}{R_3} \right) \tag{6-11}$$

若 $R_1 = R_2 = R_3 = R$，则有

$$u_\mathrm{o} = -\frac{R_\mathrm{f}}{R} (u_\mathrm{I1} + u_\mathrm{I2} + u_\mathrm{I3}) \tag{6-12}$$

如此就实现了求和运算。

2. 同相求和运算电路

图 6-7 所示为同相求和运算电路。信号从同相端输入，故称为同相求和运算电路，设 $R_1 /\!/ R_2 /\!/ R_3 /\!/ R_4 = R /\!/ R_\mathrm{f}$，利用叠加原理求解。

令 $u_\mathrm{I2} = u_\mathrm{I3} = 0$，求 u_I1 单独作用时的输出电压为

$$u_\mathrm{o1} = \left(1 + \frac{R_\mathrm{f}}{R} \right) \cdot \frac{R_2 \| R_3 \| R_4}{R_1 + R_2 \| R_3 \| R_4} \cdot u_\mathrm{I1} \tag{6-13}$$

同理可得，u_I2、u_I3 单独作用时的 u_o2、u_o3，形式与 u_o1 相同，即

$$
\begin{aligned}
u_\mathrm{o} &= u_\mathrm{o1} + u_\mathrm{o2} + u_\mathrm{o3} \\
&= \left(1 + \frac{R_f}{R} \right) \left[\frac{R_2 /\!/ R_3 /\!/ R_4}{R_1 + R_2 /\!/ R_3 /\!/ R_4} \cdot u_\mathrm{I1} + \frac{R_1 /\!/ R_3 /\!/ R_4}{R_2 + R_1 /\!/ R_3 /\!/ R_4} \cdot u_\mathrm{I2} + \frac{R_1 /\!/ R_2 /\!/ R_4}{R_3 + R_1 /\!/ R_2 /\!/ R_4} \cdot u_\mathrm{I3} \right]
\end{aligned}
$$

（6-14）

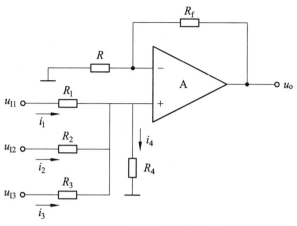

图 6-7 同相求和运算电路

如此就实现了求和运算。但集成运放的同相输入端电压与各个信号源的输入端串联电阻有关，各个信号源互不独立，因此当调节一个支路电阻以实现相应的比例关系时，其他支路输入电压与输出电压之间比值也将随之变化，这样对电路参数值的估算和调试过程比较麻烦。此外由于不存在虚地现象，集成运放将承受一定的共模输入电压。

6.2.2　求差运算电路

从结构上看，求差运算电路是反相输入和同相输入相结合的放大电路（见图 6-8）。
根据虚短、虚断和 N、P 点的节点电流定律得

$$u_N = u_P \tag{6-15}$$

$$\frac{u_{i1} - u_N}{R_1} = \frac{u_N - u_o}{R_4} \tag{6-16}$$

$$\frac{u_{i0} - u_P}{R_2} = \frac{u_P - 0}{R_3} \tag{6-17}$$

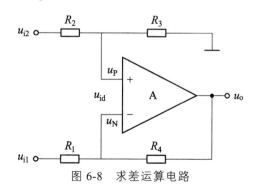

图 6-8 求差运算电路

$$u_{\mathrm{o}} = \left(\frac{R_1 + R_4}{R_1}\right)\left(\frac{R_3}{R_3 + R_2}\right)u_{\mathrm{i2}} - \frac{R_4}{R_1}u_{\mathrm{i1}} \tag{6-18}$$

当 $\dfrac{R_4}{R_1} = \dfrac{R_3}{R_2}$

$$u_{\mathrm{o}} = \frac{R_4}{R_1}(u_{\mathrm{i2}} - u_{\mathrm{i1}}) \tag{6-19}$$

输出电压与两个输入电压之差成正比，故称为差动比例运算电路。

若 $R_4 = R_1$ 则 $u_{\mathrm{o}} = u_{\mathrm{i2}} - u_{\mathrm{i1}}$，电路实现减法运算。

由于存在共模电压，应选用共模抑制比较高的集成运放，才能保证一定的运算精度。在实际中，还可以采用两级电路反相求和来实现减法运算。

如图 6-9 所示，电路第一级为反相比例运算电路，若 $R_{\mathrm{f1}} = R_1$，则 $u_{\mathrm{o1}} = -u_{\mathrm{i1}}$；第二级为反相求和电路，则有

$$u_{\mathrm{o}} = -\frac{R_{\mathrm{f2}}}{R_2}(u_{\mathrm{o1}} + u_{\mathrm{i2}}) = \frac{R_{\mathrm{f2}}}{R_2}(u_{\mathrm{i1}} - u_{\mathrm{i2}}) \tag{6-20}$$

若 $R_{\mathrm{f2}} = R_2$，则

$$u_{\mathrm{o}} = (u_{\mathrm{i1}} - u_{\mathrm{i2}}) \tag{6-21}$$

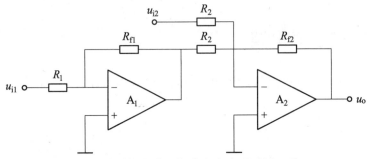

图 6-9　两级电路反相求和来实现减法运算

反相输入结构的减法电路，由于出现虚地，放大电路没有共模信号，故允许输入的共模电压范围较大，且输入阻抗低。

【例 6-2】如图 6-10 所示是两级运算电路，试求输出电压 u_{o}。

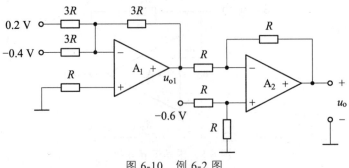

图 6-10　例 6-2 图

解： 前级 A_1 是加法运算电路，由式（6-12）可得

$$u_{o1} = -(0.2-0.4)\ V = 0.2\ V$$

后级是 A_2 是减法运算电路，由式（6-18）可得

$$u_o = (-0.6-0.2)\ V = -0.8\ V$$

6.3 积分和微分运算电路

6.3.1 积分运算电路

积分电路能够完成积分运算，是控制和测量系统中常用的单元电路，利用其充电、放电过程可以实现延时、定时以及各种波形的产生。积分运算电路的分析方法与反相比例相似。如图 6-11 所示。

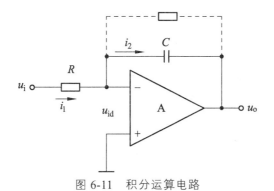

图 6-11 积分运算电路

根据"虚短""虚断"概念，得 $i_2 = i_1 = \dfrac{u_i}{R}$，电容器充电电流为 i_2。

设电容器 C 的初始电压为零，则

$$u_n - u_o = \frac{1}{C}\int i_2 dt = \frac{1}{C}\int \frac{u_i}{R} dt \qquad (6-22)$$

$$u_o = -\frac{1}{RC}\int u_i dt \qquad (6-23)$$

当输入信号是阶跃直流电压 U_I 时，电容将以近似恒流方式进行充电，输出电压 u_o 与时间 t 近似线性关系，即

$$u_o = -\frac{1}{RC}\int u_i dt = -\frac{U_I}{RC}t \qquad (6-24)$$

实际电路中，为了防止低频信号增益过大，常在电容上并联一个电阻加以限制。

【例 6-3】如图 6-12（a）所示电路，已知输入电压 u_I 的波形如图 6-12（b）所示，若 $t = 0$ 时 $u_o = 0$，试画出输出电压 u_o 的波形。

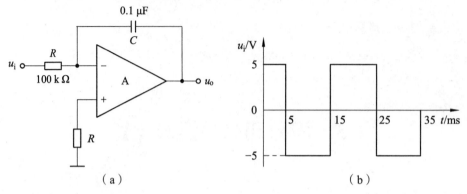

（a）   （b）

图 6-12　例 6-2 图

解： 输出电压的表达式为

$$u_o = -\frac{1}{RC}\int_{t1}^{t2} u_i \mathrm{d}t + u_o(t_1)$$

当 u_i 为常量时

$$u_o = -\frac{1}{RC}u_I(t_2 - t_1) + u_o(t_1)$$

$$= -\frac{1}{10^5 \times 10^{-7}}u_i(t_2 - t_1) + u_o(t_1)$$

$$= -100u_i(t_2 - t_1) + u_0(t_1)$$

若 $t = 0$ 时 $u_o = 0$，则 $t = 5$ ms 时

$$u_o = -100 \times 5 \times 5 \times 10^{-3}\ \text{V} = -2.5\ \text{V}$$

当 $t = 15$ ms 时

$$u_o = [-100 \times (-5) \times 10 \times 10^{-3} + (-2.5)]\text{V} = 2.5\ \text{V}$$

因此输出波形如图 6-13 所示。

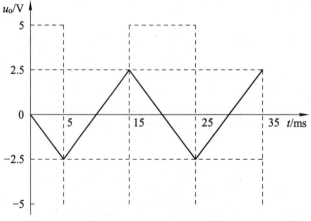

图 6-13　输出电压波形

6.3.2 微分运算电路

如图 6-14 所示，将积分电路中的 R、C 位置互换，并选用比较小的时间常数 RC，即可组成微分运算电路。这个电路同样存在虚地，$u_N = 0$ 和 $i_1 = i_2$。

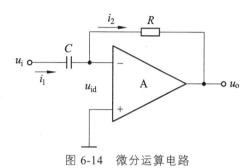

图 6-14 微分运算电路

设初始时电容 C 电压为零，

$$i_1 = C\frac{du_c}{dt} = C\frac{du_i}{dt} \tag{6-25}$$

从而得

$$u_o = -i_2R = -i_1R = -RC\frac{du_c}{dt} = -RC\frac{du_i}{dt} \tag{6-26}$$

输出电压正比于输入电压对时间的微商。

如果输入是正弦信号 $u_i = \sin\omega t$，则输出电压 $u_o = -RC\omega\cos\omega t$。表明输出幅度将随频率的增加而线性地增加。所以微分电路对高频噪声特别敏感，以至输出噪声可能完全湮灭微分信号。所以很少直接应用，在需要时，尽量设法用积分电路代替。

微分电路应用广泛，除了可作微分运算外，在脉冲数字电路中，常用来做波形变换，见仿真视频。

【例 6-4】试求图 6-15 所示电路 u_o 与 u_1 的关系式。

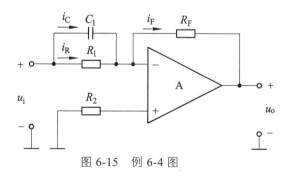

图 6-15 例 6-4 图

仿真视频：积分与微分运算电路

解： 如图所示，可列出

$$u_o = -R_F i_F$$

$$i_F = i_R + i_C = \frac{u_i}{R_1} + C_1 \frac{du_i}{dt}$$

故得

$$u_o = -\left(\frac{R_F}{R_1} u_i + R_F C_1 \frac{du_i}{dt} \right)$$

6.4 对数和反对数运算电路

在实际应用中，有时候需要进行对数运算或反对数（指数）运算。例如，在某些系统中，输入信号范围很宽，容易造成限幅状态，可以通过对数放大器，使输出信号与输入信号的对数成正比，从而将信号加以压缩。再如，要实现两信号的相乘或相除等，都需要使用对数或反对数运算电路。

6.4.1 对数运算电路

如图 6-16 所示，采用二极管的对数运算电路，二极管为反馈元件，跨接于输出端与反馈端之间，为使二极管导通，u_i 应大于 0，由二极管的伏安特性可知

$$i_D = I_s(e^{\frac{u_D}{U_T}} - 1) \tag{6-27}$$

当二极管两端电压大于 100 mV 时即（$u_D > 4U_T$），$e^{\frac{u_D}{U_T}} \gg 1$，

则二极管两端的正向电压与电流的关系可近似为

$$i_1 = i_D \approx I_s e^{\frac{u_D}{U_T}} \tag{6-28}$$

$$i_1 = \frac{u_i}{R} \tag{6-29}$$

则有

$$\frac{u_i}{R} = I_s e^{\frac{0-u_o}{U_T}} \tag{6-30}$$

$$u_o = -U_T \ln \frac{u_i}{I_s R} \tag{6-31}$$

可见，输出电压与输入电压成对数关系。为了扩大输出电压的动态范围，实用电路中常采际三极管取代二极管。

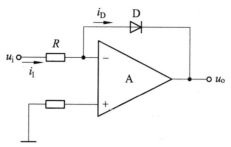

图 6-16 利用二极管构成对数运算电路

如图 6-17 所示，用三极管取代二极管构成的对数运算电路，设电路的基极电流放大倍数 $\alpha \approx 1, u_{BE} > 4U_T$ ，则有

$$i_c = \alpha i_E \approx I_s e^{\frac{u_D}{U_T}} \qquad (6\text{-}32)$$

$$u_{BE} \approx U_T \ln \frac{i_C}{I_s} \qquad (6\text{-}33)$$

由电路可知

$$i_C = i_1 = \frac{u_i}{R}, u_{BE} = -u_o \qquad (6\text{-}34)$$

所以有　　$u_o = -u_{BE} \approx -U_T \ln \frac{u_i}{I_s R}$ ，实现了对数运算。

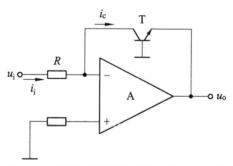

图 6-17 利用三极管构成的对数运算电路

三极管对数运算电路和二极管对数运算电路一样，对数运算关系均与 U_T 和 I_s 有关，因而两者的运算精度均受温度的影响。但采用三极管构成的对数运算电路，其输入电压的工作范围较大。

6.4.2 指数运算

如图 6-18 所示，将对数运算中的三极管和电阻 R 位置互换，即为指数运算电路。

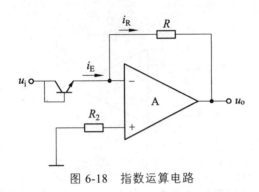

图 6-18 指数运算电路

$$u_i = u_{BE} \quad\quad\quad （6-35）$$

$$i_R = i_E \approx I_s e^{\frac{u_i}{U_T}} \quad\quad\quad （6-36）$$

所以输出电压为

$$u_o = -i_R R = -R I_s e^{\frac{u_i}{U_T}} \quad\quad\quad （6-37）$$

这表明，输出电压与输入电压之间满足指数运算关系，实现了指数运算。

无论对数运算电路还是指数运算电路,其运算式中都包含 I_s 和 U_T ,说明受温度影响较大,运算精度都不是很高。因此，在设计实际的对数或指数运算电路时，根据差分电路的原理，利用特性相同的两只三极管进行补偿，可部分消除温度对运算结果的影响。

6.5 有源低通滤波电路

滤波电路是一种能够让需要频段的信号顺利通过,而对其他频段信号起抑制作用的电路。在这种电路中，把能够顺利通过的频率范围称之为通频带或通带，反之，受到衰减或完全抑制的频率范围称为阻带，两者之间幅频特性发生变化的频率范围，称为过渡带。

有源滤波电路是在无源 R、C 滤波电路的基础上，加上运算放大器构成的。

6.5.1 滤波电路的分类

滤波电路按照幅频特性不同，可以分为低通滤波、高通滤波、带通滤波和带阻滤波等。

（1）低通滤波器（LPF）：允许信号中的直流和低频分量通过，抑制高频分量。

（2）高通滤波器（HPF）：允许信号中的高频分量通过，抑制直流和低频信号。

（3）带通滤波器（BPF）：只允许一定频段的信号通过，对低于或高于该频段的信号，以及干扰和噪声进行抑制。

（4）带阻滤波器（BEF）：能抑制一定频段的信号，而使此频段外的信号通过。

它们的幅度频率特性曲线如图 6-19 所示。

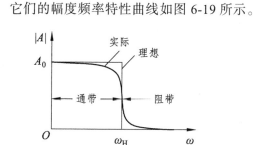
（a）低通（LPF）

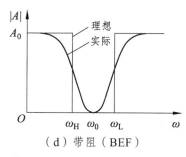
（b）高通（HPF）

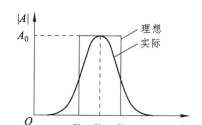
（c）带通（BPF）

（d）带阻（BEF）

图 6-19　滤波电路的幅频特性

　　按有无使用有源器件分为无源滤波和有源滤波。

　　（1）无源滤波电路仅由无源器件（电阻、电容、电感）组成。该电路的优点是不需要有直流供电电源，工作可靠；缺点是负载对滤波特性影响较大，无放大能力。

　　（2）有源滤波电路是由无源网络（一般含有 R 和 C）和放大电路共同组成的。这种电路的优点是不使用电感，体积小、重量轻，可放大通带内信号。由于引进了负反馈，可以改善其性能，负载对滤波特性的影响不大，缺点是通带范围受有源滤波限制（一般含运放）；需要直流供电电源，可靠性没有无源滤波器高，不适合高电压大电流下使用。

6.5.2　有源滤波器的主要参数

1. 通带电压放大倍数 A_0

通带电压放大倍数是指滤波器在通频带内的增益。性能良好的有源滤波电路通带内的幅频特性曲线是平坦的，阻带内的电压放大倍数基本为零。

2. 通带截止频率（通带截止角频率）

通带截止频率为电压增益下降到 $\frac{A_0}{\sqrt{2}}$，或相对于 A_0 分贝值低于 3 dB 时，所对应的频率值。通带（或阻带）分别有上、下两个截止频率。通带与阻带之间称为过渡带，过渡带越窄，说明滤波器的选择性越好。

3. 通带（或阻带）带宽

通带（或阻带）带宽（BW）是指通带（或阻带）两个截止频率之差，即 $\omega_{BW} = \omega_H - \omega_L$。

6.5.3　一阶低通有源滤波电路

一阶低通滤波电路是由无源 RC 低通滤波电路和同相比例放大电路组成，如图 6-20（a）所示。其幅频特性如图 6-20（b）所示，虚线为理想的情况，实线为实际的情况。

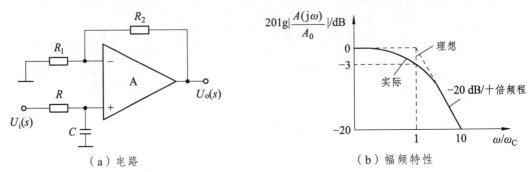

（a）电路　　　　　　　　　　　　（b）幅频特性

图 6-20　一阶低通滤波电路

一阶低通滤波器的传递函数为

$$A(s) = \frac{U_O(s)}{U_i(s)} = \left(1 + \frac{R_2}{R_1}\right)\frac{U_P(s)}{U_i(s)} = \left(1 + \frac{R_2}{R_1}\right)\frac{\frac{1}{sC}}{R + \frac{1}{sC}} = \frac{A_0}{1 + \left(\dfrac{s}{\omega_c}\right)} \tag{6-38}$$

其中

$$A_0 = 1 + \frac{R_2}{R_1} \qquad \omega_c = \frac{1}{RC} \tag{6-39}$$

式中，ω_c 为低通滤波电路的通带截止频率。当 $\omega = \omega_c$ 时，即 s 用 $j\omega$ 代入，故幅频响应为

$$|A(j\omega)| = \frac{A_0}{\sqrt{1 + \left(\dfrac{\omega}{\omega_c}\right)^2}} \tag{6-40}$$

从幅频特性曲线可以看出，一阶有源滤波电路通带外衰减速率慢（−20 dB/十倍频程），与理想情况相差较远。一般用在对滤波要求不高的场合。低通滤波电路输出电压幅值与输入信号的频率关系见仿真视频。

仿真视频：有源低通
滤波电路

6.5.4　二阶低通有源滤波电路

为了使输出电压在高频段以更快的速率下降，以改善滤波效果，再加一节 RC 低通滤波环节，称为二阶有源滤波电路，如图 6-21 所示。其中的一个电容器 C_1 原来是接地的，现在改接到输出端。尽管可能引入正反馈，只要参数选择合适，反馈很弱，不会产生自激振荡，显然 C_1 的改接不影响通带增益。

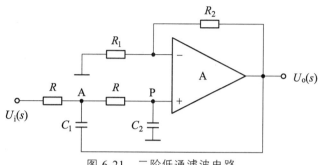

图 6-21 二阶低通滤波电路

同相比例 $A_{uF}=1+\dfrac{R_2}{R_1}$，对于滤波电路有

$$A_{uF}=\frac{U_o(s)}{U_P(s)} \tag{6-41}$$

节点 P 的电位为

$$U_P(s)=\frac{1/sC}{R+1/sC}\cdot U_A(s) \tag{6-42}$$

节点 A 的方程

$$\frac{U_i(s)-U_A(s)}{R}-\frac{U_A(s)-U_o(s)}{1/sC}-\frac{U_A(s)-U_P(s)}{R}=0 \tag{6-43}$$

得滤波电路传递函数

$$A(s)=\frac{U_o(s)}{U_i(s)}=\frac{A_{uF}}{1+(3-A_{uF})sCR+(sCR)^2} \tag{6-44}$$

令 $A_0=A_{uF}$ 称为通带增益，$Q=\dfrac{1}{3-A_{uF}}$ 称为特征角频率，$\omega_c=\dfrac{1}{RC}$ 称为等效品质因数，则

$$A(s)=\frac{A_0\omega_c^2}{s^2+\dfrac{\omega_c}{Q}s+\omega_c^2} \tag{6-45}$$

注意：当 $3-A_{uF}>0$，即 $A_{uF}<3$ 时，滤波电路才能稳定工作。当 $A_{uF}\geqslant 3$ 时，$A(s)$ 将有极点处于右半 s 平面或轴线上，电路将自激振荡。

用 $s=j\omega$ 代入，可得传递函数的频率响应：

幅频响应为

$$20\lg\left|\frac{A(\mathrm{j}\omega)}{A_0}\right|=20\lg\frac{1}{\sqrt{\left[1-\left(\dfrac{\omega}{\omega_c}\right)^2\right]^2+\left(\dfrac{\omega}{\omega_c Q}\right)^2}} \qquad (6\text{-}46)$$

相频响应为

$$\varphi(\omega)=-\mathrm{arctg}\frac{\dfrac{\omega}{\omega_c Q}}{1-\left(\dfrac{\omega}{\omega_c}\right)^2} \qquad (6\text{-}47)$$

从幅频响应式可以看出，当 $\omega=0$ 时，$A(\mathrm{j}\omega)=A_0$；当 $\omega\to\infty$ 时，$A(\mathrm{j}\omega)\to 0$。显然，这是低频滤波电路的特性。从幅频特性曲线图 6-22 可以看出，当 $Q=0.707$ 时，幅度响应较平坦，而当 $Q>0.707$ 时，将出现峰值。在 $Q=0.707$ 和 $\dfrac{\omega}{\omega_c}=1$ 的情况下，$20\lg\left|\dfrac{A(\mathrm{j}\omega)}{A_0}\right|=3$ dB；当 $\dfrac{\omega}{\omega_c}=10$ 时，$20\lg\left|\dfrac{A(\mathrm{j}\omega)}{A_0}\right|=-40$ dB。二阶有源滤波电路通带外衰减速率比一阶滤波电路快一倍（ -40 dB/十倍频程）。

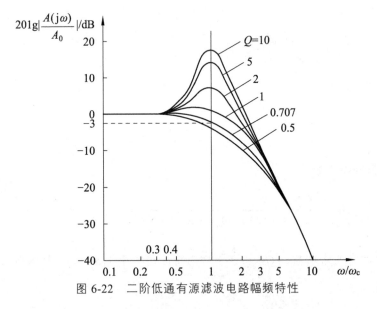

图 6-22　二阶低通有源滤波电路幅频特性

当进一步增加滤波电路的阶数，其幅频响应越接近于理想。可以推证 n 阶巴特沃斯滤波电路的传递函数为

$$\left|A(\mathrm{j}\omega)\right|=\frac{A_0}{\sqrt{1+(\omega/\omega_c)^{2n}}} \qquad (6\text{-}48)$$

式中，n 为阶滤波电路阶数，ω_c 为 3dB 截止角频率，A_0 为通带电压增益。

从图 6-23 所示的 n 阶巴特沃斯滤波电路幅频特性曲线可以看出，n 越大，即滤波的阶数越高，滤波效果越好。

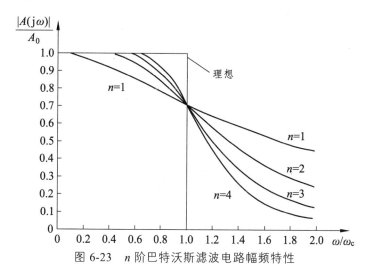

图 6-23　n 阶巴特沃斯滤波电路幅频特性

6.6　高通、带通和带阻滤波电路

6.6.1　一阶有源高通滤波电路

将有源低通滤波电路中的 R 和 C 交换位置便构成有源高通滤波电路，如图 6-24 所示。

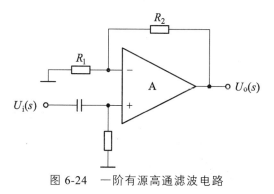

图 6-24　一阶有源高通滤波电路

通过上节分析可以看出，一阶有源高通滤波电路，与一阶低通滤波一样，它的通带外衰减速率慢（ $-20\,\mathrm{dB}$/十倍频程），实际常采用二阶有源高通滤波电路。

6.6.2　二阶有源高通滤波电路

如图 6-25 所示，将二阶低通滤波电路中的电容和电阻对换，便成为二阶有源高通滤波电路。

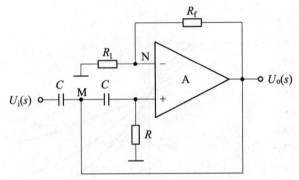

图 6-25　二阶有源高通滤波电路

传递函数为

$$A(s) = \frac{A_0 s^2}{s^2 + \dfrac{\omega_c}{Q}s + \omega_c^2}$$ （6-49）

幅频响应为

$$20\lg\left|\frac{A(j\omega)}{A_0}\right| = 20\lg \frac{1}{\sqrt{\left[\left(\dfrac{\omega_c}{\omega}\right)^2 - 1\right]^2 + \left(\dfrac{\omega_c}{\omega Q}\right)^2}}$$ （6-50）

与低通滤波相类似，可以推证出更高阶的巴特沃斯滤波电路的传递函数（见图 6-26），求出其幅频响应，即

$$|A(j\omega)| = \frac{A_0}{\sqrt{1 + (\omega_c / \omega)^{2n}}}$$

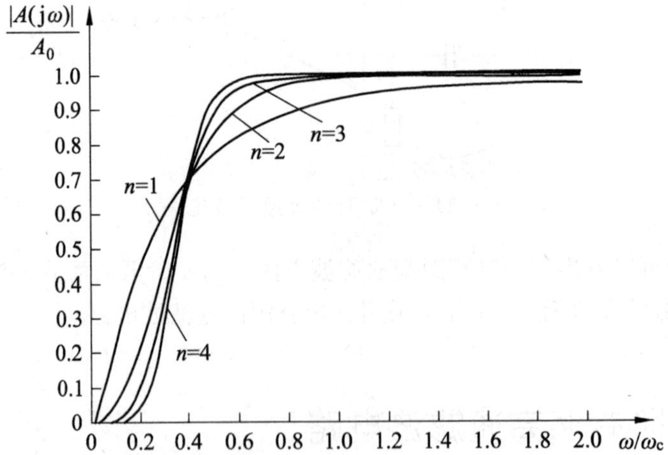

图 6-26　n 阶巴特沃斯高通滤波电路的传递函数

6.6.3　有源带通滤波电路

有源带通滤波电路可由低通和高通串联得到。将截止频率为 ω_H 的低通滤波电路和一个截止频率为 ω_L 的高通滤波电路串联，满足 $\omega_L < \omega_H$，这样 $\omega_L < \omega < \omega_H$ 的信号可以通过，就构成了带通滤波电路。如图 6-27 所示。

图 6-28 所示二阶有源带通滤波电路，其中 R_1C_1 组成低通滤波网络，R_2C_2 组成高通滤波网络。

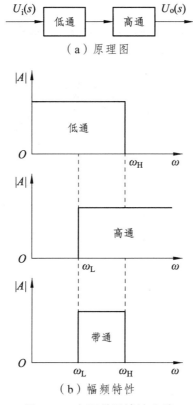

（a）原理图

（b）幅频特性

图 6-27　有源带通滤波电路

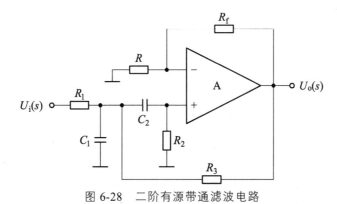

图 6-28　二阶有源带通滤波电路

传递函数　　$A(s) = \dfrac{A_{uF}sCR}{1+(3-A_{uF})sCR+(sCR)^2}$

令 $A_0 = \dfrac{A_{uF}}{3-A_{uF}}$，　$\omega_0 = \dfrac{1}{RC}$，　$Q = \dfrac{1}{3-A_{uF}}$，　得

$$A(s) = \dfrac{A_0\dfrac{s}{Q\omega_c}}{1+\dfrac{s}{Q\omega_c}+\left(\dfrac{s}{\omega_c}\right)^2}$$

从图 6-29 所示幅频特性曲线可以看出，Q 值越高，选频特性越好，但通带越窄。

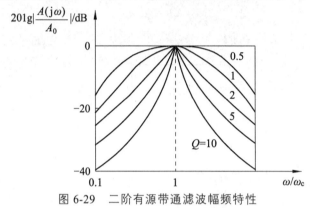

图 6-29　二阶有源带通滤波幅频特性

如将二阶有源低通滤波电路的输出送给二阶有源高通滤波电路，这样就可以得到一个四阶带通滤波电路，如图 6-30 所示。

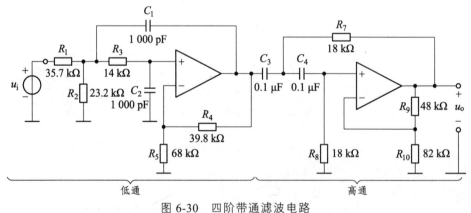

图 6-30　四阶带通滤波电路

6.6.4　二阶有源带阻滤波电路

如图 6-31 所示，二阶有源带阻滤波电路可由低通和高通并联得到。满足 $\omega_L > \omega_H$，这样就会出现频率在 ω_H 到 ω_L 信号，即无法通过低通滤波电路，也无法通过高通滤波电路，实现了带阻滤波电路，也称为陷波电路。

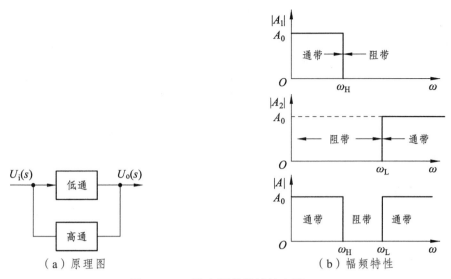

（a）原理图 　　　　　　（b）幅频特性

图 6-31　二阶有源带阻滤波电路

图 6-32 所示，这是由低通、高通两个 T 型选频网络和运放一起构成的二阶有源带阻滤波电路，称为双 T 带阻滤波电路。

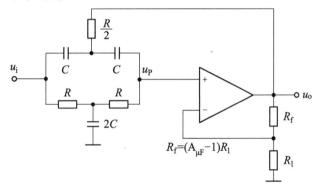

$$R_f = (A_{\mu F} - 1)R_1$$

图 6-32　双 T 带阻滤波电路

带阻滤波电路的幅频特性如图 6-33 所示。

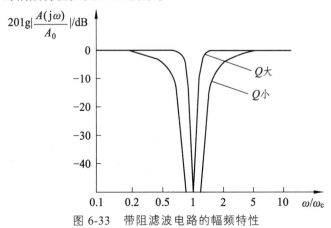

图 6-33　带阻滤波电路的幅频特性

可见，Q 值越大，它的选频特性越好。

带阻滤波电路常用来滤除固定频率的信号干扰，如在微弱信号放大器中滤除 50Hz 的工频干扰，电视图像信号中滤除伴音干扰等。

本章小结

1. 基本运算电路

1）运算电路的特点

运算电路研究时域问题，即电路实现的是输出电压为该时刻输入电压某种运算的结果。集成运放引入电压负反馈后，可以实现模拟信号的比例、加减、乘除、积分、微分、对数和指数等各种基本运算。因此其电路特征是引入电压负反馈。

2）运算关系的分析方法

通常，求解运算电路输出电压与输入电压的运算关系时认为集成运放具有理想化的指标参数，基本方法有两种。

（1）节点电流法

列出集成运放同相输入端和反相输入端及其他关键节点的电流方程。利用虚短和虚断的概念，求出运算关系。

（2）叠加原理

对于多信号输入的电路，可以首先分别求出每个输入电压单独作用时的输出电压，然后将它们相加，就是所有信号同时输入时的输出电压，也就得到了输出电压与输入电压的运算关系。

对于多级电路，一般均可将前级电路看成是恒压源，故可分别求出各级电路的运算关系式，然后以前级的输出作为后级的输入，逐级代入后级的运算关系式，从而得出整个电路的运算关系式。

2. 有源滤波电路

滤波电路研究频域问题，即电路要实现的是输出电压与输入信号频率的函数关系。有源滤波电路一般由 RC 网络和集成运放组成，主要用于小信号处理。按其幅频特性可分为低通滤波器、高通滤波器、带通滤波器和带阻滤波器 4 种电路。应用时，应根据有用信号、无用信号和干扰信号等所占频段来选择合理的类型。有源滤波电路一般均引入电压负反馈，因而集成运放工作在线性区，故分析方法与运算电路基本相同，常用传递函数表示输出与输入的函数关系。在有源滤波电路中也常常引入正反馈，以实现压控电压源滤波电路，当参数选择不合适时，电路会产生自激振荡。

习　题

1. 选择题

（1）欲将方波电压转换成三角波电压，应选用（　　　）。

　　A. 反相比例运算电路　　　　B. 加法运算电路

　　C. 积分运算电路　　　　　　D. 微分运算电路

（2）欲将正弦波电压移相+90°，应选用（　　　）。

　　A. 反相比例运算电路

　　B. 同相比例运算电路

　　C. 积分运算电路

　　D. 微分运算电路

　　E. 加法运算电路

　　F. 乘方运算电路

（3）欲实现 $A_u = -100$ 的放大电路，应选用（　　　）。

　　A. 反相比例运算电路

　　B. 同相比例运算电路

　　C. 积分运算电路

　　D. 微分运算电路

　　E. 加法运算电路

　　F. 乘方运算电路

（4）截止频率为 f_p，频率低于 f_p 的信号能够通过，高于 f_p 的信号被衰减的滤波电路称为（　　　）。

　　A. 高通滤波器　　　　　　B. 低通滤波器　　　　　　C. 带通滤波器

（5）已知输入信号的频率为 10 ~ 12 kHz，为了防止干扰信号的混入，应选用的滤波电路是（　　　）。

　　A. 低通　　　　　　　　　B. 高通

　　C. 带通　　　　　　　　　D. 带阻

（6）设低频段的截止频率为 f_{p1}，高频段的截止频率为 f_{p2}，频率在 f_{p1} 和 f_{p2} 之间的信号能够通过，低于 f_{p1} 或高于 f_{p2} 的信号被衰减的滤波电路称为（　　　）。

　　A. 带阻滤波器　　　　　　B. 带通滤波器

　　C. 低通滤波器　　　　　　D. 高通滤波器

（7）现有电路：

　　A. 反相比例运算电路　　　　B. 同相比例运算电路

　　C. 积分运算电路　　　　　　D. 微分运算电路

　　E. 加法运算电路　　　　　　F. 乘方运算电路

选择一个合适的答案填入空内。

① 欲将正弦波电压移相+90°，应选用＿＿＿＿。

② 欲将正弦波电压转换成二倍频电压，应选用＿＿＿＿。

③ 欲将正弦波电压叠加上一个直流量，应选用_____。

④ 欲实现 $A_u = -100$ 的放大电路，应选用_____。

⑤ 欲将方波电压转换成三角波电压，应选用_____。

⑥ 欲将方波电压转换成尖顶波波电压，应选用_____。

2. 基本题

（1）电路如图 6-34 所示，设集成运放均为理想运放。试说明各电路中以各集成运放为核心组成的基本运算电路的名称，如反相比例运算电路、同相比例运算电路等，并求解各电路的表达式。

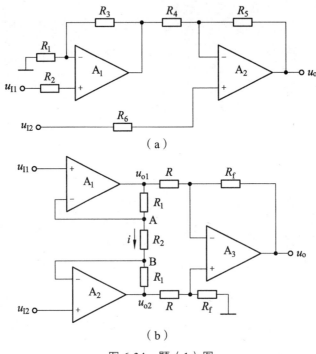

（a）

（b）

图 6-34 题（1）图

（2）电路如图 6-35 所示，设运放均为理想运放，求解输出电压和输入电压的运算关系。

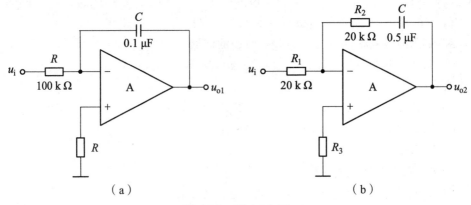

（a）   （b）

图 6-35 题（2）图

（3）电路如图 6-36 所示，设运放均为理想运放。试求：

① 为使电路完成微分运算，分别标出集成运放 A_1、A_2 的同相输入端和反相输入端。

② 求解输出电压和输入电压的运算关系。

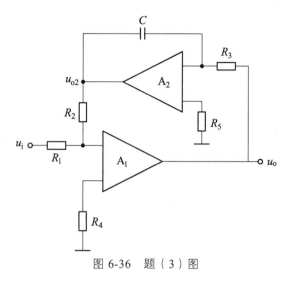

图 6-36 题（3）图

（4）电路如图 6-37 所示，已知三只晶体管具有完全相同的特性和参数。试问：

① 说明 $A_1 \sim A_4$ 各组成哪种基本运算电路，整个电路实现哪种运算。

② 本电路对输入电压的极性有限制吗?

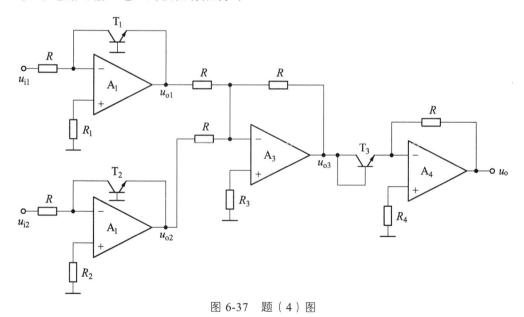

图 6-37 题（4）图

（5）电路如图 6-38 所示，集成运放和模拟乘法器均为理想元件，分别说明图（a）电路的 A 和图（b）的 A_2 引入的是负反馈。

注：模拟乘法器的输出电压与各输入端电压乘积成比例，即，k 为相乘因子（可正可负），本题中 $k>0$。

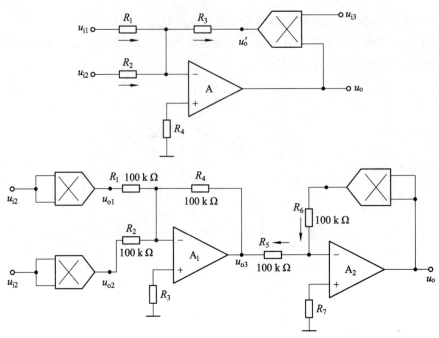

图 6-38 题（5）图

（6）设计一个运算电路，实现 $u_o = \sqrt{a\int u_I^2 dt}$ ，模拟乘法器的相乘因子 $k>0$，要求画出电路，并求出 a 的表达式。

（7）电路如图 6-39 所示，已知集成运放均为理想运放，图（b）所示电路中 $R_1 = R_2$、$R_4 = R_5 = R_6$。试问：

① 分别说明各电路是低通滤波器还是高通滤波器，简述理由。

② 分别求出各电路的通带放大倍数。

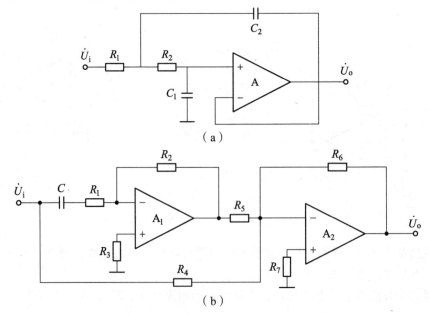

图 6-39 题（7）图

（8）有源滤波电路如图 6-40 所示，已知集成运放和模拟乘法器均为理想器件，模拟乘法器的相乘因子 $k = 0.1 \text{ V}^{-1}$。试问：

① 求解电压放大倍数、通带放大倍数和截止频率的表达式。

② 说明该电路为哪种类型的滤波器（低通、高通、带通、带阻），为几阶滤波器。

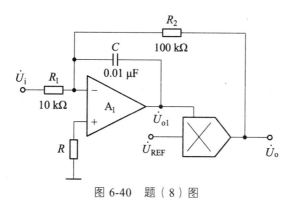

图 6-40 题（8）图

（9）电路如图 6-41 所示，已知集成运放为理想运放。试问：

① 求解等效输入电容的表达式。

② 若 $C = 0.05 \text{ μF}$，则当电位器滑动端变化时，等效电容的变化范围为多少?

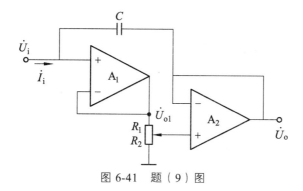

图 6-41 题（9）图

第 6 章 习题答案

1. 选择题

（1）C　　（2）C　　（3）A　　（4）B　　（5）C　　（6）B

（7）C　F　E　A　C　D

2. 基本题

（1）解：在图 6-34（a）所示电路中，A_1 和 R_1、R_2、R_3 构成同相比例运算电路；A_2 和 R_4、R_5、R_6 构成加减运算电路。

设 A_1 的输出电压为 u_{o1}，则

$$u_{o1} = \left(1 + \frac{R_3}{R_1}\right)u_{I1}$$

视频：题（1）解答

A_2 的输入为 u_{o1} 和 u_{I2}，可利用叠加原理求解运算关系。u_{o1} 单独作用时，为反相比例运算电路，输出电压为

$$u_o' = -\frac{R_5}{R_4}u_{o1} = -\left(1 + \frac{R_3}{R_1}\right)\frac{R_5}{R_4}u_{I1}$$

u_{I2} 单独作用时，为同相比例运算电路，输出电压为

$$u_o'' = \left(1 + \frac{R_5}{R_4}\right)u_{I2}$$

$u_o = u_o' + u_o''$，根据已知条件，$\dfrac{R_3}{R_1} = \dfrac{R_4}{R_5}$ 可得

$$u_o = -\left(1 + \frac{R_5}{R_4}\right)u_{I1} + \left(1 + \frac{R_5}{R_4}\right)u_{I2} = \left(1 + \frac{R_5}{R_4}\right)(u_{I2} - u_{I1})$$

在图 6-34（b）所示电路中，由于 A_1 和 A_2 的两个输入端均有"虚短"和"虚断"的特点，A 点的电位 $u_A = u_{P1} = u_{I1}$，B 点的电位 $u_B = u_{P2} = u_{I2}$，R_2 的电流 $i_{R2} = \dfrac{u_A - u_B}{R_2} = \dfrac{u_{I1} - u_{I2}}{R_2}$。

两个 R_1 电阻的电流等于 R_2 的电流。设 A_1 和 A_2 的输出电压分别为 u_{o1}、u_{o2}，则

$$u_{o1} - u_{o2} = i_{R2}(2R_1 + R_2) = \left(1 + \frac{2R_1}{R_2}\right)(u_{I1} - u_{I2})$$

A_3 与两个 R、两个 R_f，组成差分比例运算电路。以 u_{o1}、u_{o2} 作为输入的差分比例运算电路的输出电压为

$$u_o = -\frac{R_f}{R}(u_{o1} - u_{o2}) = -\frac{R_f}{R}\left(1 + \frac{2R_1}{R_2}\right)(u_{I1} - u_{I2})$$

（2）解：图（a）是典型的积分运算电路，其运算关系式为

视频：题（2）解答

$$u_{o1} = -\frac{1}{RC}\int u_i dt = -\frac{1}{10^5 \times 10^{-7}}\int u_i dt = -100\int u_i dt$$

或

$$u_{o1} = -100\int_{t_1}^{t_2} u_i dt + u_{o1}(t_1) = -100\int_{t_1}^{t_2} u_i dt - u_c(t_1)$$

在图（b）中，集成运放的两个输入端电位均为零，为"虚地"，即 $u_N = u_P = 0$。R_1 中的电流为

$$i_{R1} = \frac{u_i}{R_1}$$

R_2 和 C 中的电流等于 R_1 中的电流，输出电压的数值是 R_2 和 C 的电压之和，表达式为

$$u_{o2} = -(u_{R2} + u_c) = -\frac{R_2}{R_1}u_i - \frac{1}{R_2 C}\int u_i dt$$

将参数代入，为

$$u_{o2} = -\frac{20 \times 10^3}{20 \times 10^3}u_i - \frac{1}{20 \times 10^3 \times 0.5 \times 10^{-6}}\int u_i dt = -u_i - 100\int u_i dt$$

或

$$u_{o2} = -u_i - 100\int_{t_1}^{t_2} u_i dt - u_c(t_1)$$

$u_c(t_1)$ 是 $t = t_1$ 时电容上的电压。

（3）解：① 由图 6-36 可知，以 u_o 作为输入，以 u_{o2} 作为输出，R_3、R_5 和 C 组成积分运算电路，因而必须引入负反馈，A_2 的两个输入端应上为"－"、下为"＋"。

利用瞬时极性法确定各点的应有的瞬时极性，就可得到 A_1 的同相输入端和反相输入端。设 u_I 对"地"为"＋"，则为使 A_1 引入负反馈，u_{o2} 的电位应为"－"，即 R_1 的电流等于 R_2 的电流；而为使 u_{o2} 的电位为"－"，u_o 的电位必须为"＋"。因此，u_o 与 u_I 同相，即 A_1 的输入端上为"＋"、下为"－"。

电路的各点电位和电流的瞬时极性、A_1、A_2 的同相输入端和反相输入端如图 6-42 中所标注。

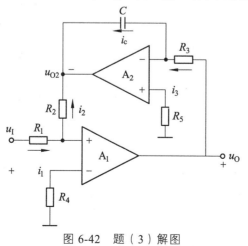

图 6-42 题（3）解图

（4）解：① 以 A_1 为核心元件和以 A_2 为核心元件所组成的电路均为典型的对数运算电路，以 A_3 为核心元件所组成的电路为反相求和运算电路，以 A_4 为核心元件所组成的电路为指数运算电路。整个电路实现乘法运算。

视频：题（4）解答

② 为实现对数运算，晶体管必须工作在放大区，因而图示电路中的 u_{I1} 和 u_{I2} 均应大于零。

（5）解：运算电路中的集成运放必须引入负反馈，因而可通过判断是否引入了负反馈，以确认该电路是否为运算电路。

在图（a）中，令 $u_{I2} = 0$，设 u_{I1} 极性对地为"+"，则因 u_{I1} 作用于集成运放的反相输入端，使其输出电压 u_o 对地为"−"；由于 $u_{I3}>0$，$k>0$，模拟乘法器的输出电压（$u'_o = ku_{I3}u_o$）对地为"−"，R_1 和 R_3 的电流方向如图（a）中所示，说明集成运放引入了负反馈。同理，若令 $u_{I1} = 0$，设 u_{I2} 极性对地为"+"，则也可证明集成运放引入了负反馈。

在电路（b）中，观察前两级电路，它们分别为平方运算电路和反相求和运算电路，因此第三级电路的输入电压 $u_{O3}<0$，即对地一定为"−"。由于 u_{O3} 作用于 A_2 的反相输入端，故 u_o 对地为"+"；由于模拟乘法器的输出电压 $u'_o = ku_o^2$，对地为"+"，R_5 和 R_6 的电流方向如图（b）中所示，说明集成运放 A_2 引入了负反馈。

（6）解：按照运算顺序，首先用模拟乘法器对 u_1 进行乘方运算，然后用反相输入积分运算电路进行积分运算，最后用集成运放和模拟乘法器组成的开方运算电路实现开方运算，框图如图 6-43（a）所示。

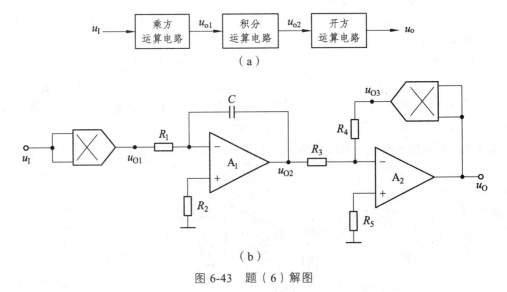

（a）

（b）

图 6-43　题（6）解图

根据运算电路的基本知识和框图画出电路图，如图 6-43（b）所示。根据电路图得到各部分电路输出电压的表达式，并求出 a 值。

$$u_{O1} = ku_1^2 \quad (k \text{ 为模拟乘法器的相乘因子})$$

$$u_{O2} = \frac{1}{R_1 C}\int u_{O1}^2 \mathrm{d}t = -\frac{k}{R_1 C}\int u_i^2 \mathrm{d}t$$

在开方运算电路中，由于从已知条件可知 $u_O > 0$，$k > 0$，为了保证电路引入的是负反馈，其输入电压 u_{O2} 应小于零。根据电路图可得：

$$u_{O3} = -\frac{R_4}{R_3}u_{O2} = ku_o^2$$

$$u_O = \sqrt{-\frac{R_4}{kR_3}u_{O2}}$$

代入得

$$u_O = \sqrt{\frac{R_4}{R_1 R_3 C}\int u_i^2 \mathrm{d}t}$$

因此系数

$$a = \frac{R_4}{R_1 R_3 C}$$

（7）解：① 在图 6-39（a）中，若输入电压频率趋于零，则 C_1 和 C_2 相当于开路，在集成运放两个输入端

$$\dot{U}_n = \dot{U}_p = \dot{U}_i$$

由于 A 构成电压跟随器，输出

$$\dot{U}_o = \dot{U}_n = \dot{U}_i \qquad\qquad (1)$$

若输入电压频率趋于无穷大，则 C_1 和 C_2 相当于短路，输出电压为

$$\dot{U}_o = \dot{U}_n = \dot{U}_p = 0$$

可见，图 6-39（a）是低通滤波器，根据式（1），通带放大倍数为

$$\dot{A}_{up} = 1 \qquad\qquad (2)$$

② 在图 6-39（b）电路中，A_2 与 $R_4 \sim R_7$ 组成反相求和运算电路，其输出电压为

$$\dot{U}_o = \frac{R_6}{R_5}\dot{U}_{o1} - \frac{R_6}{R_4}\dot{U}_i \qquad\qquad (3)$$

将已知条件 $R_4 = R_5 = R_6$ 代入，可得

$$\dot{U}_o = -\dot{U}_{o1} - \dot{U}_i \qquad (4)$$

若输入电压频率趋于零，则 C 相当于开路，集成运放 A_1，两个输入端电位为

$$\dot{U}_n = \dot{U}_p = 0$$

其输出电压为

$$\dot{U}_{o1} = \dot{U}_n = 0$$

代入式（4）得

$$\dot{U}_o = -\dot{U}_i \qquad (5)$$

若输入电压频率趋于无穷大，则 C 相当于短路，A_1 和 R_1、R_2 组成反相比例运算电路，其输出电压为

$$\dot{U}_{o1} = -\frac{R_2}{R_1}\dot{U}_i \qquad (6)$$

将已知条件 $R_1 = R_2$，代入式（6）可得
将 $\dot{U}_{o1} = -\dot{U}_i$，代入式（5）得 $\dot{U}_o = 0$。
可见，图 6-39（b）是低通滤波器，根据式（5），通带放大倍数为

$$\dot{A}_{up} = -1 \qquad (7)$$

综上所述，两种电路均为低通滤波器，图 6-39（a）（b）的通带放大倍数分别如式（2）、式（7）所示。

（8）解：① 由图 6-40 可知，集成运放的两个输入端为"虚地"，在其反相输入端有电流方程

$$\dot{I}_{R1} = \dot{I}_{R2} + \dot{I}_C$$

$$\frac{\dot{U}_i}{R_1} = \frac{-\dot{U}_o}{R_2} - j\omega C\dot{U}_{o1} \qquad (8)$$

视频：题（8）解答

根据模拟乘法器输出和输入的基本关系，$\dot{U}_o = k\dot{U}_{o1}\dot{U}_{REF}$，因而集成运放的输出电压为

$$\dot{U}_{o1} = \frac{\dot{U}_o}{k\dot{U}_{REF}} \qquad (9)$$

将式（9）代入式（8），整理可得电压放大倍数

$$\dot{A}_u = \frac{\dot{U}_o}{\dot{U}_i} = -\frac{R_2}{R_1} \cdot \frac{1}{1 + j\omega\dfrac{R_2 C}{kU_{REF}}} \qquad (10)$$

由式（10）可知通带放大倍数和截止频率为

$$\dot{A}_{up} = -\frac{R_2}{R_1} \tag{11}$$

$$f_P = \frac{kU_{REF}}{2\pi R_2 C} \tag{12}$$

由电路或式（10）可知，当频率趋于零时电压放大倍数等于通带放大倍数，当频率趋于无穷大时电压放大倍数的数值趋于零，故图示电路为一阶低通滤波器。

（9）解：① 方法一：利用等效变换的方法求输入等效电容。

与输入电阻的概念相类比，输入等效电容 C' 是从电路的输入端看进去的等效电容，其容抗为

$$X_{C'} = \frac{\dot{U}_i}{\dot{I}_i} \tag{13}$$

输入电流等于电容 C 的电流，即

$$\dot{I}_i = \dot{I}_c = \frac{\dot{U}_i - \dot{U}_o}{X_C} \tag{14}$$

由图 6-41 可知，A_1、A_2 各组成电压跟随器，因而

$$\dot{U}_{o1} = \dot{U}_i$$

$$\dot{U}_o = \frac{R_2}{R_1 + R_2}\dot{U}_{o1} = \frac{R_2}{R_1 + R_2}\dot{U}_i \tag{15}$$

代入式（14）可得

$$\dot{I}_i = \frac{R_1}{R_1 + R_2}\frac{\dot{U}_i}{X_C}$$

代入式（13）可得

$$X_{C'} = \frac{R_1 + R_2}{R_1}X_C$$

说明输入等效电容 C' 的容抗是 C 的（$1+R_2/R_1$）倍，所以 C' 是 C 的（$1+R_2/R_1$）分之一，即

$$C' = \frac{R_1}{R_1 + R_2}\cdot C \tag{16}$$

方法二：根据密勒定理求解 C'。实际上，密勒定理就是关于等效变换的定理，只不过在

这里直接应用而已。

首先求解电压放大倍数，由式（15）可得

$$\dot{A}_u = \frac{\dot{U}_o}{\dot{U}_i} = \frac{R_2}{R_1 + R_2}$$

然后，根据密勒定理

$$C' = (1 - \dot{A}_u)C = \frac{R_1}{R_1 + R_2}C$$

与式（16）相同。

② 当电位器滑动端变化使 R_1 从零到（$R_1 + R_2$）时，C' 的变化范围为 $0 \sim 0.05\ \mu F$。

7 波形的产生与变换电路

正弦波振荡电路在实践中应用十分广泛。在通信、广播、电视系统中需要一个高频载波将信号发射出去。在工业、农业、生物医学领域内，如高频感应炉冶炼、超声波焊接、超声波诊断、核磁共振成像等，都需要功率大小、频率高低都不一样的正弦产生电路。正弦波产生电路能产生正弦波输出，它是在放大电路的基础上加上正反馈而形成的，是各类波形发生器和信号源的核心电路。正弦波产生电路也称为正弦波振荡电路。

教学目标：

（1）理解自激振荡的相位条件和幅度条件。

（2）掌握正弦波振荡电路的组成。

（3）掌握 RC 选频特性和 RC 振荡电路原理。

（4）掌握电容三点式和电感三点式振荡电路及原理。

（5）了解石英晶体的特性。

（6）了解串联型和并联型晶体振荡电路的工作原理。

7.1 自激振荡

自激振荡是指在电路输入端不加信号，放大电路仍有一定频率和幅度的信号输出。对于放大电路来说自激振荡将使放大电路无法正常工作，应当设法加以消除。但它可以作为电子技术常用的信号源，还可以广泛应用于测量、自动控制、通信等领域。

7.1.1 自激振荡的平衡条件

在放大电路输入端加输入信号 $\dot{U}_i$，经开环放大电路后得到输出信号 $\dot{U}_o = A\dot{U}_i$，再经过反馈网络后得到反馈信号 $\dot{U}_f = \dot{F}\dot{U}_o$（见图 7-1）。

如果反馈电压 $\dot{U}_f$ 与原输入信号 $\dot{U}_i$ 完全相等，则即使无外输入信号，放大电路输出端也有一个正弦波信号输出，而输出电压又维持着反馈信号，通过这种相互依赖的维持关系，电路在没有输入电压的情况下，同样有输出电压，这就形成了自激振荡。

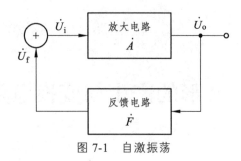

图 7-1 自激振荡

由此知放大电路产生自激振荡的条件是 $\dot{U}_f = \dot{U}_i$

即
$$\dot{U}_f = \dot{F}\dot{U}_o = \dot{F}\dot{A}\dot{U}_i = \dot{U}_i \tag{7-1}$$

所以产生自激振荡的条件为

$$\dot{A}\dot{F} = 1 \tag{7-2}$$

设 $\dot{A} = A\angle\varphi_A$ ，$\dot{F} = F\angle\varphi_F$ ，则

$$\dot{A}\dot{F} = \left|\dot{A}\dot{F}\right| \angle\varphi_A + \angle\varphi_F = 1 \tag{7-3}$$

可写为

振幅平衡条件为

$$\left|\dot{A}\dot{F}\right| = 1 \tag{7-4}$$

相位平衡条件为

$$\angle\varphi_A + \angle\varphi_F = 2n\pi(n = 0,1,\cdots) \tag{7-5}$$

7.1.2 振荡的建立与稳定

由上面的分析可知，假设一个输入信号经放大后，再反馈到输入端而形成振荡，事实上自激振荡不需要外加信号激励。那么自激振荡是如何建立的呢？电源接通或元件参数起伏噪声引起的电扰动相当于一个起始激励信号，它含有丰富的谐波，经选频放大，选出某一特定频率的正弦波，反馈到输入端，再经过放大—正反馈—再放大的循环过程，只要这个过程中 $\left|\dot{A}\dot{F}\right| > 1$，振荡就能逐渐增强起来。因此，仅有平衡条件是不够的，为了使振荡由弱到强逐渐建立起来，开始时，应有 $\left|\dot{A}\dot{F}\right| > 1$。

振荡建立起来之后，若一直保持 $\left|\dot{A}\dot{F}\right| > 1$，振荡就会无限制地增强，但实际并不会如此，因为当信号增加到一定数值时，三极管就进入饱和状态，放大倍数减小，使得 $\left|\dot{A}\dot{F}\right| = 1$，从而维持一定幅度稳定输出。这种情况波形失真较严重，在实际振荡电路中往往需要一个稳幅环节，在电路建立振荡并达到预设的输出幅度时，通过一定的方式使得环路增益降低，达到平衡条件 $\left|\dot{A}\dot{F}\right| = 1$。

7.1.3　正弦波振荡电路的组成

由以上分析可知，振荡电路包括 4 个组成部分。

（1）放大电路。提供环路增益中的放大倍数 A，从起振到稳定的过程中使信号逐渐增强。

（2）正反馈。使放大电路中的输入信号与反馈信号同相，相当于用反馈信号代替输入信号。

（3）选频网络。确定电路的振荡频率，使电路的振荡频率单一，保证电路产生正弦波振荡。

（4）稳幅环节。非线性环节，使得电路中输出幅度稳定。

根据选频网络的不同，正弦波振荡电路分为 LC 振荡电路、RC 振荡电路和晶体振荡电路。RC 振荡电路主要用于 1 MHz 以下的低频振荡，LC 振荡电路主要用于产生 1 MHz 以上的高频振荡信号，石英晶体振荡电路产生高精度、高稳定度的振荡信号。

如何判断电路是否能够产生正弦波振荡呢？一般按以下步骤判断。

（1）观察电路中是否具有放大电路、选频网络和反馈网络。

（2）检查放大电路是否可以正常放大，即电路中的静态工作点是否合适，以及是否可以正常放大动态信号。

（3）用瞬时极性法判断电路中的反馈网络是否为正反馈。

（4）判断电路是否满足起振条件，也即 $|\dot{A}F|>1$，如果 $|\dot{A}F|$ 太大，则波形失真严重。

（5）分析电路中的稳幅环节，是否为正常稳幅，稳定输出幅度是否达到要求。

7.2　RC 正弦波振荡电路

RC 正弦波振荡电路的结构有多种，如文氏桥振荡电路、移相振荡电路等，下面主要讨论桥式振荡电路。

7.2.1　RC 文氏桥振荡电路的构成

RC 文氏桥振荡电路如图 7-2 所示，集成运放 A、电阻 R_f 和 R_1 构成同相比例放大电路，电压放大倍数为

$$\dot{A}_u = 1 + \frac{R_i}{R_1} \tag{7-6}$$

串联 RC 和并联 RC 构成正反馈网络，同时兼做选频网络。串联 RC 网络、并联 RC 网络、R_f 和 R_1 正好构成一个四臂电桥，电桥的其中两个顶点分别为地和运放的输出端，另外两个顶点刚好接在集成运放的同相输入端和反相输入端，称为桥式振荡电路。

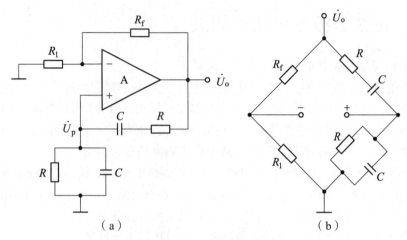

图 7-2　文氏桥振荡电路

7.2.2　RC 串并联网络的选频特性

RC 串联臂的阻抗用 Z_1 表示，RC 并联臂的阻抗用 Z_2 表示。其频率响应如下：

低频段时，$\dfrac{1}{\omega C} \gg R$，图 7-3 中 R、C 串联网络等效成电容 C，R、C 并联网络等效成电阻 R，R、C 串并联电路等效为 R、C 串联电路。电阻 R 上的分压 $\dot{U}_f$ 超前于总电压 $\dot{U}_o$，当频率趋近于零时，相位超前趋近于+90°，且 $\dot{U}_f$ 趋近于零，如图 7-4 所示。

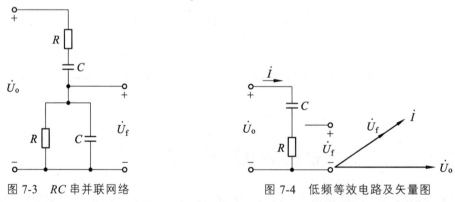

图 7-3　RC 串并联网络　　　　　　图 7-4　低频等效电路及矢量图

高频段时，$\dfrac{1}{\omega C} \ll R$，$R$、$C$ 串联网络等效成电阻 R，R、C 并联网络等效成电阻 C，R、C 串并联电路等效为 C、R 串联电路。电阻 C 上的分压 $\dot{U}_f$ 滞后于总电压 $\dot{U}_o$，当频率趋近于无穷大时，相位滞后趋近于 – 90°，$\dot{U}_f$ 也趋近于零。如图 7-5 所示。

由以上分析可以推断，当信号频率从零变化到无穷大的过程中，一定存在一个频率 f_0，使得 $\dot{U}_f$ 与 $\dot{U}_o$ 的相位相同。下面通过计算来求出 $\dot{F}$ 的频率响应。

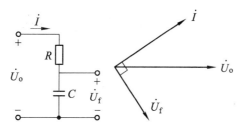

图 7-5 高频等效电路及矢量图

$$\dot{F} = \frac{\dot{U}_{\mathrm{f}}}{\dot{U}_{\mathrm{o}}} = \frac{R/\!/\dfrac{1}{\mathrm{j}\omega C}}{R + \dfrac{1}{\mathrm{j}\omega C} + R/\!/\dfrac{1}{\mathrm{j}\omega C}} = \frac{1}{3 + \mathrm{j}\left(\omega RC - \dfrac{1}{\omega RC}\right)} \qquad (7\text{-}7)$$

令 $f_0 = \dfrac{1}{2\pi RC}$ ，则有

$$\dot{F} = \frac{1}{3 + \mathrm{j}\left(\dfrac{f}{f_0} - \dfrac{f_0}{f}\right)} \qquad (7\text{-}8)$$

得 RC 串并联电路的幅频特性为

$$\left|\dot{F}\right| = \frac{1}{\sqrt{3^2 + \left(\dfrac{f}{f_0} - \dfrac{f_0}{f}\right)^2}} \qquad (7\text{-}9)$$

相频特性为

$$\varphi_{\mathrm{F}} = -\mathrm{arctg}\,\frac{\dfrac{f}{f_0} - \dfrac{f_0}{f}}{3} \qquad (7\text{-}10)$$

如图 7-6 所示，当 $f = f_0 = \dfrac{1}{2\pi RC}$ 时，$\left|\dot{F}\right|$ 幅频值最大为 1/3，相位 $\varphi_{\mathrm{F}} = 0$，即 $\dot{U}_{\mathrm{f}}$ 与 $\dot{U}_{\mathrm{o}}$ 同相位，又根据同相比例放大电路，$\dot{U}_{\mathrm{o}}$ 与 U_+ 同相，所以反馈电压 $\dot{U}_{\mathrm{f}}$ 与输入端 U_+ 相位相同，为正反馈。

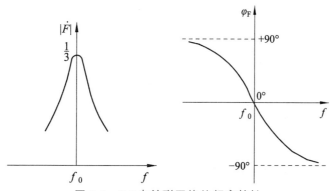

图 7-6 RC 串并联网络的频率特性

7.2.3 *RC*文氏桥振荡电路的起振和稳幅

当电源接通的瞬间，由于电压接通引起的电扰动相当于一个起始激励信号，它含有丰富的谐波。由于选频网络只对频率为f_0信号的反馈系数最大，信号经同相比例放大电路放大后，再经过选频网络和正反馈网络放大，则f_0信号的环路增益$|\dot{A}\dot{F}|>1$，达到起振条件，使输出幅度越来越大，最后受电路中非线性元件的限制，使振幅自动稳定下来，$|\dot{A}\dot{F}|=1$。其余频率信号由于达不到起振条件，输出幅度越来越小。

*RC*文氏桥振荡电路的稳幅过程是利用*RC*文氏桥振荡电路引入电压串联负反馈，可以提高放大倍数的稳定性，改善振荡电路的输出波形，提高带负载能力。改变R_f，可改变反馈深度。增加负反馈深度，并且满足$|\dot{A}|>3$，则电路可以起振，并产生比较稳定且失真较小的正弦波信号。

为了进一步改善输出电压幅度的稳定问题，在电路中加入非线性环节进行稳幅。具体做法是将电阻R_f用温度系数为负的热敏电阻代替。起振时，温度较低，R_f阻值较大，增益较大，$|\dot{A}\dot{F}|>1$，使输出电压幅度越来越大，流过R_f上电流增加导致温度升高，R_f的阻值下降，增益减小，输出幅度降低，当$|\dot{A}\dot{F}|=1$时，输出幅度不再增加达到稳定。同理，电阻R_1可换为正温度系数热敏电阻。

除此之外还可以采用反并联二极管稳幅(见图7-7)。在R_f回路中串联2个并联的二极管，电流增大时，二极管动态电阻减小。电流减小时，动态电阻增大，加大非线性环节，从而使输出电压稳定。

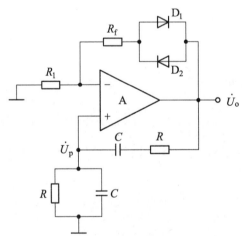

图 7-7　带二极管稳幅的*RC*桥式振荡电路

7.2.4 频率可调的文氏桥振荡器

如图7-8所示，频率可调的*RC*桥式振荡电路，改变*RC*串并联中的*R*或*C*可以改变输出信号的频率，改变电容*C*以粗调，改变电位器滑动端以微调。加二极管可以限制输出电压的峰-峰值。

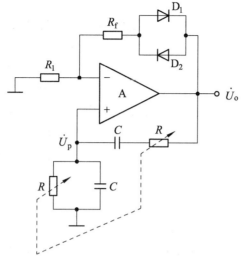

图 7-8　频率可调的 RC 桥式振荡电路

7.2.5　移相式振荡电路

图 7-9 所示为移相式振荡电路。RC 电路是相位超前电路，相位移小于 90°，当相位移接近 90°时，其频率必须是很低的，这样 R 两端输出电压与输入电压的幅值比接近零，所以，两节 RC 组成的反馈网络不能满足振荡的相位条件的。电路中 3 节 RC 移相网络，其最大相移可接近 270°，因此，有可能在特定的频率 f_0 时，相移 180°即 $\varphi_F = 180°$，集成运放产生的相位移 $\varphi_A = 180°$，即可满足产生正弦波振荡的相位平衡条件。只要适当调节 R_f 的值，$R_f > 12R$，就可满足振幅条件，产生正弦振荡。

振荡的频率为 $f_0 = \dfrac{1}{2\pi\sqrt{6}RC}$。

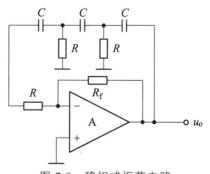

图 7-9　移相式振荡电路

7.3　LC 正弦波振荡电路

LC 振荡电路主要用来产生高频正弦信号，一般在 1 MHz 以上。LC 和 RC 振荡电路产生正弦振荡的原理基本相同，只是采用 LC 电路作为选频网络。根据反馈方式的不同，LC 正弦波振荡电路又分为变压器反馈式、电感反馈式、电容反馈式三种。下面首先讨论 LC 网络是如何进行选频的。

7.3.1　LC 并联谐振回路

如图 7-10 所示，常见的 LC 正弦波振荡电路中的选频回路多采用 LC 并联谐振回路，电路中电阻 R 表示回路的等效损耗电阻，LC 并联谐振回路的等效阻抗为

$$Z = \frac{\dfrac{1}{\mathrm{j}\omega C}(R + \mathrm{j}\omega L)}{\dfrac{1}{\mathrm{j}\omega C} + R + \mathrm{j}\omega L} \tag{7-11}$$

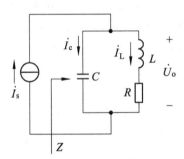

图 7-10　LC 并联谐振回路

一般来讲 $R \ll \omega L$，则

$$Z = \frac{L/C}{R + \mathrm{j}\left(\omega L - \dfrac{1}{\omega C}\right)} \tag{7-12}$$

当 $\omega = \omega_0 = \dfrac{1}{\sqrt{LC}}$ 时，电路谐振。谐振时阻抗最大，且为纯阻性，则有

$$Z_0 = \frac{L}{RC} = Q\omega_0 L = \frac{Q}{\omega_0 C} \tag{7-13}$$

其中，$Q = \dfrac{\omega_0 L}{R} = \dfrac{1}{\omega_0 RC} = \dfrac{1}{R}\sqrt{\dfrac{L}{C}}$ 为品质因数，用来评价回路损耗大小的指标。一般是几

十到几百。Q 值越大，说明回路的损耗越小，谐振特性越好。在振荡频率相同的情况下，电容越小，电感越大，品质因数越大，回路的选频特性越好。

处于谐振状态时，则有

$$U_o = I_s Z_0 = I_s \frac{Q}{\omega_0 C} \tag{7-14}$$

电容中的电流 $|\dot{I}_c| = \omega_0 C U_o = Q|\dot{I}_s|$，通常 Q 远远大于 1，所以 $|\dot{I}_c| \approx |\dot{I}_L| >> |\dot{I}_s|$，可见，谐振时，$LC$ 并联电路的回路电流 $|\dot{I}_c|$ 或 $|\dot{I}_L|$ 比输入电流 $|\dot{I}_s|$ 大得多，即 I_s 对回路的影响可以忽略。

可得，阻抗频率响应为

$$Z = \frac{L/C}{R + j\left(\omega L - \frac{1}{\omega C}\right)} = \frac{\frac{L}{RC}}{1 + j\frac{\omega L}{R}\left(1 - \frac{\omega_0^2}{\omega^2}\right)} = \frac{\frac{L}{RC}}{1 + j\frac{\omega L}{R}\frac{(\omega + \omega_0)(\omega - \omega_0)}{\omega^2}} \tag{7-15}$$

式中所讨论的并联等效阻抗只局限于 ω_0 附近，则可认为 $\omega \approx \omega_0$，$\frac{\omega L}{R} \approx \frac{\omega_0 L}{R} = Q$，$\omega + \omega_0 \approx 2\omega_0$，$\omega - \omega_0 = \Delta\omega$。

可改写为

$$Z = \frac{Z_0}{1 + jQ\frac{2\Delta\omega}{\omega_0}} \tag{7-16}$$

模为

$$|Z| = \frac{Z_0}{\sqrt{1 + \left(Q\frac{2\Delta\omega}{\omega_0}\right)^2}} \tag{7-17}$$

相角为

$$\varphi = -\arctan Q\frac{2\Delta\omega}{\omega_0} \tag{7-18}$$

阻抗的频率响应曲线如图 7-11 所示，从幅频响应可以看出，当外加信号频率 $\omega \approx \omega_0$ 时，产生并联谐振，回路等效阻抗达到最大值，当频率偏离 ω_0 时，阻抗将减小，偏离越大阻抗越小。

从相频响应可以看出，当 $\omega > \omega_0$ 时，相对失谐 $\frac{2\Delta\omega}{\omega_0}$ 为正，等效阻抗为电容性，因此阻抗的相角为负值，反之，$\omega < \omega_0$ 时，等效阻抗为电感性，因此阻抗的相角 φ 为正值。

Q 值越大，谐振曲线越尖锐，相角变化越快。

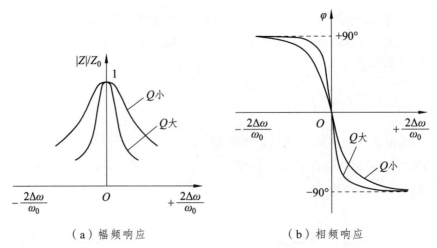

（a）幅频响应 　　　　　　　　（b）相频响应

图 7-11　频率响应曲线

7.3.2　选频放大电路

把共射极放大电路中的集电极电阻换成 LC 并联回路（见图 7-12），根据 LC 并联回路的频率特性可知，当信号频率为 ω_0 时，并联谐振回路的阻抗最大，即放大倍数最大，且输出电压与集电极电流之间没有附加相移。对于其余信号，不仅放大倍数会降低，且有附加相移。由此可知，该电路具有选频功能，称之为选频放大电路。实际中 LC 谐振回路，通过 L 的中央抽头与电源的正端相连，有利于实现阻抗匹配。

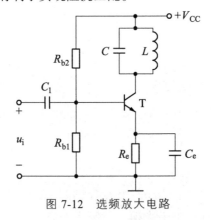

图 7-12　选频放大电路

7.3.3　变压器反馈式 LC 振荡电路

变压器反馈式 LC 振荡电路，LC 正弦波振荡电路中引入正反馈最简单的方法就是采用变压器反馈方式。图中耦合电容 $C1$ 和旁路电容 Ce 容量较大，谐振时，可看作短路。

对于图 7-13 所示电路，判断能否振荡，具体步骤如下。

（1）观察是否满足振荡电路的组成：放大电路是共射极放大电路，选频网络是 LC 选频，反馈网络是变压器反馈。

（2）是否满足相位平衡条件，即电路是否属于正反馈。基本共射极放大电路，信号从基极输入，反馈信号也是送到基极。断开反馈端，假设在基极输入一个频率为 f_0 的信号，对地瞬时极性为+，由于处于谐振状态，LC 并联回路呈纯阻抗，故共射极电路集电极的极性为 $-$，观察变压器 N_1、N_2 的同名端可知，反馈电压的极性也为+，与输入信号极性相同，满足相位条件。

（3）幅值平衡条件可通过选择高增益的三极管和调整变压器的匝数比，可以满足 $|\dot A \dot F| > 1$ 使电路可以起振。

（4）稳幅。随着电流变大，三极管进入非线性区，进入饱和区，β 值随之下降，从而使放大倍数降低，达到平衡条件 $|\dot A \dot F| = 1$，幅值不再增加，达到稳幅的目的。

（5）选频。虽然波形出现了失真，但由于 LC 谐振电路的 Q 值很高，选频特性好，所以仍能选出 f_0 的正弦波信号。

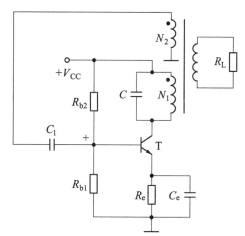

图 7-13　变压器反馈式 LC 振荡电路

7.3.4　电感反馈式和电容反馈式振荡电路

LC 振荡电路除了变压器反馈式之外，还有电感反馈式和电容反馈式两种。

电感反馈式振荡电路中，仍采用静态工作点稳定的电路作为放大电路，LC 并联回路作为反馈和选频网络，起振和稳幅由电路中的晶体管 β 的非线性实现，此电路也叫作哈特莱式振荡电路。

如图 7-14 所示，电感反馈式振荡电路从其交流通路可以看出，电感的三个抽头分别接晶体管的三个极，故称之为电感三点式电路。

电感反馈式振荡电路包括放大电路、LC 并联选频网络、电感反馈网络、基本共射极放大电路，信号从基极输入，反馈信号也是送到基极。断开反馈端，假设在基极输入一个频率为 f_0 的信号，对地瞬时极性为+，则集电极的极性为 $-$，由于电感三端中间接地，故上下两端极性相反，上端的极性也为+，与输入信号极性相同，满足相位条件。

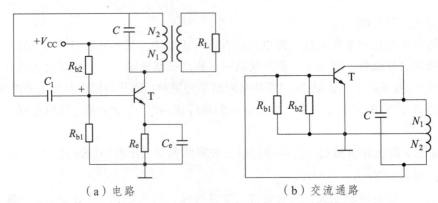

（a）电路　　　　　　　　　（b）交流通路

图 7-14　电感反馈式振荡电路

谐振频率为

$$f_0 = \frac{1}{2\pi\sqrt{LC}} = \frac{1}{2\pi\sqrt{(L_1 + L_2 + 2M)C}} \qquad （7\text{-}19）$$

式中，M 为 N_1、N_2 间的互感。

电感反馈式振荡电路的特点是：耦合紧密，易起振，振幅大，C 用可调电容可获得较宽范围的振荡频率。输出电压中含有高次谐波，输出波形不理想。

图 7-15 所示为电容反馈式振荡电路。为了解决电感反馈式振荡电路中输出波形中含有高次谐波，把电感换成电容，电容换成电感，从电容上取电压，就得到电容三点式振荡电路，也叫作皮尔兹式振荡电路。

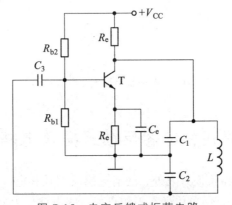

图 7-15　电容反馈式振荡电路

电容反馈式和电感反馈式一样，都具有 LC 并联回路，因此，电容 C_1、C_2 中三个端点的相位关系与电感反馈式相似，满足相位条件，至于幅度条件，只要将管子的 β 值选大些，并恰当选取比值 C_2/C_1，就有利于起振，稳幅仍然采用晶体管的非线性特性来实现。

电路的谐振频率为

$$f_0 \approx \frac{1}{2\pi\sqrt{LC_1C_2/(C_1 + C_2)}} \qquad （7\text{-}20）$$

电容反馈式振荡电路的反馈电压是从电容 C_2 两端取出，对高次谐波阻抗小，因而可将高次谐波滤除，所以输出波形好。

实际中，在谐振回路 L 上串联一个小电容 C，回路中的总电容 C' 为

$$\frac{1}{C'} = \frac{1}{C} + \frac{1}{C_1} + \frac{1}{C_2}$$ （7-21）

若 $C \ll C_1$ 且 $C \ll C_2$，则

$$f_0 \approx \frac{1}{2\pi\sqrt{LC}}$$ （7-22）

与放大电路参数无关。

7.4 石英晶体振荡电路

在实验用的低频及高频信号产生电路中，往往要求正弦波振荡电路的频率有一定的稳定度；另外有些系统也需要振荡频率十分稳定，如通信系统中的射频振荡电路、数字系统的时钟产生电路等。前面讲过的 RC、LC 振荡电路的稳定度都不够高，最高也只能达到 10^{-5}，因此需要采用石英晶体振荡器，振荡频率的稳定度可达 10^{-12}。

7.4.1 石英晶体的特性

石英晶体的特点：石英晶体是一种各向异性的结晶体，其化学成分是二氧化硅，如图 7-16 所示。从一块晶体上按一定的方位角切割成很薄的晶片，将晶片的两个对应表面上涂敷银层，并装上一对金属板作为管脚引出，就构成石英晶体谐振器。

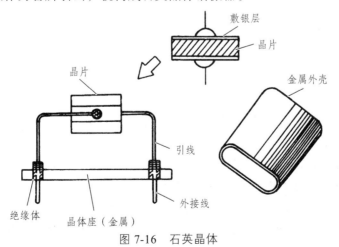

图 7-16 石英晶体

石英晶体的特性是基于它的压电效应。若在晶片的两个极板间施加机械力，会在相应的方向上产生电场，这种现象称为压电效应。反之，若在晶片的两个极板间施加电场，又会使晶体产生机械变形，这种现象称为逆压电效应。如在极板间所加的是交变电压，就会产生机械变形振动，同时机械振动又会产生交变电场。一般来说，这种机械振动的幅度很小，但当外加交变电压的频率为某一特定的频率时，将产生共振，振动的振幅骤然增大，这个频率就是石英晶体的固有频率，也称为谐振频率。谐振频率与晶片的尺寸和切割方向有关。

石英晶体的符号、等效电路和电抗如图 7-17 所示。C_0 为石英晶体的静态电容，当不振动时所等效的平板电容，其值决定于晶片的几何尺寸和电极面积。晶片振动时的惯性和弹性分别等效成电感 L 和电容 C，电阻 R 则是用来等效晶片振动时因摩擦而造成的损耗。石英晶体的惯性和弹性的比值很高，因而它的品质因数 Q 也很高。

由等效电路可以看出，这是一个 L、C、R 串联再和 C_0 并联电路，所以石英晶体有两个谐振频率。

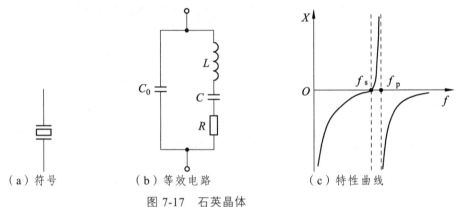

（a）符号 （b）等效电路 （c）特性曲线

图 7-17 石英晶体

当 L、C、R 串联支路谐振时，该支路呈纯阻性，等效电阻为 R，谐振频率为

$$f_s = \frac{1}{2\pi\sqrt{LC}} \tag{7-23}$$

石英晶体振荡的总等效电抗为静态电容 C_0 的容抗与电阻的并联，由于 C_0 很小，可近似认为石英振荡器为纯阻性，等效电阻很小。

当串联支路呈感性，与静态电容 C_0 产生并联谐振，石英振荡器又为纯阻性，谐振频率为

$$f_p = \frac{1}{2\pi\sqrt{L\dfrac{C_0 C}{C_0 + C}}} = \frac{1}{2\pi\sqrt{LC}}\sqrt{1 + \frac{C}{C_0}} = f_s\sqrt{1 + \frac{C}{C_0}} \tag{7-24}$$

由于 $C \ll C_0$，所以 f_s 与 f_p 很接近。

可知石英振荡器的电抗特性，当 $f < f_s$ 或 $f > f_p$ 时，石英振荡器呈容性，只有当 $f_s < f < f_p$ 时，才呈感性，而且 f_s 与 f_p 很接近，感性频带很窄。

通常石英晶体产品所给出的标称频率既不是 f_s 也不是 f_p，而是外接一个小电容 C_s 时的校正频率（见图 7-18），利用 C_s 可使石英晶体的谐振频率在一个小范围内调整，则新的谐振频率为

$$f_s' = \frac{1}{2\pi\sqrt{LC}}\sqrt{1+\frac{C}{C_0+C_s}} = f_s\sqrt{1+\frac{C}{C_0+C_s}} \tag{7-25}$$

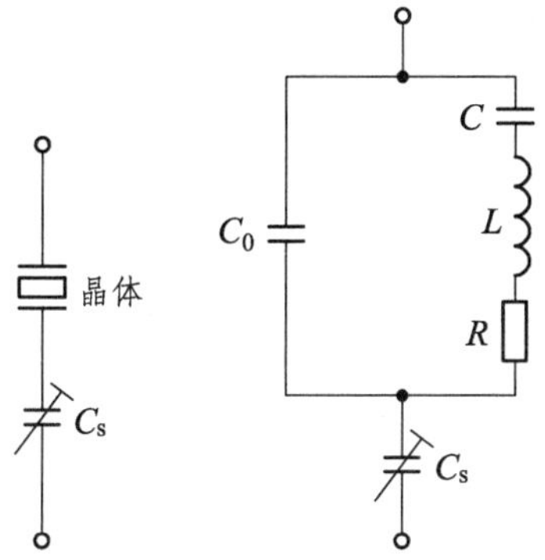

（a）　　　　（b）

图 7-18　石英晶体串联小电容

一般 $C << C_0 + C_s$，则可近似推导出

$$f_s' = f_s\left[1+\frac{C}{2(C_0+C_s)}\right] \tag{7-26}$$

当 $C_s \to 0$ 时，$f_s' = f_p$；当 $C_s \to \infty$ 时，$f_s' = f_s$。

实际使用时，C_s 是一个微调电容，使在 f_s 与 f_p 之间一个狭窄的范围内变动。

7.4.2　石英晶体振荡电路

石英晶体振荡电路的形式是多种多样的，但其基本电路只有两类，即并联型石英晶体振荡电路和串联型石英晶体振荡电路。并联型石英晶体振荡电路（见图 7-19）属于电容三点式，石英晶体等效为电感。

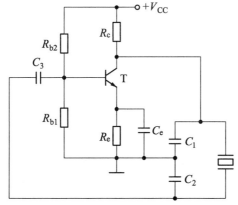

图 7-19　并联型石英晶体振荡电路

串联型石英晶体振荡电路（见图 7-20），电路中采用两级放大电路，第一级采用共基极方式，第二级采用共集电极方式，利用瞬时极性法判断反馈极性，断开反馈，假设输入电压瞬时极性为+，则 T_1 的集电极电压的瞬时极性为+，T_2 的发射极极性也为+，只有石英晶体呈纯阻性，即产生串联谐振时，反馈电压才与输入电压同相，电路才满足振荡的相位条件，才能振荡。调整 R_f 可以调整振荡的幅度。

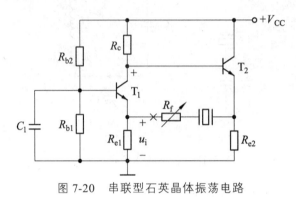

图 7-20　串联型石英晶体振荡电路

7.5　电压比较器

电压比较器通常是将外加输入电压与一个参考电压进行比较，并将比较的结果以高电平或低电平输出的电路。因此集成运放工作在非线性区。广泛用于模拟信号/数字信号变化、数字仪表、自动控制和自动检测等技术领域，广泛用于各种报警电路。另外，它还是波形产生和变换的基本单元电路。

7.5.1　单门限电压比较器

图 7-21（a）所示为单门限电压比较器，同相端接参考电压 U_{REF}，反相端接输入电压，增益 $A_0 > 10^5$，运放开环，运算放大器工作在非线性状态。

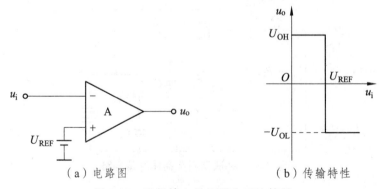

（a）电路图　　　　　　　（b）传输特性

图 7-21　反相输入单门限电压比较器

当 $u_i > U_{REF}$ 时，运放处于负饱和状态，$u_o = -U_{OL}$；当 $u_i < U_{REF}$ 时，运放处于正饱和状态，$u_o = U_{OH}$。电压传输特性如图 7-21（b）所示。当比较器的输出电压由一种状态跃变到另一种状态时，相应的输入电压通常称为阈值电压或门限电压，记作 U_T。

参考电压 U_{REF} 可正、可负或为零。如果参考电压 $U_{REF} = 0$，则输入信号电压 u_i 与零相比较，每次过零时，输出电压就要产生突变。这种比较器又称为过零比较器，如图 7-22 所示。

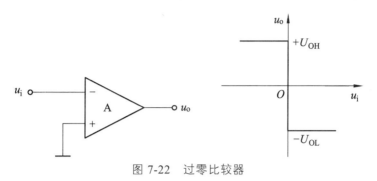

图 7-22 过零比较器

如图 7-23 所示，当过零比较器输入正弦信号时，输出为方波，可以实现简单的波形变换。

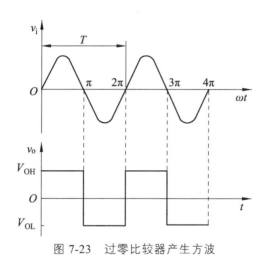

图 7-23 过零比较器产生方波

7.5.2 滞回比较器

单门限电压比较器结构简单、灵敏度高，但它的抗干扰能力差。如图 7-24 所示，输入信号因受到干扰在阈值附近变化，将此信号加进比较器比较，则输出电压将反复地从一个电平跃变到另一个电平，用此输出电压控制电机等设备，将会出现频繁的动作，这是不允许的。滞回比较器能克服简单比较器抗干扰能力差的缺点。

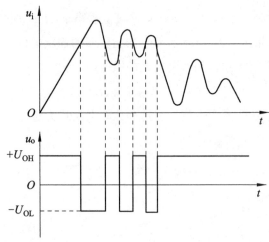

图 7-24　单门限比较器输入信号因受到干扰时输出信号波形

滞回比较器的电路组成是在反向输入的单门限电压比较器的基础上引入正反馈网络，如图 7-25 所示。它是一个典型的由运放组成的双稳态触发器，又称为施密特触发器，输入输出关系见仿真视频。

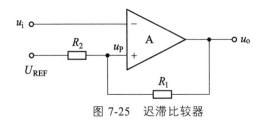

仿真视频：滞回比较器

图 7-25　迟滞比较器

u_p 为门限电压，当 $u_i > u_p$ 时，$u_o = -U_{OL}$（低电平）；当 $u_i < u_p$ 时，$u_o = U_{OH}$（高电平）。而 u_p 与 u_o 有关，根据叠加原理，对应于 u_o 的两个电压值可得 u_p 的两个门限电压。

输出电压为 U_{OH} 时，得上门限电压，即

$$U_{T+} = \frac{R_1 U_{REF}}{R_1 + R_2} + \frac{R_2 U_{OH}}{R_1 + R_2} \tag{7-27}$$

输出电压为 U_{OL} 时，得下门限电压

$$U_{T-} = \frac{R_1 U_{REF}}{R_1 + R_2} + \frac{R_2 U_{OL}}{R_1 + R_2} \tag{7-28}$$

回差电压为

$$\Delta U_T = U_{T+} - U_{T-} = \frac{R_2 (U_{OH} - U_{OL})}{R_1 + R_2} \tag{7-29}$$

如图 7-26 所示，传输特性图类似于迟滞回线，故这类比较器称为滞回比较器。

可见，滞回比较器将原来的一个基准电压变为两个，当输入信号 $u_i > U_{T+}$ 时，输出信号才由 U_{OH} 跃变为 U_{OL}，当输入信号 $u_i < U_{T-}$ 时，输出信号才由 U_{OL} 跃变为 U_{OH}。输入信号 $U_{T-} < u_i < U_{T+}$ 时，输出信号保持不变，这样就可以较好地解决单门限电压比较器的干扰问题。

滞回比较器可用于产生矩形波、锯齿波和三角波等各种非正弦信号，也可用来组成各种波形变换电路。

窗口比较器用于判断输入信号电压是否在指定的门限电压之内。其电路和传输特性如图 7-27 所示。

当 $u_1 > U_{RH}$ 时，$u_{o1} = -u_{o2} = U_{OH}$，$D_1$ 导通，D_2 截止；$u_O = U_Z$。

当 $u_1 < U_{RL}$ 时，$u_{o2} = -u_{o1} = U_{OH}$，$D_2$ 导通，D_1 截止；$u_O = U_Z$。

当 $U_{RL} < u_1 < U_{RH}$ 时，$u_{o1} = u_{o2} = -U_{OL}$，$D_1$、$D_2$ 均截止；$u_O = 0$。

窗口比较器可以用来监视数字集成电路的供电电源，以保证集成电路安全正常工作在典型的电压附近。

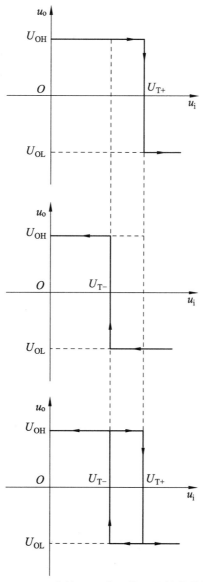

图 7-26　反向输入迟滞比较器的传输特性

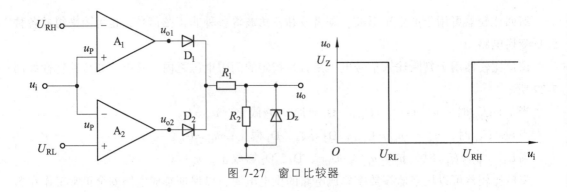

图 7-27　窗口比较器

7.5.3　集成电压比较器

以上介绍的各种类型的电压比较器，都是由通用集成运放组成，也可以用集成电压比较器实现。集成电压比较器的内部结构和工作原理与集成运放十分相似，但由于用途不同，集成电压比较器具有开环增益低、失调电压大、共模抑制比小，灵敏度不如用集成运放构成的比较器高。但集成电压比较器中无频率补偿电容，因此转换速率高，改变输出状态的典型响应时间是 30 ~ 200 ns。相同条件下 741 集成运算放大器的响应时间为 30 μs 左右，约是集成电压比较器的一千倍。

根据输出方式不同，集成电压比较器可以分为普通型、集电极（或漏极）开路输出或互补输出三种情况。集电极（或漏极）开路输出电压必须在输出端接一个电阻至电源。互补输出电路有两个输出端，若一个为高电平，则另一个必为低电平。

常用的集成比较器 LM339，其内部集成了两个独立的电压比较器，集电极开路输出，使用时输出端经上拉电阻接直流电源 V_{CC}。集成电压比较器种类很多，使用时可以根据需要选择合适的比较器。

7.6　非正弦波产生电路

在实际电路应用中，除了正弦波以外，常见波形还有矩形波、三角波、尖顶波和阶梯波等，见图 7-28，本节主要学习模拟电路中的矩形波和锯齿波两种非正弦波发生电路的基本组成、工作原理、波形分析和主要参数。矩形波发生电路是非正弦波发生电路的基础，故下面首先介绍矩形波发生电路。

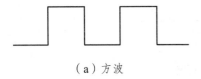

（a）方波

（b）三角波

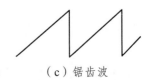

（c）锯齿波

（d）尖顶波　　　　　　　　　　　　（e）阶梯波

图 7-28　几种常见的非正弦波

占空比 50% 的矩形波称为方波，是产生非正弦波的基础。由于方波包含丰富的谐波，故方波发生电路又称为多谐振荡器。方波的电压只有高电平和低电平两种状态，所以电压比较器是方波发生电路的重要组成部分；输出的两种状态是自动相互转换的，即产生振荡，所以电路需要有正反馈；另外，波形是按照一定时间间隔进行交替变化的，即产生一定的周期，所以电路中采用 RC 积分电路作为延迟环节。

7.6.1　方波产生电路

如图 7-29 所示，方波产生电路由一个反向输入的滞回比较器和 RC 延迟电路组成。

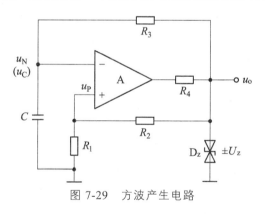

图 7-29　方波产生电路

电路采用双向稳压管进行稳压，则输出 $u_o = \pm U_z$，滞回比较器的阈值电压为

$$\pm U_T = \pm \frac{R_1}{R_1 + R_2} U_z \qquad\qquad (7\text{-}30)$$

当接通电源时，假设电压比较器处于正向饱和，输出电压 $u_o = +U_z$，则 $u_+ = +U_T$。由于电容两端的电压不能突变，故 $u_- = 0$。输出电压 u_o 通过电阻 R_3 向电容 C 充电，因此反相输入端电压 u_- 从 0 开始上升，只要 $u_- < +U_T$，即 $u_- < u_+$，则输出电压维持 $u_o = +U_z$。随着 u_- 的升高，一旦 u_- 达到 $+U_T$，再稍增大，就出现 $u_- > u_+$，比较器的输出 u_o 从 $+U_z$ 跳变成 $-U_z$，与此同时，u_+ 跃变为 $-U_T$。随后，电容 C 通过 R_3 先放电至 0，而此时，u_- 仍然小于 u_+，输出维持 $-U_z$。故输出电压 $-U_z$ 接着对电容 C 进行反向充电。随着对电容反向充电，反相输入端电压 u_- 逐

渐降低，但只要 $u_- > -U_T$，即 $u_- > u_+$。则输出电压维持 $u_o = -U_Z$，一旦 u_- 下降到 $-U_T$，再稍减小，就出现 $u_- < u_+$，比较器的输出 u_o 从 $-U_Z$ 跳变成 $+U_Z$，与此同时，u_o 又跃变为 $+U_T$，电容又开始先放电再正向充电。上述过程周而复始，电路产生自激振荡，输出按照一定的周期在高电平和低电平之间跳变，实现方波输出，输出如图 7-30 所示。

根据一阶电路的三要素法，即由初始值、终了值、时间常数，求出

$$T = 2R_3 C \ln\left(1 + \frac{2R_1}{R_2}\right) \tag{7-31}$$

由于电路中电容正向充电和反向充电的时间常数都是 $R_3 C$，且充电幅度也一样，故波形上升时间和下降时间是一样的，占空比 $\delta = \dfrac{T_k}{T} = 50\%$，此矩形波称为方波，$T_k$ 称为脉冲宽度。

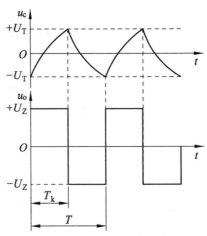

图 7-30 方波产生电路工作原理

通过方波发生电路分析可知，要想改变占空比，就要改变电容两端电压的上升时间和下降时间，即改变电容正向充电和反向充电的时间常数。由此，图 7-31 所示中实线和虚线的通路需有所区别，利用二极管进行限制电流的方向和流经的通路。通过改变滑动变阻器，改变正反向充电电阻，改变正反向充电的时间常数，从而改变输出波形的占空比。

利用三要素法可以求出

$$T = (2R_3 + R_W) C \ln\left(1 + \frac{2R_1}{R_2}\right) \tag{7-32}$$

占空比 $\delta = \dfrac{T_1}{T} = \dfrac{R_3 + R_{W1}}{2R_3 + R_W}$。

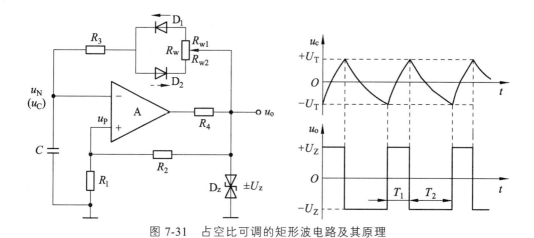

图 7-31　占空比可调的矩形波电路及其原理

7.6.2　三角波发生电路

利用积分运算可将方波转化为三角波。如图 7-32 所示，三角波发生电路是由同相输入的滞回电压比较器和反相积分器组成的。

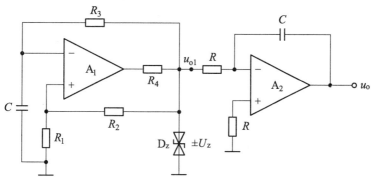

（a）采用反相输入滞回比较器产生三角波

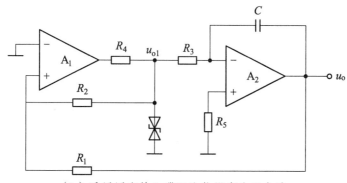

（b）采用同向输入滞回比较器产生三角波

图 7-32　三角波产生电路

用 u_o 取代 u_c，则电路变为图 7-32（b）所示。对于电压比较器来说，u_o 作为输入电压，u_{o1} 为输出电压；对于积分电路来说，u_{o1} 作为输入电压，u_o 为输出电压。

根据同相输入电压滞回比较器的分析可知

$$u_{P1} = \frac{R_1}{R_1 + R_2} u_{o1} + \frac{R_2}{R_1 + R_2} u_o \qquad (7\text{-}33)$$

令 $u_{P1} = u_{N1} = 0$，将 $u_{o1} = \pm U_Z$ 代入，求出

$$\pm U_T = \pm \frac{R_1}{R_2} U_Z \qquad (7\text{-}34)$$

则当输出电压 u_o 在 $\pm \dfrac{R_1}{R_2} U_Z$ 变化时，比较器的输出电压 u_o 就会在高、低电平之间跳变，输出方波。

A_2 构成的是反向积分电路，输入信号是方波 u_{o1}，由于电路的正向充电和反向充电的时间常数都是 R_3C，当输入信号 u_{o1} 为 $-U_Z$，电容正向充电，积分后的电压随时间的增加线性上升。当上升到电压比较器的阈值 $+U_T$ 时，电压比较器的输出电压 u_{o1} 从 $-U_Z$ 跳变为 $+U_Z$，此时积分电路中的电容反向充电，输出电压 u_o 随时间的增加而线性下降。当输出电压降低到电压比较器的阈值 $-U_T$ 时，u_{o1} 从 $+U_Z$ 跳变到 $-U_Z$，电容又转向正向充电，重复上述过程，产生自激振荡，波形如图 7-33 所示。

由上面分析可知，u_o 为三角波，幅值为 $\pm U_T$，u_{o1} 为方波，幅值为 $\pm U_Z$，因此电路也被称为方波-三角波电路。

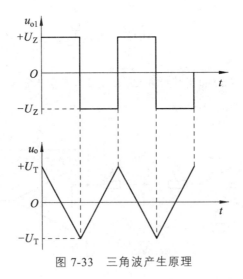

图 7-33　三角波产生原理

如图 7-34 所示，改变三角波正反向时间常数，让正向充电时间常数和反向充电时间常数不等，可在三角波的积分回路中串接两个二极管的并联电路，则正向充电时间常数和反向充电时间常数分别为（$R_3 + R_{w1}$）C 和（$R_3 + R_{w2}$）C。如果电位器的滑动端处于中间位置，时间常

数相同，则为三角波发生电路。如果电位器滑动端处于最上端时，反向时间常数为 R_3C，正向积分时间常数为 $(R_3+R_w)C$，若 R_3 远小于 R_w，故反向充电时间远小于正向充电时间，输出波形为锯齿波。

同样，可以计算出振荡周期为

$$T = T_1 + T_2 = \frac{2R_1(2R_2 + R_w)C}{R_2} \tag{7-35}$$

因为 R_3 远小于 R_w，故周期可以近似为上升时间 T_2。

矩形输出波形的占空比为

$$\delta = \frac{T_1}{T} = \frac{R_3}{2R_3 + R_w} \tag{7-36}$$

调节电路中 R_3、R_1/R_2 和电容 C，可以改变振荡周期和频率，而调节 R_1/R_2 的比值可以改变三角波的幅值；调节 R_w 的滑动端，可以改变矩形波的占空比。

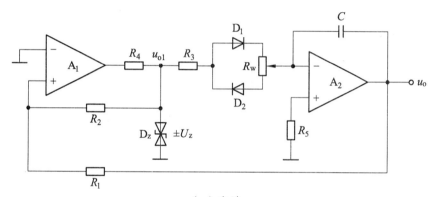

（a）电路

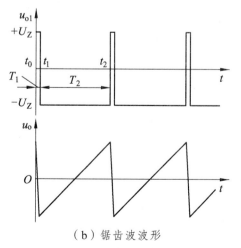

（b）锯齿波波形

图 7-34　锯齿波产生原理

本章小结

1. 正弦波振荡电路

正弦波振荡电路由放大电路、选频网络、正反馈网络和稳幅环节 4 部分组成。正弦波振荡的幅值平衡条件为 $|\dot{A}\dot{F}| = 1$，相位平衡条件为 $\angle\varphi_A + \angle\varphi_F = 2n\pi(n = 0, 1, \cdots)$。按选频网络所用元件不同，正弦波振荡电路可分为 RC、LC 和石英晶体 3 种类型。在分析电路是否可能产生正弦波振荡时，应首先观察电路是否包含四个组成部分，进而检查放大电路能否正常放大，然后利用瞬时极性法判断电路是否满足相位平衡条件，必要时再判断电路是否满足幅值平衡条件。

（1）RC 正弦波振荡电路的振荡频率较低。常用的 RC 桥式正弦波振荡电路由 RC 串并联网络和同相比例运算电路组成。若 RC 串并联网络中的电阻均为 R，电容均为 C，则振荡频率 $f_o = \dfrac{1}{2\pi RC}$，反馈系数 $|\dot{F}| = \dfrac{1}{3}$，因而 $\dot{A}_u \geqslant 3$ 满足起振条件。

（2）LC 正弦波振荡电路振荡频率较高，分为变压器反馈式、电感反馈式和电容反馈式三种。谐振回路的品质因数 Q 值越大，电路的选频特性越好。

（3）石英晶体的振荡频率非常稳定,有串联和并联两个谐振频率,分别为 f_s 和 f_p。在 $f_s < f < f_p$ 极窄的频率范围内呈感性。利用石英晶体可构成串联型和并联型两种正弦波振荡电路。

2. 电压比较器

电压比较器能够将模拟信号转换成具有数字信号特点的两值信号，即输出不是高电平就是低电平，其电路中的集成运放一般工作在非线性区。它既用于信号转换，又作为非正弦波发生电路的重要组成部分。

通常用电压传输特性来描述电压比较器的输出电压与输入电压的函数关系。电压传输特性具有三个要素：一是输出高、低电平，它决定于集成运放输出电压的最大幅度或输出端的限幅电路；二是阈值电压，它是使集成运放输出电压产生跃变的输入电压；三是输入电压超过阈值电压时输出电压的跃变方向，它决定于输入电压是作用于集成运放的反相输入端，还是同相输入端。

单限比较器只有一个阈值电压；窗口比较器有两个阈值电压，当输入电压向单一方向变化时，输出电压跃变两次；滞回比较器具有滞回特性，虽有两个阈值电压，但当输入电压向单一方向变化时输出电压仅跃变一次。

3. 非正弦波发生电路

方波发生电路由滞回比较器和 RC 延时电路组成，主要参数是振荡幅值和振荡频率。由于滞回比较器引入了正反馈，从而加速了输出电压的变化；延时电路使比较器输出电压周期性地从高电平跃变为低电平，再从低电平跃变为高电平，而不停留在某一稳态，从而使电路产生振荡。

利用二极管的单向导电性改变 RC 电路正向充电和反向充电的时间常数，则可将方波发生电路变为占空比可调的矩形波发生电路；改变正向积分和反向积分的时间常数，则可由三角波发生电路变为锯齿波发生电路。

习　题

1. 选择题

（1）因为 RC 串并联选频网络作为反馈网络时的 $\varphi_F = 0°$，单管共集放大电路的 $\varphi_A = 0°$，满足正弦波振荡的相位条件，故合理连接它们（　　）构成正弦波振荡电路。

　　A. 可以　　　　　　　　　B. 不可以，不满足幅值条件

　　C. 不确定

（2）在 LC 正弦波振荡电路中，不用通用型集成运放作放大电路的原因是（　　）。

　　A. 下限截止频率太高　　　B. 上限截止频率太低　　　C. 放大倍数太大

（3）选择合适答案填入空内，只需填入 A、B 或 C。

① 制作频率为 20 Hz ~ 20 kHz 的音频信号发生电路，应选用（　　）。

② 制作频率为 2 MHz ~ 20 MHz 的接收机的本机振荡器，应选用（　　）。

③ 制作频率非常稳定的测试用信号源，应选用（　　）。

　　A. RC 桥式正弦波振荡电路

　　B. LC 正弦波振荡电路

　　C. 石英晶体正弦波振荡电路

（4）选择下面一个答案填入空内，只需填入 A、B 或 C。

① LC 并联网络在谐振时呈（　　），在信号频率大于谐振频率时呈（　　），在信号频率小于谐振频率时呈（　　）。

② 当信号频率等于石英晶体的串联谐振频率或并联谐振频率时，石英晶体呈（　　）；当信号频率在石英晶体的串联谐振频率和并联谐振频率之间时，石英晶体呈（　　）；其余情况下石英晶体呈（　　）。

③ 当信号频率 $f = f_0$ 时，RC 串并联网络呈（　　）。

　　A. 容性　　　　　　　　　B. 阻性　　　　　　　　　C. 感性

（5）为使电压比较器的输出电压不是高电平，就应在其电路中使集成运放工作在（　　）。

　　A. 开环状态

　　B. 引入正反馈

　　C. 开环状态或仅仅引入正反馈

（6）在输入电压从足够低逐渐增大到足够高的过程中，（　　）输出电压跃变两次。

　　A. 单限比较器　　　　　　B. 滞回比较器　　　　　　C. 窗口比较器。

（7）波形发生电路如图 7-35 所示，设振荡周期为 T，在一个周期内 $u_{O1} = U_Z$ 的时间为 T_1，则占空比为 T_1/T；在电路某一参数变化时，其余参数不变。选择 A、B、C 填入空内。

　　A. 增大　　　　　　　　　B. 不变　　　　　　　　　C. 减小

当 R_1 增大时，u_{O1} 的占空比将＿＿＿，振荡频率将＿＿＿，u_{O2} 的幅值将＿＿＿；若 R_{W1} 的滑动端向上移动，则 u_{O1} 的占空比将＿＿＿，振荡频率将＿＿＿，u_{O2} 的幅值将＿＿＿；若 R_{W2} 的滑动端向上移动，则 u_{O1} 的占空比将＿＿＿，振荡频率将＿＿＿，u_{O2} 的幅值将＿＿＿。

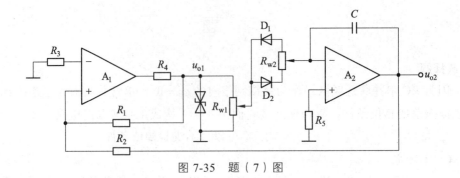

图 7-35 题（7）图

2. 基本题

（1）电路如图 7-36 所示，试求解：

① R'_w 的下限值。

② 振荡频率的调节范围。

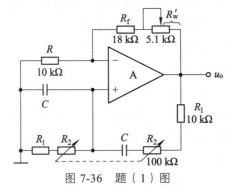

图 7-36 题（1）图

（2）电路如图 7-37 所示，稳压管 D_z 起稳幅作用，其稳定电压 $\pm U_z = \pm 6\,V$，试估算：

①输出电压不失真情况下的有效值。

② 振荡频率。

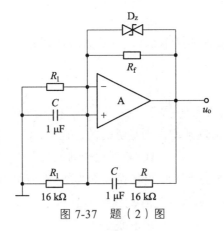

图 7-37 题（2）图

（3）电路如图 7-38 所示。试问：

① 为使电路产生正弦波振荡，标出集成运放的"+"和"－"，并说明电路是哪种正弦波振荡电路。

② 若 R_1 短路，则电路将产生什么现象？

③ 若 R_1 断路，则电路将产生什么现象？

④ 若 R_f 短路，则电路将产生什么现象？

⑤ 若 R_f 断路，则电路将产生什么现象？

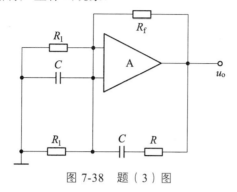

图 7-38　题（3）图

（4）分别判断图 7-39 所示各电路是否满足正弦波振荡的相位条件。

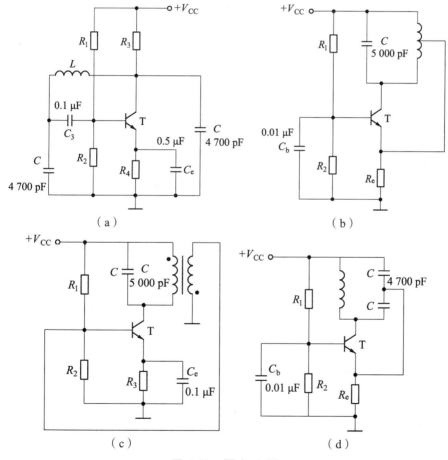

（a）　　　　　　　　　　（b）

（c）　　　　　　　　　　（d）

图 7-39　题（4）图

（5）改正图 7-39（b）、（c）所示两电路中的错误，使之有可能产生正弦波振荡。

（6）试分别求解图 7-40 所示各电路的电压传输特性。

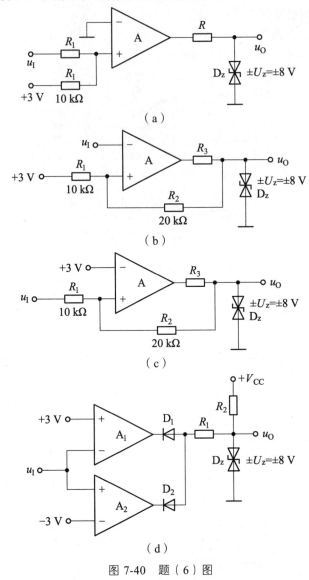

（a）

（b）

（c）

（d）

图 7-40　题（6）图

（7）图 7-41 所示电路为某同学所接的方波发生电路，试找出图中的 3 处错误，并改正。

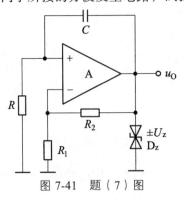

图 7-41　题（7）图

（8）电路如图 7-42 所示。试问：

① 分别说明 A_1 和 A_2 各构成哪种基本电路。

② 求出 u_{o1} 与 u_o 的关系曲线 $u_{o1} = f(u_o)$。

③ 求出 u_o 与 u_{o1} 的运算关系式 $u_o = f(u_{o1})$。

④ 定性画出 u_o 与 u_{o1} 的波形。

⑤ 说明若要提高振荡频率，则可以改变哪些电路参数？如何改变。

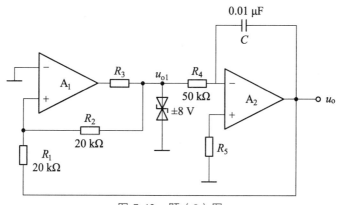

图 7-42　题（8）图

（9）理想运放组成图 7-43 所示的电压比较电路。已知运放输出 $\pm u_{o\,max} = 12\ \text{V}$，二极管的导通压降为 0.7 V，发光二极管导通压降为 1.4 V。试回答在什么条件下 LED 亮，设 LED 工作电流为 $5 \sim 30\ \text{mA}$，确定限流电阻 R 的范围。

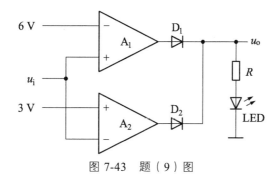

图 7-43　题（9）图

第 7 章　习题答案

1. 判断题

（1）B　（2）B　（3）A B C　（4）① B A C　② B C A　③ B　（5）C　（6）C　（7）B A C　B A B　A B B

2. 基本题

（1）解：① 根据起振条件，$R_f + R'_W > 2R$，R'_W 应大于 2 kΩ。

② 振荡频率的最大值和最小值分别为

$$f_{omin} = \frac{1}{2\pi R_1 C} \approx 1.6 \text{ kΩ}$$

视频：题（1）解答

$$f_{omax} = \frac{1}{2\pi (R_1 + R_2) C} \approx 145 \text{ kΩ}$$

（2）解：① R_f 上电压峰值是稳压管的稳定电压 U_Z，R_1 上电压峰值是 R_f 上电压峰值的 1/2，因而输出电压不失真情况下的峰值是稳压管稳定电压的 1.5 倍。故其有效值

$$U_o = \frac{1.5 U_Z}{\sqrt{2}} \approx 6.36 \text{ V}$$

② 电路的振荡频率为

$$f_o = \frac{1}{2\pi RC} \approx 9.95 \text{ Hz}$$

（3）解：① 上"－"下"＋"，是 RC 桥式正弦波振荡电路。

② 若 R_1 短路，则集成运放处于开环工作状态，差模增益很大，使输出严重失真，几乎为方波。

③ 若 R_1 断路，则集成运放构成电压跟随器形式，电压放大倍数为 1，不满足正弦波振荡的幅值条件，电路不振荡，输出为零。

④ 若 R_f 短路，则集成运放构成电压跟随器形式，电压放大倍数为 1，不满足正弦波振荡的幅值条件，电路不振荡，输出为零。

⑤ 若 R_f 断路，则集成运放处于开环工作状态，差模增益很大，使输出严重失真，几乎为方波。

（4）解：图（a）所示为典型的电容三点式电路，故可能产生正弦波振荡。

在图（b）所示电路中，因放大电路输入端无耦合电容与反馈网络隔离而使晶体管截止，故不可能产生正弦波振荡。

在图（c）所示电路中，因放大电路输入端无耦合电容与反馈网络

视频：题（4）解答

隔离而使晶体管截止，故不可能产生正弦波振荡。

图（d）所示电路中的放大电路为共基接法，组成了电容三点式电路，故可能产生正弦波振荡。

（5）解：应在图 7-39（b）所示电路电感反馈回路中加耦合电容，如图 7-44（a）所示。

应在图 7-39（c）所示电路放大电路的输入端（基极）加耦合电容，且改正变压器的同名端，如图 7-44（b）所示。

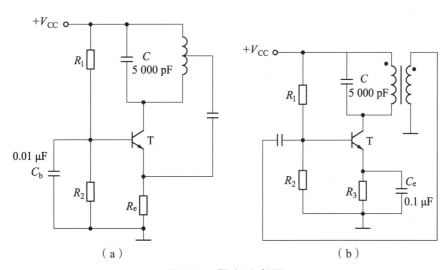

图 7-44　题（5）解图

（6）解：图（a）所示电路为单限比较器 $U_o = \pm U_Z = \pm 8\,\text{V}$，$U_T = -3\,\text{V}$，其电压传输特性如图 7-45（a）所示。

图（b）所示电路为反相输入的滞回比较器，$U_o = \pm U_Z = \pm 6\,\text{V}$，令

$$u_p = \frac{R_1}{R_1 + R_2} u_o + \frac{R_2}{R_1 + R_2} u_{REF} = u_N = u_I$$

求出阈值电压 $U_{T1} = 0\,\text{V}$，$U_{T2} = 4\,\text{V}$，其电压传输特性如图 7-45（b）所示。

图（c）所示电路为同相输入的滞回比较器，$U_o = \pm U_Z = \pm 6\,\text{V}$。令

$$u_p = \frac{R_1}{R_1 + R_2} u_I + \frac{R_2}{R_1 + R_2} u_o = u_N = 3\,\text{V}$$

求出阈值电压 $U_{T1} = 1.5\,\text{V}$，$U_{T2} = 7.5\,\text{V}$，其电压传输特性如图 7-45（c）所示。

图（d）所示电路为窗口比较器，$U_o = \pm U_Z = \pm 5\,\text{V}$，$\pm U_T = \pm 3\,\text{V}$，其电压传输特性如图 7-45（d）所示。

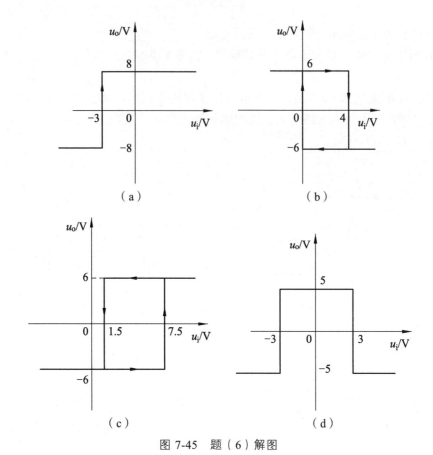

（a）

（b）

（c）

（d）

图 7-45　题（6）解图

（7）解：有 3 处错误：① 集成运放"+"，"－"接反；② R、C 位置接反；③ 输出限幅电路无限流电阻。改正后的电路如图 7-46 所示。

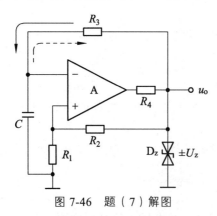

图 7-46　题（7）解图

视频：题（7）解答

（8）解：① A_1：滞回比较器；A_2：积分运算电路。

② 根据输出端限幅电路可得输出高、低电平为 $\pm U_Z = \pm 8$ V。

根据 $u_p = \dfrac{R_1}{R_1 + R_2} u_{o1} + \dfrac{R_2}{R_1 + R_2} u_o = u_{N1} = 0$ ，可得阈值电压 $\pm U_T = \pm U_Z = \pm 8$ V

因而 u_{o1} 与 u_o 的关系曲线如图 7-47（a）所示。

③ u_{o1} 与 u_o 的运算关系式为

$$u_o = -\frac{1}{R_4 C} u_{o1}(t_2 - t_1) + u_o(t_1)$$
$$= 2\,000 u_{o1}(t_2 - t_1) + u_o(t_1)$$

④ 因为积分运算电路正向和反向积分常量相等，故 u_o 为三角波，u_{o1} 为方波，如图 7-47（b）所示。

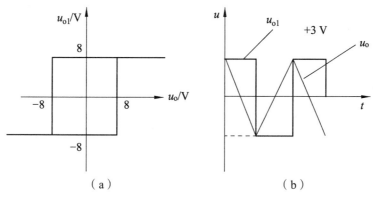

（a）   （b）

图 7-47 题（8）解图

⑤ 电路的振荡周期为

$$T = \frac{4R_1 R_4 C}{R_2}$$

因此，要提高振荡频率，可以减小 R_1、R_4、C 或增大 R_2。

（9）解：① $u_1 > 6\,\text{V}$ 或 $u_1 < 3\,\text{V}$ 时 LED 亮。

② $R = \dfrac{12 - 0.7 - 1.4}{I}$，所以 $0.33\,\text{k}\Omega < R < 1.98\,\text{k}\Omega$。

8　功率放大电路

前面讲了各种小信号电压放大电路的原理及分析方法，这在模拟电子技术中应用十分广泛。然而，在多级放大电路中，输出的信号往往是为了驱动一定的装置，如使收音机的扬声器发声、推动电机旋转、使移动基站中的天线有较大的辐射功率等，因此放大电路除了应有电压放大作用外，还要有能够输出一定信号功率的输出级。这种主要向负载提供功率的放大电路称为功率放大电路，简称为功放。

教学目标：

（1）了解功率放大电路的特点及其 3 种工作状态。
（2）了解功率放大电路的交越失真分析。
（3）掌握 OCL 电路及其原理。
（4）掌握 OTL 电路及其原理。
（5）了解自举电路的组成及原理。
（6）熟悉集成功率放大电路的应用。

8.1　功率放大电路概述

从能量控制的观点来看，功率放大电路和电压放大电路没有本质的区别，都是将直流电源的能量转换为交流电能输出。但是，功率放大电路和电压放大电路所要完成的任务确是完全不同的。电压放大电路的任务是使其输出端得到不失真的电压信号，讨论的是电压增益、输入电阻和输出电阻等，输出的电流较小，输出功率不一定大。而功率放大电路不再单纯地考虑负载上的输出电压或输出电流，而是要考虑它们的乘积，即获得一定的不失真的输出功率，因此功率放大电路要考虑一系列电压放大电路没有出现过的特殊问题。

8.1.1　功率放大电路的特点

1. 要求输出功率尽可能大

最大输出功率是指功率放大电路在输出正弦波基本不失真的情况下，负载输出电压和输出电流有效值的乘积，即最大交流输出功率。

$$P_{OM} = U_O I_O = \frac{U_O^2}{R_L} \tag{8-1}$$

为了获得大的功率输出，要求功放管的电压和电流都有足够大的输出幅度，管子往往在接近极限运用状态下工作。因此选用功放管时，必须考虑管子的各极限参数，以保证功放管工作在安全区。

2. 效率要高

从能量转换的角度看，直流电源提供的能量除了输出给负载一部分有用功外，还有一部分能量成了三极管的损耗，这就涉及能量转换的效率问题。所谓效率就是负载得到的最大输出功率和电源供给的直流功率的比值，即

$$\eta = \frac{P_{om}}{P_V} \tag{8-2}$$

它代表了电路将电源直流能量转换为输出交流能量的能力。比值越大其效率越高，说明直流电源提供的能量转换为负载所需的有用功率越多，损耗越少。

3. 非线性失真要小

功率放大电路是在大信号下工作，所以不可避免地会产生非线性失真，而且同一功放管输出功率越大，非线性失真往往越严重。这就使输出功率和非线性失真成为一对主要矛盾。

然而，在不同场合下，对非线性失真的要求不同，比如，在测量系统和电声设备中，对非线性失真有较严格的要求，而在工业控制系统等场合中，则以输出功率为主要目的，对非线性失真的要求就降为次要问题了。因此，对于一个实际功率放大电路，必须根据实际需要，在允许的非线性失真限度内获得足够大的输出功率以满足负载的要求。

4. 功率管的散热要好

在功率放大电路中，有相当大的功率消耗在管子的集电结上，使结温和管壳温度升高。为了充分利用允许的管耗而使管子输出足够大的功率，放大器件的散热就成为一个重要问题。为了保护功率管不因过热而损坏，采取必要的保护措施也是必须考虑的。

5. 分析方法采用图解法

由于功率放大电路中的三极管通常工作在大信号状态，实际上已经不属于线性电路的范围，之前所学的小信号微变等效电路的分析方法已经不再适用，通常采用图解分析方法对其输出功率、效率等主要指标进行估算。

8.1.2　放大电路的工作状态分类

根据放大电路工作点位置不同，放大电路分为甲类、乙类和甲乙类3种工作状态。

静态工作点位于交流负载线中，在输入正弦信号的一个周期内三极管都导通，都有电流

流过三极管。这种工作方式称为甲类放大，如图 8-1（a）所示。此时，静态工作电流 I_C 比较大，当有信号输入时，电源供给的功率一部分转换为有用的输出功率，另一部分则消耗在管子（和电阻）上，称为管耗，即使没有信号输入，电源供给的功率 $U_{CC}I_C$ 保持不变，能量都消耗在管耗上，甲类放大电路的效率是较低的，可以证明，即使在理想情况下，甲类放大电路的效率最高也只能达到 50%。

从 $\eta = \dfrac{P_{\text{om}}}{P_V}$ 可知，提高效率的主要途径是减小静态电流从而减少管耗。静态电流是造成管耗的主要因素，因此如果把静态工作点 Q 向下移动，使信号等于零时电源输出的功率也等于零（或很小），信号增大时电源供给的功率也随之增大，这样电源供给功率及管耗都随着输出功率的大小而变，也就改变了甲类放大时效率低的状况。实现上述设想的电路有乙类和甲乙类放大。

如图 8-1（b）所示，此时处于甲乙类工作状态，管子在大半个周期内都有电流通过，电路的效率比甲类高。

随着工作点继续降低到横轴，即静态工作电流为 0，只在输入信号的半个周期内管子有电流通过，另半个周期管子截止，此时处于乙类状态，如图 8-1（c）所示。没有交流输入时，电源供给的功率为 0，效率最高，理想情况下可达 78.5%。

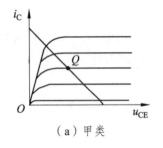 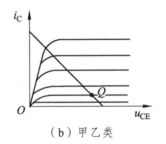 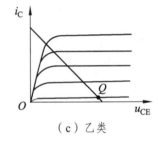

（a）甲类　　　　　　　（b）甲乙类　　　　　　　（c）乙类

图 8-1　功率放大电路工作状态

综上可知，随着静态工作点的降低，效率逐渐增高，但失真越来越严重。因此，既要保持静态时管耗小，又要使失真不太严重，这就需要在电路结构上采取措施。

8.2　乙类双电源互补对称功率放大电路

前面讨论的甲类功率放大电路虽然输出信号失真小，但效率低。而乙类功率放大电路虽然能提高电路的效率，但输出波形却出现严重的失真，使得输入信号的半个波形被削掉了。如果用两个管子，使之都工作在乙类放大状态，一个管子在输入信号的正半周工作，一个管子在输入信号的负半周工作，同时使这两个输出波形都加在负载上，从而在负载上得到一个完整的波形，这样就解决了效率和失真的矛盾。基于这种设想构成的电路称为互补对称功率放大电路。

8.2.1　乙类双电源互补对称功率放大电路

如图 8-2 所示电路中，T_1 和 T_2 分别为 NPN 型管和 PNP 型管，两管的基极和发射极相互连接在一起，信号从基极输入，从发射极输出，R_L 为负载，整个电路采用正、负对称电源供电。

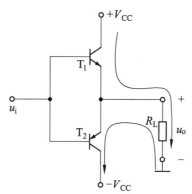

图 8-2　乙类双电源互补对称功率放大电路

当输入信号 $u_i = 0$（静态）时，由于电路中无偏置电路且电路对称，故两个三极管的基-射间的电压均为零，基极和集电极电流也为零。因此，此时没有电流流过负载，负载 R_L 两端的输出电压为零。

当输入信号处于正半周，$u_i>0$ 时，T_1 导通，T_2 截止，流过负载的电流是 i_{e1}，在负载上形成正半周输出电压。

当输入信号处于负半周，$u_i<0$ 时，T_1 截止，T_2 导通，流过负载的电流是 i_{e2}，在负载上形成负半周输出电压。可见，在输入信号的一个周期内，T_1、T_2 管交替工作，组成互补推挽式电路，在负载上得到完整的正弦波输出信号。

这样既保证了三极管工作在乙类状态，又保证了输出得到完整不失真波形。

由于该电路没有采用输出电容，故称为无输出电容互补功率放入电路（Output Capacitorless，OCL），简称为 OCL 功率放大电路。

下面计算电路的性能指标。图 8-3（a）表示在 u_i 为正半周时 T_1 的工作情况。假定，只要 $u_{BE1} = u_i > 0$，T_1 就开始导电，则在一个周期内 T_1 导电时间约为半周期。随着 u_i 的增大，工作点沿着负载线上移，则 $i_o = i_{C1} > 0$ 增大，u_o 也增大，当工作点上移到图中 A 点时，$u_{CE1} = U_{CES}$，已到输出特性的饱和区，此时输出电压达到最大不失真幅值 U_{om}。

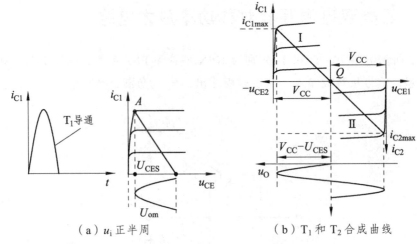

（a）u_i 正半周　　　　　（b）T_1 和 T_2 合成曲线

图 8-3　乙类互补对称功放的图解分析

根据上述图解分析，可得输出电压的幅值为

$$U_{om} = I_{cm}R_L = V_{CC} - U_{CE1} \tag{8-3}$$

其最大值为

$$U_{om} = V_{CC} - U_{CES} \tag{8-4}$$

T_2 管的工作情况和 T_1 相似，只是在信号的负半周导电。

为了便于分析两管的工作情况，将 T_2 的特性曲线倒置在 T_1 的右下方，并令二者在 Q 点，即 $u_{CE} = V_{CC}$ 处重合，形成 T_1 和 T_2 的所谓合成曲线，如图 8-3（b）所示。这时负载线通过 V_{CC} 点形成一条斜线，其斜率为 $-1/R_L$。

显然，允许的 i_o 的最大变化范围为 $2I_{cm}$，u_o 的变化范围为 $U_{om} = 2I_{cm}R_L = 2(V_{CC} - U_{CES})$，若忽略管子的饱和压降 U_{CES}，则 $U_{om} = 2V_{CC}$。

8.2.2　输出功率及效率

根据以上分析，不难求出工作在乙类的互补对称电路的输出功率、管耗、直流电源供给的功率和效率。

1. 输出功率

功率放大电路提供给负载的信号功率称为输出功率。输出功率是输出电压有效值 U_o 和输出电流有效值 I_o 的乘积。所以

$$P_O = U_O I_O = \frac{U_{om}}{\sqrt{2}} \frac{U_{om}}{\sqrt{2}R_L} = \frac{U_{om}^2}{2R_L} \tag{8-5}$$

乙类互补对称电路中的 T_1、T_2 可以看成共集状态（射极输出器），即 $A_u \approx 1$。所以当输入信号足够大，使 $U_{im} = U_{om} = V_{CC} - U_{CES} \approx V_{CC}$ 时，可获得最大输出功率，即

$$P_{om} = \frac{U_{om}^2}{2R_L} = \frac{(V_{CC} - U_{CES})^2}{2R_L} \approx \frac{V_{CC}^2}{2R_L} \tag{8-6}$$

2. 管　耗

考虑到 T_1 和 T_2 在一个信号周期内各导电约 180°，且通过两管的电流和两管两端的电压 u_{CE} 在数值上都分别相等（只是在时间上错开了半个周期）。因此，为求出总管耗，只需先求出单管的损耗就行了。设输出电压为 $u_o = U_{om} \sin \omega t$，则 T_1 的管耗为

$$\begin{aligned}
P_{T1} &= \frac{1}{2\pi} \int_0^\pi (V_{CC} - u_O) \frac{u_o}{R_L} \, d(\omega t) \\
&= \frac{1}{2\pi} \int_0^\pi (V_{CC} - U_{om} \sin \omega t) \frac{U_{om} \sin \omega t}{R_L} \, d(\omega t) \\
&= \frac{1}{2\pi} \int_0^\pi \left(\frac{V_{CC} U_{om} \sin \omega t}{R_L} - \frac{U_{om}^2 \sin^2 \omega t}{R_L} \right) \\
&= \frac{1}{R_L} \left(\frac{V_{CC} U_{om}}{\pi} - \frac{U_{om}^2}{4} \right)
\end{aligned} \tag{8-7}$$

两管的管耗则为

$$P_T = \frac{2}{R_L} \left(\frac{V_{CC} U_{om}}{\pi} - \frac{U_{om}^2}{4} \right) \tag{8-8}$$

3. 效　率

效率就是负载得到的有用信号功率和电源供给的直流功率的比值。为了计算效率，必须先分析直流电源供给的功率 P_V，它包括负载得到的信号功率和 T_1、T_2 消耗的功率两部分，即

$$\begin{aligned}
P_V &= P_O + P_T = \frac{U_{om}^2}{2R_L} + \frac{2}{R_L} \left(\frac{V_{CC} U_{om}}{\pi} - \frac{U_{om}^2}{4} \right) \\
&= \frac{2}{\pi} \frac{V_{CC} U_{om}}{R_L}
\end{aligned} \tag{8-9}$$

当输出电压幅值达到最大，即 $U_{om} = V_{CC}$ 时，则得电源供给的最大功率为

$$P_{V max} = \frac{2V_{CC}^2}{\pi R_L} \tag{8-10}$$

所以，一般情况下效率为

$$\eta = \frac{P_O}{P_V} = \frac{\pi U_{om}}{4 V_{CC}} \tag{8-11}$$

当 $U_{om} \approx V_{CC}$ 时，则

$$\eta = \frac{P_O}{P_V} = \frac{\pi}{4} \approx 78.5\% \tag{8-12}$$

8.2.3 最大管耗与最大输出功率的关系

工作在乙类的基本互补对称电路，在静态时，管子几乎不取电流，管耗接近于零，因此，当输入信号较小时，输出功率较小，管耗也小，这是容易理解的。但能否认为，输入信号越大，输出功率也越大，管耗就越大呢？答案是否定的。那么，最大管耗发生在什么情况下呢？

由管耗表达式

$$P_T = \frac{2}{R_L}\left(\frac{V_{CC}U_{om}}{\pi} - \frac{U_{om}^2}{4}\right) \tag{8-13}$$

可知管耗 P_{T1} 是输出电压幅值 U_{om} 的函数，因此，可以用求极值的方法来求解。

有

$$\frac{dP_{T1}}{dU_{om}} = \frac{1}{R_L}\left(\frac{V_{CC}}{\pi} - \frac{U_{om}}{2}\right) = 0 \tag{8-14}$$

则

$$\frac{V_{CC}}{\pi} - \frac{U_{om}}{2} = 0 \tag{8-15}$$

故

$$U_{om} = \frac{2V_{CC}}{\pi} \approx 0.6V_{CC} \tag{8-16}$$

此时最大管耗为

$$P_{T1max} = \frac{1}{R_L}\left(\frac{V_{CC}\frac{2V_{CC}}{\pi}}{\pi} - \frac{\left(\frac{2V_{CC}}{\pi}\right)^2}{4}\right) = \frac{1}{\pi^2}\frac{V_{CC}^2}{R_L} \tag{8-17}$$

为了便于选择功放管，常将最大管耗与功放电路的最大输出功率联系起来。

由最大输出功率表达式

$$P_{omax} = \frac{V_{CC}^2}{2R_L} \tag{8-18}$$

可得每管的最大管耗和最大输出功率之间具有如下的关系，即

$$P_{T1max} = \frac{1}{\pi^2}\frac{V_{CC}^2}{R_L} \approx 0.2P_{omax} \tag{8-19}$$

上式常用来作为乙类互补对称电路选择管子的依据，它说明，如果要求输出功率为 10 W，则只要用两个额定管耗大于 2 W 的管子就可以了。由于上面的计算是在理想情况下进行的，因此，在实际选管子时，还应留有充分的安全余量。

8.2.4 功率三极管的选择

在功率放大电路中，为了输出较大的信号功率，管子承受的电压要高，通过的电流要大，功率管损坏的可能性也就比较大，所以功率管的参数选择不容忽视。选择时一般应考虑三极管的 3 个极限参数，即集电极最大允许功率损耗 P_{CM}，集电极最大允许电流 I_{CM} 和集电极-发射极间的反向击穿电压 $U_{(BR)CEO}$。

由前面知识点的分析可知，若想得到最大输出功率，又要使功率三极管安全工作，三极管的参数必须满足下列条件。

（1）每只三极管的最大管耗 $P_{om} \geqslant 0.2P_{om}$。

（2）通过三极管的最大集电极电流为 $I_{om} \geqslant V_{CC}/R_L$。

（3）考虑到当 T_2 导通时，$-u_{CE2} = U_{CES} \approx 0$，此时 u_{CE1} 具有最大值，且等于 $2V_{CC}$，因此，应选用反向击穿电压 $|U_{(BR)CEO}| > 2V_{CC}$ 的管子。

注意，在实际选择管子时，其极限参数还要留有充分的余地。

8.3 甲乙类互补对称功率放大电路

8.3.1 交越失真

理想情况下，乙类互补对称电路通过两个管子交替工作，正负半周互补输出完整的电压波形。

实际的乙类互补对称电路，由于没有直流偏置，只有当输入信号 u_i 大于管子的门坎电压（NPN 硅管约为 0.7 V，PNP 锗管约为 0.2 V）时，管子才能导通。当输入信号 u_i 低于这个数值时，T_1 和 T_2 都截止，i_{c1} 和 i_{c2} 基本为零，负载 R_L 上无电流通过，出现一段死区，如图 8-4 所示，这种现象称为交越失真。

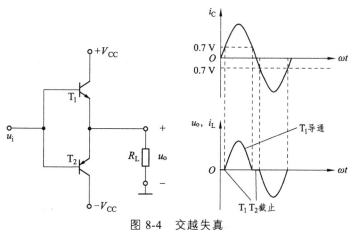

图 8-4 交越失真

8.3.2 OCL 电路

为了克服乙类互补对称电路的交越失真，需要给电路设置合适的静态工作点，使两只管子静态时均工作在临界导通或微导通状态，这样当有信号输入时，三极管处于导通状态，负载 R_L 上有电流通过，从而得到不失真的输出波形。

如图 8-5 所示，T_3 组成前置放大级（注意，图中未画出 T_3 的偏置电路），给功放级提供足够的偏置电流，T_1 和 T_2 组成互补对称输出级。

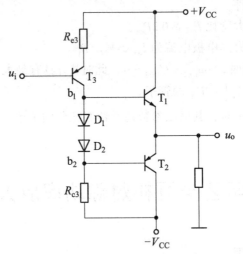

图 8-5　消除交越失真的电路

静态时，在 D_1、D_2 上产生的压降为 T_1、T_2 提供了一个适当的偏压，使之处于微导通状态，工作在甲乙类。这样，即使 u_i 很小（D_1 和 D_2 的交流电阻也小），基本上可线性地进行放大。

上述偏置方法的缺点：偏置电压不易调整，改进方法可采用 U_{BE} 扩展电路。

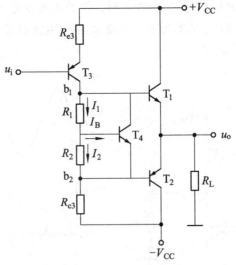

图 8-6　U_{BE} 扩展电路

如图 8-6 所示，流入 T_4 的基极电流远小于流过 R_1、R_2 的电流，则由图可求出

$$U_{CE4} \approx U_{BE4}\left(\frac{R_1 + R_2}{R_2}\right) \tag{8-20}$$

由于 U_{BE4} 基本为固定值（硅管约为 $0.6 \sim 0.7$ V），只要适当调节 R_1、R_2 的比值，就可改变 T_1、T_2 的偏压 U_{CE4} 值。

U_{CE4} 就是 T_1、T_2 的偏置电压，这种电路称为 U_{BE} 扩展电路。

8.3.3　甲乙类单电源互补对称电路

如图 8-7 所示是甲乙类单电源互补对称电路。与双电源电路不同的是输出信号通过电容 C 与负载耦合，而不是采用直接耦合方式，也不是采用变压器耦合方式，这种电路通常称为无输出变压器互补对称功率放大电路（Output Transformerless，OTL），简称为 OTL 功率放大电路。

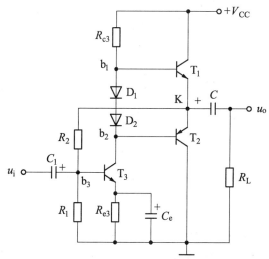

图 8-7　甲乙类单电源互补对称电路

静态时，调节 R_1、R_2，使 K 点电位 $U_K = U_C = V_{CC}/2$。D_1、D_2 上产生的压降使 T_1 和 T_2 处于微导通状态，保证整个电路工作在甲乙类状态，K 点电位通过 R_1、R_2 分压后，为 T_3 组成的前置放大级提供偏置电压。

当加入输入信号时，在 u_i 的负半周，T_1 导电，有电流通过负载 R_L，同时向 C 充电，负载 R_L 上形成输入信号正半周。

在 u_i 的正半周，T_2 导电，则已充电的电容 C 起着双电源互补对称电路中电源 $-V_{CC}$ 的作用，通过负载 R_L 放电，负载 R_L 上形成输入信号负半周。只要选择时间常数 $R_L C$ 足够大（比信号的最长周期还大得多），就可以认为电容 C 两端的电压近似不变，为 $V_{CC}/2$，这样电容 C 和一个电源 V_{CC} 可代替原来的 $+V_{CC}$ 和 $-V_{CC}$ 两个电源的作用。

采用一个电源的互补对称电路，由于每个管子的工作电压不是原来的 V_{CC}，而是 $V_{CC}/2$，

即输出电压幅值 U_{om} 最大也只能达到约 $V_{CC}/2$，所以前面导出的计算 P_o、P_T、和 P_v 的最大值公式，只要以 $V_{CC}/2$ 代替原来的公式中的 V_{CC} 即可。

单电源互补对称电路解决了工作点的偏置和稳定问题，但输出电压幅值达不到 $U_{om} = V_{CC}/2$。

1. 理想情况

当 u_i 为负半周最大值时，i_{C3} 最小，u_{B1} 接近于 $+V_{CC}$，此时希望 T_1 在接近饱和状态工作，即 $u_{CE1} = U_{CES}$，故 K 点电位 $u_K = V_{CC} - U_{CES} \approx V_{CC}$。

当 u_i 为正半周最大值时，T_1 截止，T_2 接近饱和导电，$u_K = U_{CES} \approx 0$。因此，负载 R_L 两端得到的交流输出电压幅值 $U_{om} = V_{CC}/2$。

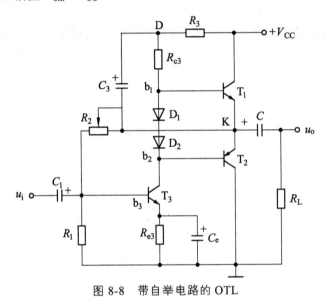

图 8-8　带自举电路的 OTL

2. 实际情况

当 u_i 为负半周时，T_1 导电，因而 i_{B1} 增加，由于 R_{c3} 上的压降和 u_{BE1} 的存在，当 K 点电位向 $+V_{CC}$ 接近时，T_1 的基流将受限制而不能增加很多，因而也就限制了 T_1 输向负载的电流，使 R_L 两端得不到足够的电压变化量，致使 U_{om} 明显小于 $V_{CC}/2$。

解决上述问题的方法是将图 8-8 中 D 点电位升高，使 $U_D > +V_{CC}$，例如将图中 D 点与 $+V_{CC}$ 的连线切断，U_D 由另一电源供给，则问题即可得到解决。通常的办法是在电路中引入 R_3、C_3 等元件组成的所谓自举电路。

当 $u_i = 0$ 时，$u_D = U_D = V_{CC} - I_{C3}R_3$，而 $u_K = U_K = V_{CC}/2$，因此电容 C_3 两端电压被充电到 $U_{C3} = V_{CC}/2 - I_{C3}R_3$。

当时间常数 R_3C_3 足够大时，u_{C3}（电容 C_3 两端电压）将基本为常数 $u_{C3} \approx U_{C3}$，不随 u_i 而改变。这样，当 u_i 为负时，T_1 导电，u_K 将由 $V_{CC}/2$ 向正方向变化，考虑到 $u_D = u_{C3} + u_K = U_{C3} + u_K$，显然，随着 K 点电位升高，D 点电位 u_D 也自动升高。因而，即使输出电压幅度升得很高，也有足够的电流 i_{B1}，使 T_1 充分导电。这种工作方式称为自举，意思是电路本身把 u_D 提高了。

8.3.4 复合管

上述互补功率放大电路要求有一对特性相同而型号不同的晶体三极管配对,实际中往往难以实现。另外,为了提高功率管的电流放大系数,常采用几个晶体管组成复合管,如图 8-9 所示。

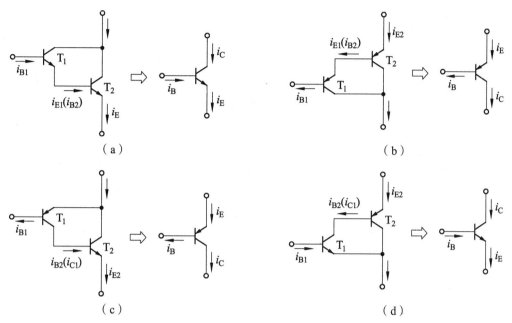

图 8-9 复合管

从图 8-9（a）可以看出:

$$i_c = i_{c1} + i_{c2} = \beta_1 i_{B1} + (1+\beta_1)\beta_2 i_{B1} = (\beta_1 + \beta_2 + \beta_1\beta_2)i_{B1} \tag{8-21}$$

通常

$$\beta_1 + \beta_2 \ll \beta_1\beta_2 \tag{8-22}$$

所以

$$i_c \approx \beta_1\beta_2 i_{B1} \tag{8-23}$$

复合管的总电流系数为 $\beta = \beta_1\beta_2$,进一步验证情况相似。

两个 NPN 型晶体管复合后等效于一个晶体管,复合管的类型与组成该复合管的第一个管类型相同,电流放大系数等于两个管子电流放大系数的乘积。

8.4 集成功率放大电路

集成功率放大电路与分立元件功率放大电路相比,具有体积小、重量轻、调试简单、效率高、失真小和使用方便等优点，因而被广泛使用。使用时，主要考虑功率和最大允许电源电压不能超过规定的极限值，同时还要有足够的散热器，以保证在额定功耗下，温度不超过允许值。

8.4.1 集成功率放大器内部电路原理

集成功率放大器种类和型号很多，输出功率从几百毫瓦到几十瓦。下面以 LM386 集成功率放大电为例，介绍其内部电路和典型应用。LM386 是一种音频集成功率放大器，具有自身功耗低、电压增益可调整、电源电压范围大、外接元件少和总谐波失真小等优点，广泛应用于收音机、对讲机和信号发生器中。

如图 8-10 所示为 LM386 内部电路原理。它的内部组成电路与集成运放电路相似，也是由输入级、中间级、输出级和偏置级等组成。输入级为差分放大电路，T_1 和 T_3、T_2 和 T_4 分别构成复合管，作为差分放大电路的放大管；T_5 和 T_6 组成镜像电流源作为 T_1 和 T_2 的有源负载；信号从 T_3 和 T_4 的基极输入，从 T_2 管的集电极输出，为双端输入单端输出差分电路。使用镜像电流源作为差分放大电路有源负载，可使单端输出电路的增益近似等于双端输出电路的增益。

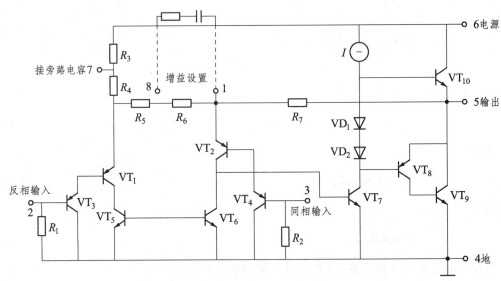

图 8-10　LM386 内部电路原理图

中间级为共射放大电路，T_7 为放大管，恒流源作有源负载，以增大放大倍数。

输出级中的 T_8 和 T_9 管复合成 PNP 型管，与 NPN 型管 T_{10} 构成互补对称输出级。二极管 D_1 和 D_2 为输出级提供合适的偏置电压，可以消除交越失真。

电阻 R_7 从输出端连接到 T_2 的发射极，形成反馈通路，并与 R_5 和 R_6 构成反馈网络，从而引入了深度电压串联负反馈，使整个电路具有稳定的电压增益。整体来看，电路是一单电压供电的 OTL 功率放大电路，故输出端需外接输出电容再接负载。

引脚 2 为反相输入端，引脚 3 为同相输入端，引脚 5 为输出端，引脚 6 为电源，引脚 4

为地。引脚 7 和地之间接旁路电容，起滤除噪声的作用，引脚 1 和引脚 8 为电压增益设定端，工作电压为 4～12 V。为使外围元件最少，电压增益内置为 20。但在 1 脚和 8 脚之间增加一只外接电阻和电容，便可将电压增益调为 20～200 的任意值。

8.4.2　LM386 应用电路

LM386 的封装形式有塑封 8 引线双列直插式和贴片式。图 8-11 所示为 LM386 的外形与管脚。

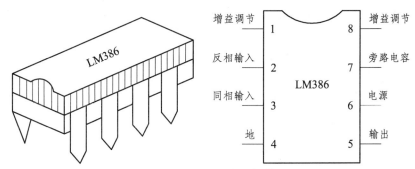

图 8-11　LM386 的外形与管脚图

LM386 的实际应用电路如图 8-12 所示，在引脚 1、引脚 8 之间加入的电阻和电容（引脚 1 接电容+极）可以改变 LM386 的增益。同时，调整引脚 1 和引脚 8 之间的电阻阻值，还可以防止输入信号过强引起的自激啸叫。输入端的滑动变阻器可以调节扬声器的音量。电阻 R_2 和电容串联，构成校正网络来对输出信号进行相位补偿。

当引脚 1 和引脚 8 之间直接跨接一个电容而不要电阻时，则该电容使两引脚在交流通路中短路，此时电路电压增益最大，$A_u = 200$。当引脚 1 和引脚 8 断开时，电压增益最小，$A_u = 20$。

为防止高频自激引起的啸叫，可在信号输入端与地之间、引脚 8 与地之间各接一电容，同时闲置的输入端不要悬空而要接地。对于低频自激引起的啸叫，可在输入端与地之间接一电阻，同时增大引脚 6 的滤波电容即可。

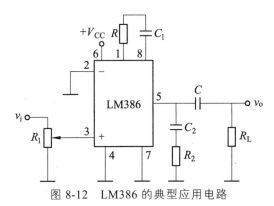

图 8-12　LM386 的典型应用电路

除了 LM386 外，常用的集成功率放大电路的型号还有 LM380、LM384 等，其原理电路与 LM386 相同,但 LM380 额定电压为 10 ~ 22 V,固定 A_u = 50,LM384 额定电压为 12 ~ 26 V,固定 A_u = 50。

设计安装功率放大电路时还应注意合理安置元器件及布线,特别要注意合理布置散热器。

本章小结

1. 功率放大电路概述

功率放大电路是在电源电压确定的情况下,以输出尽可能大的不失真的信号功率和具有尽可能高的转换效率为组成原则,功放管常工作在极限应用状态。根据放大电路工作点位置不同,放大电路分为甲类、乙类和甲乙类 3 种工作状态。

功放的输入信号幅值较大,分析时应采用图解法。首先求出功率放大电路负载上可能获得的最大交流电压的幅值,从而得出负载上可能获得的最大交流功率,即电路的最大输出功率 P_{om};同时求出此时电源提供的直流平均功率 P_V;P_{om} 与 P_V 之比即为转换效率。

2. 乙类双电源互补对称功率放大电路

两个管子都工作在乙类放大状态,一个管子在输入信号的正半周工作,一个管子在输入信号的负半周工作,在负载上获得一个完整的波形。若电路没有采用输出电容,则称为无输出电容互补功率放大电路,简称为 OCL 功率放大电路。由于管子存在门坎电压,只有当输入信号大于管子的门坎电压时,管子才能导通,因此乙类互补对称电路存在交越失真现象。

3. 甲乙类互补对称功率放大电路

为了克服交越失真,需要设置合适的静态工作点,使用 2 个二极管串联,或者 U_{BE} 扩展电路来消除交越失真。两只管子静态时均工作在临界导通或微导通状态,即为甲乙类状态。

甲乙类单电源互补对称电路与双电源电路不同,输出信号通过电容 C 与负载耦合,称为 OTL 功率放大电路。但输出电压幅值达不到 $V_{CC}/2$,可以采用带自举电路的 OTL 功率放大电路解决这个问题。

4. 集成功率放大电路

OTL、OCL 均有不同性能指标的集成电路,只需外接少量元件,就可成为实用电路。在集成功放内部均有保护电路,以防止功放管过流、过压、过损耗或二次击穿。但设计安装功率放大电路时还应注意合理安置元器件及布线,特别要注意合理布置散热器。

习　题

1. 选择题

（1）功率放大电路的最大输出功率是在输入电压为正弦波时,输出基本不失真情况下,负载上可能获得的最大（　　　　）。

  A. 交流功率   B. 直流功率   C. 平均功率

（2）功率放大电路的转换效率是指（　　　）。

  A. 输出功率与晶体管所消耗的功率之比

  B. 最大输出功率与电源提供的平均功率之比

  C. 晶体管所消耗的功率与电源提供的平均功率之比

（3）功率放大电路与电压放大电路、电流放大电路的共同点是（　　　）。

  A. 都使输出电压大于输入电压

  B. 都使输出电流大于输入电流

  C. 都使输出功率大于信号源提供的输入功率

（4）功率放大电路与电压放大电路的区别是（　　　）。

  A. 前者比后者电源电压高

  B. 前者比后者电压放大倍数数值大

  C. 前者比后者效率高

（5）功率放大电路与电流放大电路的区别是（　　　）。

  A. 前者比后者电流放大倍数大

  B. 前者比后者效率高

  C. 在电源电压相同的情况下，前者比后者的输出功率大

（6）在选择功放电路中的晶体管时，应当特别注意的参数有（　　　）。

  A. β B. I_{CM} C. I_{CBO}

  D. $U_{(BR)CEO}$ E. P_{CM} F. f_T

（7）在 OCL 乙类功放电路中，若最大输出功率为 1 W，则电路中功放管的集电极最大功耗约为（　　　）。

  A. 1 W   B. 0.5 W   C. 0.2 W

（8）图 8-13 所示为两种功率放大电路。已知图中所有晶体管的电流放大系数、饱和管压降的数值等参数完全相同，导通时 b-e 间电压可忽略不计。电源电压 V_{CC} 和负载电阻 R_L 均相等。

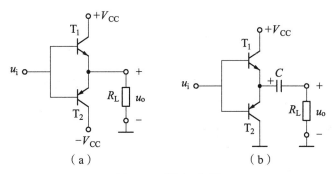

图 8-13　题（8）图

  A. OCT   B. OTL

  C. T_1 D. T_2

① 图（a）所示为（　　　）电路，图（b）所示为（　　　）电路。

② 静态时，晶体管发射极电位 U_E 为零的电路（　　）。

③ 在输入正弦波信号的正半周，图（a）中导通的晶体管是（　　），图（b）中导通的晶体管是（　　）。

④ 负载电阻 R_L 获得的最大输出功率最大电路为（　　）。

⑤ 效率最高的电路为（　　）。

（9）已知电路如图 8-14 所示，T_1 和 T_2 管的饱和管压降 $|U_{CES}| = 3\ V$，$V_{CC} = 15\ V$，$R_L = 8\ \Omega$，选择正确答案填入空内。

① 电路中 D_1 和 D_2 管的作用是消除（　　）。

    A. 饱和失真   B. 截止失真   C. 交越失真

② 静态时，晶体管发射极电位 U_{EQ}（　　）。

    A. $> 0\ V$ B. $= 0\ V$ C. $< 0\ V$

③ 最大输出功率 P_{OM}（　　）。

    A. $\approx 28W$ B. $= 18W$ C. $= 9W$

④ 当输入为正弦波时，若 R_1 虚焊，即开路，则输出电压（　　）。

    A. 为正弦波   B. 仅有正半波   C. 仅有负半波

⑤ 若 D_1 虚焊，则 T_1 管（　　）。

    A. 可能因功耗过大烧坏

    B. 始终饱和

    C. 始终截止

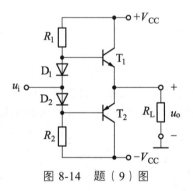

图 8-14 题（9）图

2. 基本题

（1）如图 8-13 所示，若它们的最大输出功率为 16 W，负载电阻为 8 Ω，图中所有晶体管饱和管压降的数值均为 2 V。试分别求解各电路的电源电压至少应取多少伏。

（2）如图 8-14 所示，在出现下列故障时，分别产生什么现象。

① R_1 开路；② D_1 开路；③ R_2 开路；④ T_1 集电极开路；

⑤ R_1 短路；⑥ D_1 短路。

（3）在图 8-14 所示电路中，已知 $V_{CC} = 16\ V$，$R_L = 4\ \Omega$，T_1 和 T_2 管的饱和管压降 $|U_{CES}| = 2\ V$，输入电压足够大。试问：

① 最大输出功率 P_{om} 和效率 η 各为多少？

② 晶体管的最大功耗 P_{Tmax} 为多少？

③ 为使输出功耗达到 P_{om}，输入电压的有效值约为多少？

（4）在图 8-15 所示电路中，已知 $V_{CC} = 15\ V$，T_1 和 T_2 管的饱和管压降 $|U_{CES}| = 2\ V$，输入电压足够大。求解：

① 最大不失真输出电压的有效值。

② 负载电阻 R_L 上电流的最大值。

③ 最大输出功率 P_{om} 和效率 η。

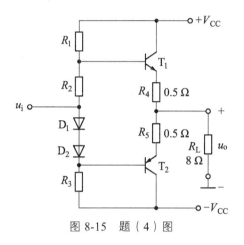

图 8-15　题（4）图

（5）在图 8-16 所示单电源互补对称电路中，已知 $V_{CC} = 35\ V$，$R_L = 35\ \Omega$，流过负载电阻的电流为 $i_o = 0.45\cos\omega t(A)$。试求：

① 负载上所能得到的功率 P_o。

② 电源供给的功率 P_V。

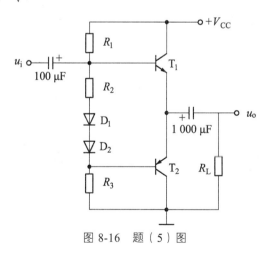

图 8-16　题（5）图

（6）如图 8-17 所示 OTL 电路。试问：

① 为使得最大不失真输出电压幅值最大，静态时 T_2 和 T_4 管的发射极电位应为多少？若不合适，则一般应调节哪个元件的参数？

② 若 T_2 和 T_4 管的饱和管压降 $|U_{CES}| = 3\ V$，输出电压足够大，则电路的最大输出功率 P_{om}

和效率 η 各为多少？

③ T_2 和 T_4 管的 I_{CM}、$U_{(BR)CEO}$ 和 P_{CM} 应如何选择？

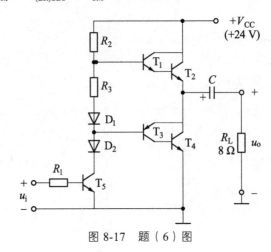

图 8-17 题（6）图

（7）TDA1556 为 2 通道 BTL 电路，图 8-18 所示为 TDA1556 中一个通道组成的实用电路。已知 $V_{CC} = 15\,\text{V}$，放大器的最大输出电压幅值为 13 V。试问：

① 为使负载上得到的最大不失真输出电压幅值最大，基准电压 U_{REF} 应为多少伏？静态时 u_{o1} 和 u_{o2} 各为多少伏？

② 若 u_i 足够大，则电路的最大输出功率 P_{om} 和效率 η 各为多少？

③ 若电路的电压放大倍数 20，则为使负载获得最大输出功率，输入电压的有效值约为多少？

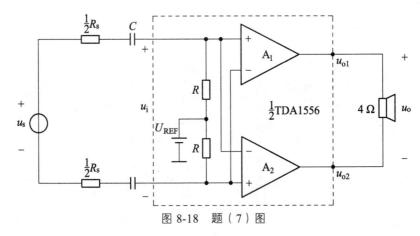

图 8-18 题（7）图

第8章 习题答案

1. 判断题

（1）A （2）B （3）C （4）C （5）B C

（6）B D E （7）C （8）① A B ② A ③ C C ④ A ⑤ A

（9）① C ② B ③ C ④ C ⑤ A

2. 基本题

（1）解：根据电路的组成可知，两种电路 U_{om} 的峰值分别为

$$U_{o\max 1} = V_{CC} - |U_{CES}|$$

$$U_{o\max 2} = \frac{V_{CC}}{2} - |U_{CES}|$$

最大输出功率为

$$P_{om} = \frac{U_{om}^2}{R_L} = \frac{U_{o\max}^2}{2R_L}$$

根据以上分析，将 $P_{om} = 16\,W$、$|U_{CES}| = 2\,V$ 代入，可得 V_{CC} 的取值。

图（a）电路：

$$P_{om1} = \frac{(V_{CC} - |U_{CES}|)^2}{2R_L} = \frac{(V_{CC} - 2)^2}{2 \times 8} = 16$$

计算可得 V_{CC} 至少应取 18 V。

图（b）电路：

$$P_{om2} = \frac{\left(\dfrac{V_{CC}}{2} - |U_{CES}|\right)^2}{2R_L} = \frac{\left(\dfrac{V_{CC}}{2} - 2\right)^2}{2 \times 8} = 16$$

计算可得 V_{CC} 至少应取 36 V。

（2）解：① 若 R_1 开路，D_1 不可能导通。电路变为由 T_2 管构成的射极输出器，如图 8-19（a）所示，静态集电极电流如图中所标出，但当 $u_i > 0$ 时 D_2 导通，T_2 截止，因而输出电压仅有负半周。

② 若 D_1 开路，如图解 8-19（b）所示。静态时，从 $+V_{CC}$ 经 R_1、T_1 的 b-e、T_2 的 e-b、至 $-V_{CC}$ 形成基极电流，集电极电流从 $+V_{CC}$ 经 T_1、T_2 流向 $-V_{CC}$。由于 T_1、T_2 具有对称特性，它们的管压降均为 V_{CC}，说明它们均工作在放大区，静态的基极和集电极电流为

$$|I_{BQ}| = \frac{2V_{CC} - U_{BEQ1} - U_{BEQ2}}{R_1 + R_2}$$

$$I_{CQ} = \beta |I_{BQ}|$$

集电极功耗为

$$P_{T} = |I_{CQ}|V_{CC}$$

P_T 将很大，通常远大于按最大输出功率选取功放管的原则所确定的最大耗散功率，因此 T_1、T_2 将因功耗过大而损坏。

③ 与 R_1 开路时的情况相类似，若 R_2 开路，D_2 不可能导通，电路输出仅有正半周，如图解 8-19（c）所示。

④ 若 T_1 集电极开路，因 T_1 无放大作用，使输出电压正半周幅值小于负半周幅值。另外，由于电路失去了对称性，T_2 将有直流功耗，以至于可能因功耗过大而损坏。

⑤ 若 R_1 短路，T_1 管发射结起钳位作用，$u_o = V_{CC} - U_{BE1} = 14.3\,\text{V}$。

⑥ 若 D_1 短路，静态时不能使两只功放管均工作在临界导通状态，因而输出电压会有轻微交越失真。

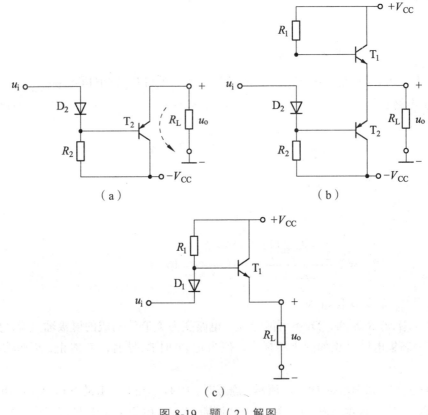

（a）　　　　　　　　　　　　　（b）

（c）

图 8-19　题（2）解图

（3）解：① 最大输出功率和效率分别为

$$P_{om} = \frac{(V_{CC} - |U_{CES}|)^2}{2R_L} = \frac{(16-2)^2}{2 \times 4} = 24.5\,\text{W}$$

视频：题（3）解答

$$\eta = \frac{\pi}{4}\frac{V_{CC} - |U_{CES}|}{V_{CC}} = \frac{\pi}{4}\frac{16-2}{16} \times 100\% \approx 68.7\%$$

② 晶体管的最大功耗

$$P_{T\max} = \frac{V_{CC}^2}{\pi^2 R_L} = \frac{16^2}{\pi^2 \times 4}\,\text{W} \approx 6.48\,\text{W}$$

③ 输出功率为 P_{om} 时的输入电压有效值为

$$U_i \approx U_{om} \approx \frac{V_{CC} - |U_{CES}|}{\sqrt{2}} = \frac{16-2}{\sqrt{2}}\,\text{V} \approx 9.9\,\text{V}$$

（4）解：① 最大不失真输出电压有效值为

$$U_{om} = \frac{\dfrac{R_L}{R_4 + R_L} \cdot (V_{CC} - U_{CES})}{\sqrt{2}} \approx 8.65\,\text{V}$$

视频：题（4）解答

② 负载电流最大值为

$$i_{L\max} = \frac{V_{CC} - U_{CES}}{R_4 + R_L} \approx 1.53\,\text{A}$$

③ 最大输出功率和效率分别为

$$P_{om} = \frac{U_{om}^2}{R_L} \approx 9.35\,\text{W}$$

$$\eta = \frac{\pi}{4}\frac{V_{CC} - U_{CES} - U_{R4}}{V_{CC}} \approx 64\%$$

（5）解：① 由已知，流过负载 R_L 的电流幅值为

$$I_{om} = 0.45\,\text{A}$$

负载两端电压幅值为

$$U_{om} = I_{om}R_L = 0.45 \times 35 = 15.75\,\text{V}$$

负载得到的功率，也即功率放大电路输出的功率为

$$P_o = \left(\frac{U_{om}}{\sqrt{2}}\right)\left(\frac{I_{om}}{\sqrt{2}}\right) = \frac{15.75}{\sqrt{2}} \times \frac{0.45}{\sqrt{2}} = 3.54\,\text{W}$$

视频：题（5）解答

② 电源供给的功率为

$$P_V = \frac{2V_{CC}U_{om}}{\pi R_L} = \frac{2 \times 35 \times 15.75}{3.14 \times 35} = 10\,\text{W}$$

（6）解：① 发射极电位 $U_E = V_{CC}/2 = 12\,\text{V}$；若不合适，则当偏差小时应调节 R_3，当偏差

大时应调节 R_2 。

② 最大输出功率和效率分别为

$$P_{om} = \frac{\left(\frac{1}{2}V_{CC} - |U_{CES}|\right)^2}{2R_L} \approx 5.06 \text{ W}$$

$$\eta = \frac{\pi}{4} \cdot \frac{\frac{1}{2}V_{CC} - |U_{CES}|}{\frac{1}{2}V_{CC}} \approx 58.9\%$$

③ T_2 和 T_4 管的 I_{CM} 、 $U_{(BR)CEO}$ 和 P_{CM} 的选择原则分别为

$$I_{CM} > \frac{V_{CC}/2}{R_L} = 1.5 \text{ A}$$

$$U_{(BR)CEO} > V_{CC} = 24 \text{ V}$$

$$P_{CM} > \frac{(V_{CC}/2)^2}{\pi^2 R_L} \approx 1.82 \text{ W}$$

（7）解：① 基准电压 $U_{REF} = V_{CC}/2 = 7.5 \text{ V}$ ，静态时 u_{o1} 和 $u_{o2} = 7.5 \text{ V}$ 。

② 最大输出功率和效率分别为

$$P_{om} = \frac{U_{o max}^2}{2R_L} = \frac{13^2}{2 \times 4} \text{ W} \approx 21.1 \text{ W}$$

$$\eta = \frac{\pi}{4} \frac{U_{o max}}{V_{CC}} = \frac{\pi}{4} \frac{13}{15} \times 100\% \approx 68\%$$

③ 输入电压有效值为

$$U_i = \frac{U_{o max}}{\sqrt{2} A_u} = \frac{13}{\sqrt{2} \times 20} \text{ V} \approx 0.46 \text{ V}$$

9 直流稳压电源

在工业生产中的电解、电镀和一般电子设备和制动控制中都要用到电压稳定的直流电压供电，除了蓄电池和直流发电机外，目前广泛使用的是采用电子器件将交流电变成直流电的直流稳压电源（见图 9-1）。

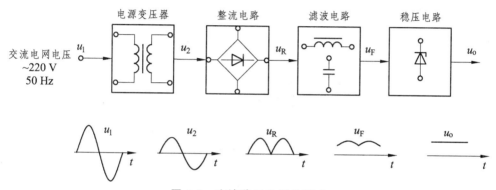

图 9-1　直流稳压电源的组成

如何将交流高电压转换为稳定的直流低电压呢？一般需要四步完成：第一步是变压，用变压器将交流高电压变换为交流低电压，变换后仍然是交流；第二步是整流，将交流电压变换为直流电压，将双向的交流电转换为单向脉动直流；第三步是滤波，就是滤除脉动，此时电压还不够稳定；第四步就是稳压，保持电压稳定。变压是利用变压器电压比等于变压器匝数比实现的，这部分内容大家在中学物理中就学习过，本章主要学习整流、滤波、稳压等电路及其原理，然后学习集成稳压电源和开关型稳压电源。

教学目标：

（1）掌握单相半波、桥式整流电路及其工作原理。
（2）掌握电容滤波电路的工作原理，了解复式滤波电路。
（3）掌握稳压管稳压电路及其原理。
（4）理解串联型稳压原理，熟悉集成三端稳压器的使用。
（5）了解开关型稳压电源及其原理。
（6）学会直流稳压电源的设计和分析。

9.1　整流电路

整流电路就是利用二极管的单向导电性将正弦交流电压变为脉动直流电的过程。在小功率直流电源中，经常采用单相半波整流和单相桥式整流电路。为了简单起见，分析时把二极管作理想模型处理。

9.1.1　半波整流电路

图 9-2 所示为半波整流电路，220 V、50 Hz 的工频交流电经过变压器变压为 u_2 后，经过二极管 D 加到负载 R_L 上。

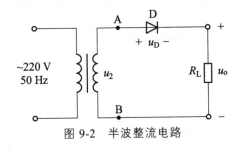

图 9-2　半波整流电路

1. 工作原理

当 u_2 处于正半周时，其极性为上正下负，即 A 点为正，B 点为负，此时二极管 D 两端外加正向电压，处于导通状态，电流从 A 点经过二极管 D，负载电阻 R_L，回到 B 点，忽略二极管导通压降，u_2 电压全部加到负载 R_L 两端。

当 u_2 处于负半周时，其极性为下正上负，即 B 点为正，A 点为负，此时二极管 D 两端外加反向电压，而处于截止状态，相当于电路断路，电路中没有电流流过，负载 R_L 两端电压为零。单相半波整流输出波形，如图 9-3 所示。

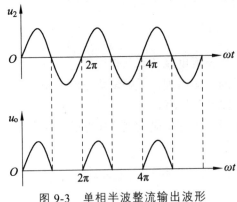

图 9-3　单相半波整流输出波形

2. 电路的主要参数指标

设 $u_2 = \sqrt{2}U_2 \sin \omega t$，求输出电压和输出电流，输出电压用一个周期内的平均值来表示，即

$$U_O = \frac{1}{2\pi}\int_0^\pi \sqrt{2}U_2 \sin \omega t d(\omega t) = \frac{\sqrt{2}}{\pi}U_2 \approx 0.45U_2 \qquad (9\text{-}1)$$

输出电流即输出电流在一个周期内的平均值，用输出电压除以负载电阻，即

$$I_L = \frac{U_O}{R_L} = \frac{0.45U_2}{R_L} \qquad (9\text{-}2)$$

平均整流电流：由于二极管 D 和负载电阻 R_L 串联，所以流过二极管的整流电流和负载上的电流相等，即

$$I_D = I_L = \frac{U_O}{R_L} = \frac{0.45U_2}{R_L} \qquad (9\text{-}3)$$

最大反向电压：当 u_2 处于负半周时，二极管 D 两端外加反向电压，而处于截止状态，u_2 全部加到二极管两端，二极管所承受的最大反向电压就是变压器副边电压 u_2 的最大值，即 $U_{RM} = \sqrt{2}U_2$。

半波整流电路的优点是结构简单，使用元件少，但也有明显缺点：输出波形脉动大、直流成分较低，变压器有半个周期不导电、利用率低。往往这种电路只用在输出电流较小，要求不高的场合。为了提高电源的利用率，降低输出电压的脉动，实际多采用单相桥式整流电路。

9.1.2　单相桥式整流电路

如图 9-4 所示，单相桥式整流电路由变压器 4 个整流二极管（D_1、D_2、D_3、D_4）和负载电阻 R_L 组成。

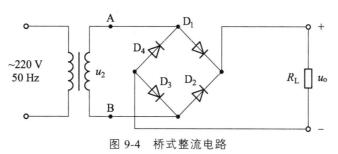

图 9-4　桥式整流电路

下面讨论其工作原理：如图 9-4 所示，当 u_2 处于正半周时，其极性上正下负，即 A 点为正，B 点为负，此时二极管 D_1、D_3 导通，D_2、D_4 截止，电流从 A 点经过二极管 D_1、负载电阻 R_L、二极管 D_3 回到 B 点，电流从上向下流经负载电阻 R_L。

当 u_2 处于负半周时，其极性下正上负，即 B 点为正，A 点为负，此时二极管 D_2、D_4 导通，D_1、D_3 截止，电流从 B 点经过二极管 D_2、负载电阻 R_L、二极管 D_4 回到 A 点，电流从上向下流经负载电阻 R_L。电路波形如图 9-5 所示。

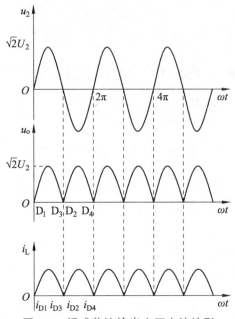

图 9-5　桥式整流输出电压电流波形

可见，在 u_2 的整个周期内，D_1、D_3 和 D_2、D_4 轮流导通，所以，整个周期都有同一方向的电流流过负载电阻 R_L，即可以在负载电阻上获得单向脉动的直流电，整流波形见仿真视频。

仿真视频：桥式整流电路

实际中，这 4 个整流二极管集成为整流桥堆，为了画图方便，经常将其简化为图 9-6 所示电路。

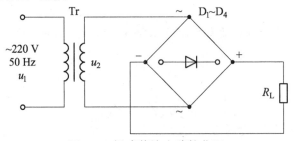

图 9-6　桥式整流电路简化图

其主要参数指标为输出直流电压、直流电流，很显然，输出电压是半波整流的 2 倍，即

$$U_O = \frac{1}{\pi}\int_0^{\pi}\sqrt{2}U_2\sin\omega t\,\mathrm{d}(\omega t) = 0.9U_2 \qquad (9-4)$$

平均整流电流为

$$I_L = \frac{U_O}{R_L} = \frac{0.9U_2}{R_L} \qquad (9-5)$$

在 u_2 的整个周期内，由于 D_1、D_3 和 D_2、D_4 轮流导通，所以，流过每个二极管的整流电流是输出电流的一半，即

$$I_D = \frac{I_L}{2} = \frac{0.45U_2}{R_L} \tag{9-6}$$

当 u_2 处于正半周时，二极管 D_1、D_3 导通，D_2、D_4 截止，D_2、D_4 加反向电压，他们所承受的最大反向电压就是 u_2 的最大值。同理，当 u_2 处于正负半周时，二极管 D_2、D_4 导通，D_1、D_3 截止，D_1、D_3 加反向电压，他们所承受的最大反向电压就是 u_2 的最大值，$U_{RM} = \sqrt{2}U_2$。

考虑到实际电网电压波动（$\pm 10\%$），取

$$I_D \geqslant 1.1\frac{0.45U_2}{R_L}, \quad U_{RM} \geqslant 1.1\sqrt{2}U_2 \tag{9-7}$$

目前，器件厂商已经将 4 个整流二极管集成到一起，构成整流桥堆，使用起来更加简单。

9.2　滤波电路

经过整流后得到的输出电压波形为单向脉动直流电压，但其脉动较大，需要将整流后的输出送到滤波电路，把其脉冲滤除以获得比较平滑的直流电压。

电容和电感都是基本滤波元件，利用他们的储能作用，在二极管导通时将一部分电能储存在电场或磁场中，然后再逐渐释放出来，从而在负载上得到比较平滑的波形。常用的滤波电路有电容滤波、电感滤波和复式滤波电路。

9.2.1　电容滤波电路

如图 9-7 所示，在整流电路负载的两端并联一个电容就构成电容滤波电路。

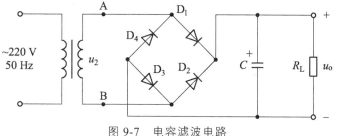

图 9-7　电容滤波电路

电容滤波电路主要是利用电容的充电、放电作用，使输出电压波形趋于平滑。没有接滤波电容时，整流输出电压波形为图 9-8 中的虚线所示，并联滤波电容后，在 u_2 的正半周 D_1、

D_3 导通，有电流流过负载 R_L，同时给电容 C 充电，电容的电压为上正下负，忽略二极管两端压降，则电容两端电压 u_C 等于变压器副边电压 u_2，当 u_2 达到最大值时开始下降，此时电容电压 u_C 也将因放电而下降，当 u_2 小于 u_C 时，二极管 D_1、D_3 被反向截止，电容对负载 R_L 放电，u_C 按指数规律下降，直到下半个周期。

当 u_2 大于 u_C 时，二极管 D_1、D_3 导通，u_2 再次对电容充电，u_C 上升到 u_2 最大值后又开始下降，下降到当 u_2 小于 u_C 时，二极管 D_1、D_3 被反向截止，电容对负载 R_L 放电，u_C 按指数规律下降，下降到一定数值时，D_1、D_3 导通，重复上述过程，输出电压按照实线变化。

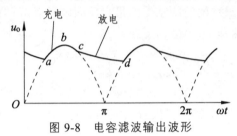

图 9-8　电容滤波输出波形

很显然滤波后，电压脉动减小了，输出电压平均值增大了。C 越大，R_L 越大，放电时间 $\tau = R_L C$ 将越大，脉动越小，曲线越平滑，如图 9-9 所示。

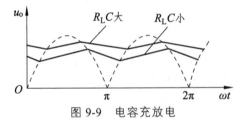

图 9-9　电容充放电

从图 9-10 的波形可以看出，无滤波电容时，二极管的导通角 $\theta = \pi$，有滤波电容时 $\theta < \pi$，而有滤波电容时，二极管平均电流增大，故电流峰值很大，对二极管要求提高，θ 小到一定程度，将难于选择二极管。因此，实际中电容选择要满足 $R_L C \geqslant (3 \sim 5)\dfrac{T}{2}$，以便获得合适的性价比。

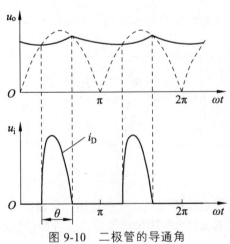

图 9-10　二极管的导通角

当 $R_L C = (3 \sim 5)\dfrac{T}{2}$ 时，$U_{\mathrm{O(AV)}} \approx 1.2U_2$。电容 C 的耐压值应大于 $1.1\sqrt{2}U_2$。电容滤波的特点是简单易行，U_o 高，C 足够大时交流分量较小；但不适于大电流负载。

【**例 9-1**】已知电网为电压 220 V、50Hz 的交流电，设计一个满足输出直流电压 $U_\mathrm{o} = 12$ V，负载电阻 $R_L = 100\Omega$ 的直流稳压电源满足该电子设备需求。（1）求电源变压器副边有效值 U_2 为多少？（2）选择整流二极管（3）选择滤波电容。

解：（1）根据图 9-7 可知，

$$U_\mathrm{O} = 1.2U_2$$

$$U_2 = \frac{12}{1.2} = 10 \text{ V}$$

（2）流过二极管的平均电流为

$$I_\mathrm{D} = \frac{1}{2}I_\mathrm{o} = \frac{1}{2} \times \frac{12}{100} = 60 \text{ mA}$$

$$U_\mathrm{RM} = \sqrt{2}U_2 \approx 14.1 \text{ V}$$

可选择整流二极管 IN4001，$U_\mathrm{RM} = 50V$，$I_\mathrm{D} = 1A$。

（3）取 $R_L C = 5 \times \dfrac{T}{2}$，即

$$C = \frac{5 \times \dfrac{T}{2}}{R_L} = \frac{5 \times \dfrac{0.02}{2}}{100} = 500 \text{ μF}$$

可选用 $C = 500$ μF，耐压 20 V 的电解电容。

9.2.2 电感滤波电路

图 9-11 所示为电感滤波电路，整流电路串联一个电感 L 加载到负责 R_L 两端。利用电感的储能作用来减小输出电压的脉动。即当输出电流发生变化时，电感中会产生自感电动势，此自感电动势阻碍输出电流发生变化，从而使得负载电阻 R_L 上得到的输出电压脉动减小，达到滤波的目的。

若忽略电感线圈的电阻，电感滤波电路输出电压的平均值 $U_\mathrm{o} = 0.9U_2$。

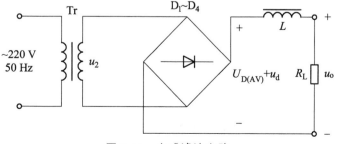

图 9-11 电感滤波电路

电感滤波的特点：电感滤波的导通角较大，对整流二极管来说，没有电流冲击。由于电感越大，降落在电感上的交流成分越多，滤波效果越好。为了使感抗大，须选用 L 值大的铁心电感，但铁心电感的体积大且笨重，容易引起电磁干扰，且输出电压平均值低。

采用单一的电容或电感滤波时，电路虽然简单，但滤波效果欠佳，为了进一步减小输出电压的脉动程度，常采用电容和电感组成的复式滤波电路。

9.2.3　复式滤波电路

在滤波电容 C 之前加一个电感 L 就构成了 LC 滤波电路，如图 9-12（a）所示。整流输出电压中的交流成分绝大部分降落在电感 L 上，电容 C 又对交流接近短路，故输出电压中的交流成分很少，几乎是一个平滑的直流电压。该电路常用在高频或负载电流较大并要求脉动很小的电路中。

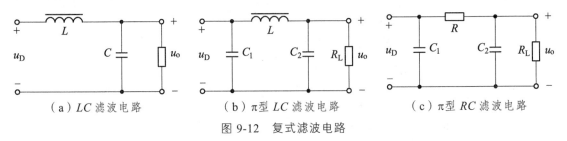

（a）LC 滤波电路　　　（b）π 型 LC 滤波电路　　　（c）π 型 RC 滤波电路

图 9-12　复式滤波电路

LC 滤波电路的输出电压与电感滤波电路一样，$U_o = 0.9U_2$。

为了进一步减小输出的脉动成分，可在 LC 滤波电路的输出端再加一只滤波电容，组成 π 型 LC 滤波电路，如图 9-12（b）所示。

但由于铁心电感体积大、笨重、成本高、使用不便，当负载电阻 R_L 值较大，负载电流较小时，可将电感换成电阻，组成 π 型 RC 滤波电路，如图 9-12（c）。这种电路只要合适选择 R、C 参数，在负载上就可以得到脉动极小的直流电压，常用在小功率滤波电路中。

9.3　稳压电路

经过整流滤波输出的已经将交流电压转换成平滑的直流电压，但是当电网电压波动或负载电流变化时，输出电压会随之变化。此时的电源只能给一般的电路供电。如果电源电压不稳定，将会引起直流放大器的零点漂移、交流噪声增大、测量仪表的测量精度降低，甚至引起精密测量、自动控制、计算装置等电路线路系统无法正常工作。为此必须采取稳压措施，常用的稳压电路有稳压管稳压、串联稳压、集成稳压、开关型稳压。

9.3.1　稳压管稳压电路

图 9-13 所示是最简单的稳压管稳压电路，由稳压管 D_z 和限流电阻 R 组成，稳压管 D_z 与负载电阻 R_L 并联，故又称为并联型稳压电路。为了保证工作在反向击穿区，稳压管处于反向接法。

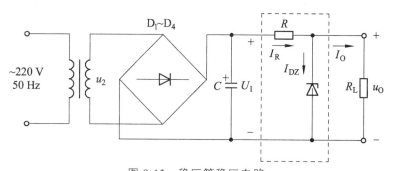

图 9-13　稳压管稳压电路

当负载电阻 R_L 保持不变时，电网电压升高使整流电路输出 U_I 升高，导致输出电压 U_O 也随之升高，而 $U_O = U_Z$，根据稳压管的特性，当稳压管稳定电压 U_Z 升高时，稳压管的电流 I_z 显著增加，导致流过电阻 R 上电流增大，电阻 R 两端的压降增大，使得 U_I 增加部分降在电阻 R 两端，输出 U_O 保持不变，实现稳压。

稳压电路的输入电压 U_I 保持不变时，当负载电流 I_O 突然升高（负载电阻 R_L 减小）时，电阻 R 上的电流 I_R 升高，电阻 R 两端的压降增大，导致负载电压 U_O 下降，稳压管电流 I_{DZ} 急剧减小，补偿了负载电流 I_O 的增加，使得通过电阻 R 的电流保持不变，电阻 R 两端的电压近似不变，输出 U_O 保持不变。

实际使用中，这两个过程是同时存在的，两种调节也同时存在，因而无论电网电压波动或是负载变化，都能起到稳压作用，见仿真视频。

仿真视频：稳压管稳压电路

根据经验，一般选取 $U_I = (2 \sim 3)U_O$，U_I 确定后，稳压管可按下式选择。

$$\begin{cases} U_Z = U_O \\ I_{ZM} = (1.5 \sim 3)I_{OM} \end{cases} \tag{9-8}$$

【例 9-2】如图 9-13 所示的稳压电路中，整流输出电压 $U_I = 45\ V$，负载电阻 $R_L = 3\ k\Omega$，要求输出电压 $U_O = 15\ V$，试选择稳压管和选择限流电阻。

解： 负载和稳压管并联，$U_Z = U_O = 15\ V$

负载电流为

$$I_O = \frac{U_O}{R_L} = \frac{15}{3}\ mA = 5\ mA$$

则稳压管的最大电流为

$$I_{ZM} = 3I_O = 15 \text{ mA}$$

根据稳压稳定电压和最大电流，查手册即可选择稳压管 2CW20，其稳定电压 $U_Z = 15 \text{ V}$，稳定电流 $I_Z = 5 \text{ mA}$，最大电流 $I_{ZM} = 15 \text{ mA}$。

限流电阻取最小值时，有

$$R_{min} = \frac{U_I - U_Z}{I_O + I_{ZM}} = \frac{45 - 15}{5 + 15} \text{ k}\Omega = 1.5 \text{ k}\Omega$$

限流电阻取最大值时，有

$$R_{max} = \frac{U_I - U_Z}{I_O + I_Z} = \frac{45 - 15}{5 + 5} \text{ k}\Omega = 3 \text{ k}\Omega$$

故可以选取 $R = 2\text{k}\Omega$。

稳压管稳压电路简单易行，稳压性能好。缺点是输出电压的大小要由稳压管的稳压值来决定，不能根据实际需要加以调节，适用于输出电压固定、输出电流变化范围较小的场合。

9.3.2 串联型稳压电路

串联型稳压电路克服了并联型稳压电路输出电流小、输出电压不能调节的缺点，它是以稳压管电路为基础，利用晶体管的电流放大作用增大负载电流，并在电路中引入深度负反馈，从而使输出电压保持稳定。就是在输入直流电压与负载之间串联一个调整管，当 U_I 或 R_L 波动引起输出电压 U_o 变化时，U_o 的变化反映到三极管的输入电压 U_{be}，于是 U_{ce} 也随之改变，从而调整 U_o 保持稳定，如图 9-14 所示。

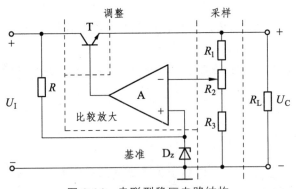

图 9-14　串联型稳压电路结构

电路包括采样电路、放大电路、基准电路和调整管电路 4 部分，其中电阻 R_1、R_2、R_3 组成采样电阻，当输出电压发生变化时，采样电阻对变化量进行采样，送到放大电路的反向输入端；放大电路将采样电阻送来的变化量进行放大，然后送到调整管的基极；基准电压由稳压管 D_z 提供的，接在放大电路的同相输入端，采样电压与基准电压进行比较，得到的差值再由放大电路进行放大；调整管接在输入直流电压 U_I 和输出负载电阻 R_L 之间，当输出电压 U_o

发生变化时，调整管 U_{ce} 电压产生相应的变化，使输出电压保持稳定。调整管与负载电阻串联故称为串联型稳压电路。

假设由于 U_I 增大或 I_L 减小导致输出电压 U_o 增大，则通过采样反馈到放大器反相输入端的电压 U_f 也按比例增大，但反相输入端的基准电压 U_z 保持不变，放大电路的差模输入电压 $U_{id} = U_z - U_f$ 将减小，于是放大电路的输出电压减小，使调整管的基极输入电压 U_{be} 减小，调整管的集电极电流 I_c 随之减小，同时集电极电压 U_{ce} 增大，最后使得输出电压 U_o 保持不变。

由此可以看出，串联型直流稳压过程实质上是通过电压负反馈使输出电压保持基本稳定的过程。

调整管连接成电压跟随器。调整管的调整作用是依靠 U_f 和 U_z 之间的偏差来实现的，必须有偏差才能调整。所以 U_o 不可能达到绝对的稳定，只能是基本稳定。

9.3.3 集成稳压电路

随着电子技术飞速发展，集成稳压电路因具有体积小、可靠性高、使用方便、价格低廉等特点，广泛应用于各种电子仪器设备中。集成稳压电路可分为固定输出和可调输出两大类。最简单的集成稳压电路只有输入端、输出端和公共端三个端，故称为三端稳压器。

1. 三端固定稳压器

三端固定稳压器有 W7800 和 W7900 两个系列。图 9-15 所示是 W7800 系列稳压器的外形和符号，W7800 系列稳压器引脚 1 为输入端、引脚 2 为公共端、引脚 3 为输出端。W7800 系列稳压器能够输出正电压，分别为 5 V、6 V、8 V、12 V、15 V、18 V 和 24 V 共 7 种电压，型号后面的两位数字表示输出电压幅值。三端稳压器按输出电流不同又可分为 W7800、W78M00 和 W78L00 三种系列，其的输出电流分别为 1.5 A、0.5 A 和 0.1 A。如型号 W7805 的三端稳压器的输出电压为+5 V，输出电流为 1.5A。型号 W78M12 的输出电压为 12 V，输出电流为 0.5 A。

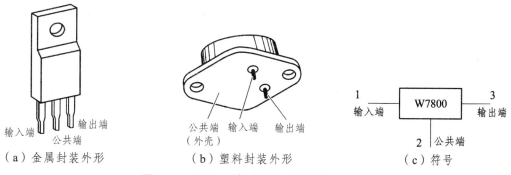

图 9-15 W7800 稳压器的外形及符号

W7900 系列稳压器的外形与符号与 W7800 系列相似，W7900 系列稳压器能够输出负电压，分别为 – 5 V、– 6 V、– 8 V、– 12 V、– 15 V、– 18 V 和 – 24 V 共 7 种电压，型号后面的两位数字表示输出电压幅值。三端稳压器按输出电流不同又可分为 W7900、W79M00 和 W79L00

三种系列，其输出电流分别为 1.5 A、0.5 A 和 0.1 A。如型号 W79M05 的三端稳压器的输出电压为 – 5 V，输出电流为 0.5 A。型号 W79L06 的输出电压为 – 6 V，输出电流为 0.1 A。

图 9-16 所示为 W7800 基本应用电路，公共端 2 脚接地，整流滤波后得到的直流电压接在输入端 1 脚和公共端 2 脚之间，在输出端 3 脚和公共端 2 脚间就可得到稳定的输出电压。

图 9-16　W7800 基本应用电路

为了改善纹波电压，常在输入端、输出端接入电容 C_i、C_o（见图 9-17），C_i 抵销长线电感效应，消除自激振荡，C_o 消除高频噪声。若输出电压较高，应在输入端和输出端之间接一个保护二极管 D，其作用是在输入端短路时，使 C_o 通过二极管放电，防止 C_o 两端电压作用于调整管的 b-e 结，造成调整管 b-e 结击穿，以保护集成稳压器内部的调整管。

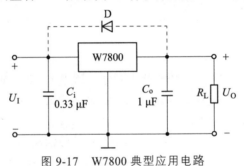

图 9-17　W7800 典型应用电路

2. 三端可调稳压器

有些场合需要扩大输出电压的调节范围，三端固定稳压器的 7 档电压使用不便，采用三端可调稳压器。三端可调稳压器也分为三端可调正电压输出稳压器和三端可调负电压输出稳压器。

三端可调正电压输出稳压器有 W117、W217 和 W317 三种系列，这三种系列有相同的引出端、相同的基准电压和相似的内部电路。只是它们工作的温度范围不同，分别为 – 55 ~ 150 ℃、– 25 ~ 150 ℃、0 ~ 125 ℃。

图 9-18 所示是由 W117 构成的基准电压源电路，其输出端和调整端（公共端）输出非常稳定的电压 U_{REF} = 1.25 V，泄放电阻 R 通常取 240 Ω，调整端电流只有几微安。

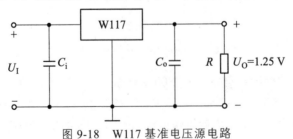

图 9-18　W117 基准电压源电路

图 9-19 所示是 W117 典型应用电路，可调试三端稳压器实现输出电压可调，调整端的输出电流忽略不计，通过改变电阻 R_2 值来调整输出电压，输出电压为

$$U_O = \left(1 + \frac{R_2}{R_1}\right) \times 1.25 \text{ V} \tag{9-9}$$

为了减小输出纹波电压，在电阻 R_2 上并联一个电容 C，加上二极管 D_1 和 D_2 起到保护作用。

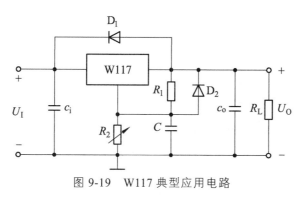

图 9-19　W117 典型应用电路

9.4　开关型稳压电路

由于串联型稳压电路中的调整管工作在放大区，通过管压降来分担多余电压，工作时调整管中一直有电流通过，因而管耗大、电源效率低，一般只能达到 30% ~ 50%，且往往需要配备庞大的散热装置。开关电源中的调整管工作在开关状态，管子截止期间几乎没有管耗，饱和导通期间管压降很小，管耗很小。调整管的管耗主要发生在开光转换过程，极大地提高了电源效率，所以电源效率可达 75% ~ 95%。因此，开关电源因其体积小、重量轻、效率高、无噪声、成本低等优点，广泛应用于航空、计算机、通信和功率较大电子设备中。

开关电源按开关管连接方式可分为串联降压型和并联升压型和脉冲变压器耦合型。

9.4.1　串联开关稳压电源

串联型开关稳压电路调整管与负载串联，输出电压总是小于输入电压，故称为降压型稳压电路。串联开关稳压电源原理图是由调整管 T、LC 滤波电路、续流二极管 D、脉宽调制电路（PWM）和采样电路等组成，如图 9-20 所示。

采样电压经 PWM 电路处理后，输出如图 9-21 所示的矩形波加载到调整管的基极 B。当 u_B 为高电平时，调整管 T 饱和导通，$u_E \approx u_B$，二极管 D 因承受反向电压而截止，电源对电感 L 和电容 C 充电，输入电压 U_I 经 LC 滤波后加载到负载 R_L 两端，输出电压波形基本平滑。

当 u_B 为低电平时，调整管 T 由导通变为截止，$u_E = 0$，电路与前面电源断开，感生电动势使续流二极管 D 导通。电感 L 上储存的能量释放，感应电动势使得电感上仍有电流流过续流二极管流过负载 R_L，同时电容 C 也向 R_L 放电，此时 R_L 两端仍能获得连续的输出电压 u_o。

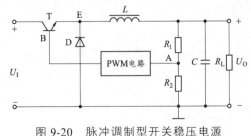

图 9-20 脉冲调制型开关稳压电源

根据上述分析可以画出波形如图 9-21 所示，虽然 u_E 为脉冲波形，但只要 L 和 C 足够大，输出电压就是连续的，且 L 和 C 越大，输出电压 u_O 波形越平滑。

由此可知，导通电压的平均值等于 u_E 的平均分量，即

$$U_O = \frac{T_{on}}{T}(U_I - U_{CES}) + \frac{T_{off}}{T}(-U_D) \approx \frac{T_{on}}{T}U_I = qU_I \qquad (9-10)$$

式中，$q = \dfrac{T_{on}}{T}$ 称为脉冲波形的占空比，即一个周期持续脉冲时间与周期之比值。当输入电压 U_I 一定时，改变占空比 q 即可改变输出电压 u_O 的大小。

另外，通过采样电路采集到电压通过 PWM 电路送回到输入端，构成负反馈，能自动调节，维持输出电压的稳定。稳压过程如下：

$$U_O \uparrow \rightarrow U_A \uparrow \rightarrow u_B(\text{参考PWM内部电路}) \rightarrow q \uparrow \rightarrow U_O \downarrow$$

使 U_O 基本保持不变，达到稳压目的，反之亦然。

上面讲的脉宽调节电路，通过改变导通时间 T_{on} 来改变输出电压 U_O 大小的。若保持控制信号的脉宽不变，只改变信号的周期 T，同样也能改变输出电压 U_O，这就是频率型开关稳压电路（PFM）；若同时改变导通时间和周期，称为混合型开关稳压电路。

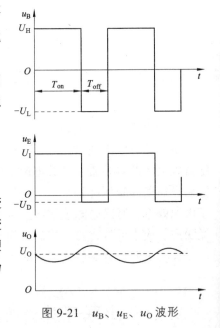

图 9-21 u_B、u_E、u_O 波形

9.4.2 并联开关型稳压电路

将开关管与负载并联，通过电感的储能作用，将感生电动势与输入电压叠加后作用于负载，称为升压型开关稳压电路。图 9-22 所示为并联开关型稳压电路，输入电压 U_I 为直流电压，晶体管 T 为开关管、LC 构成滤波电路、D 为续流二极管。

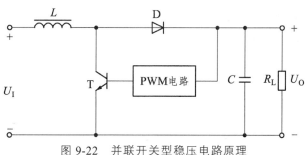

图 9-22　并联开关型稳压电路原理

　　开关管 T 的工作状态受 u_B 控制。当 u_B 为高电平时，开关管 T 饱和导通，U_I 通过 T 给电感 L 充电储能，充电电流几乎线性增大，D 因承受反向电压而截止，滤波电容 C 对负载电阻放电。当 u_B 为低电平时，开关管 T 截止，电感 L 产生感生电动势，阻止电流的变化，因而与 U_I 同方向，两个电压叠加后通过续流二极管 D 对 C 充电。无论 T 和 D 的状态如何，负载电流方向始终不变。根据分析可画出相应的波形图，如图 9-23 所示。充电电流几乎线性增大，D 因承受反向电压而截止，滤波电容 C 对负载电阻放电。

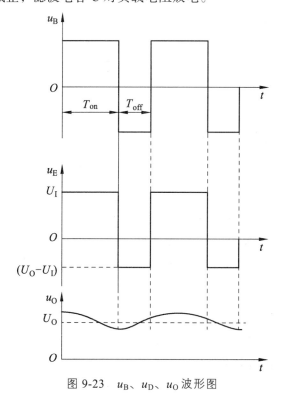

图 9-23　u_B、u_D、u_O 波形图

本章小结

1. 直流稳压电源的组成

直流稳压电源由整流电路、滤波电路和稳压电路组成。整流电路将交流电压变为脉冲的

直流电压，滤波电路可减小脉动使直流电压平滑，稳压电路的作用是在电网电压波动或负载电流变化时保持输出电压基本不变。

2. 整流电路

整流电路有半波和全波两种，最常用的是单相桥式整流电路。分析整流电路时，应分别判断在变压器二次电压正、负半周两种情况下二极管的工作状态（导通或截止），从而得到负载两端电压、二极管端电压及其电流波形，并由此得到输出电压和电流的平均值，以及二极管的最大整流平均电流和所承受的最高反向电压。

3. 滤波电路

滤波电路通常有电容滤波、电感滤波和复式滤波。负载电流较小时，采用电容滤波；负载电流较大时，应采用电感滤波。采用单一的电容或电感滤波时，电路虽然简单，但滤波效果欠佳，为了进一步减小输出电压的脉动程度，常采用电容和电感组成的复式滤波电路。

4. 稳压管稳压电路

稳压管稳压电路结构简单，但输出电压不可调，仅适用于负载电流较小且其变化范围也较小的情况。电路依靠稳压管的电路调节作用和限流电阻的补偿作用，使得输出电压稳定。限流电阻是必不可少的组成部分，必须合理选择阻值，才能保证稳压管既能工作在稳压状态，又不至于因功耗过大而损坏。

5. 串联型稳压电路

在串联型线性稳压电源中，调整管、基准电压电路、输出电压采样电路和比较放大电路是基本组成部分。电路引入深度电压负反馈，使输出电压稳定。基准电压的稳定性和反馈深度是影响输出电压稳定性的重要因素。

集成稳压管仅有输入端、输出端和公共端（或调整端）三个引出端，故称为三端稳压器，其使用方便，稳压性能好。W7800（W7900）系列为固定式稳压器，W117/W217/W317 为可调式稳压器，通过外接电路可扩展输出电流和电压。

由于串联型稳压电路的调整管始终工作在线性区（即放大区），功耗较大，因而电路的效率低。

6. 开关型稳压电路

开关型稳压电路中的调整管工作在开关状态，因而功耗小，电路效率高，但一般输出的纹路电压较大，适用于输出电压调节范围小、负载对输出纹波要求不高的场合。串联开关型稳压电路是压降型电路，并联开关型稳压电路是升压型电路。

习 题

1. 选择题

（1）单相桥式整流电路，负载上平均电压等于（　　）。

    A. $0.45U_2$ B. $0.9U_2$

    C. $1.2U_2$ D. $1.4U_2$

（2）整流的目的是（   ）。

    A. 将交流变为直流

    B. 将高频变为低频

    C. 将正弦波变为方波

（3）在单相桥式整流电路中，若有一只整流管接反，则（   ）。

    A. 输出电压约为 $2U_D$

    B. 变为半波整流

    C. 整流管将因电流过大而烧坏

（4）单相桥式整流电路中，负载上平均电压等于（   ）。

    A. $0.45U_2$ B. $0.9U_2$ C. $1.2U_2$

（5）半波整流电路中，负载上平均电压等于（   ）。

    A. $0.45U_2$ B. $0.9U_2$ C. $1.2U_2$

（6）在单相全波整流电路中，变压器副边线圈电压 $u = 141.4\sin\omega t$ V，整流电压平均值 U_O 为（   ）V。

    A. 100   B. 90   C. 45

（7）若整流桥中的二极管 D_1 短路，会产生什么现象（   ）。

    A. 输出电压保持不变

    B. 输出电压为原来一半

    C. 二极管 D_2 可能因为电流过大烧坏

    D. 输出电压为原来一倍

（8）单相桥式整流电路，电容通滤波后，负载上平均电压等于（   ）。

    A. $0.45U_2$ B. $0.9U_2$

    C. $1.2U_2$ D. $1.4U_2$

2．基本题

（1）电路如图 9-24 所示，变压器二次电压有效值 $U_{21} = 60$ V，$U_{22} = U_{23} = 30$ V。试问：

① 输出电压平均值 $U_{o1(AV)}$ 和 $U_{o2(AV)}$ 各为多少？

② 若考虑电网电压波动范围是 ±10%，则各二极管承受的最大反向电压为多少？

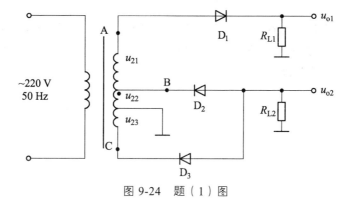

图 9-24　题（1）图

（2）在图 9-25 所示电路中，已知变压器副边电压有效值 U_2 为 10V，$R_LC \geqslant 3T/2$（T 为电网电压的周期）。已知可能出现的情况如下：

    A. 工作正常   B. 电容开焊

    C. 负载开路   D. 一只二极管开焊

测得输出电压平均值 $U_{o(AV)}$，选择上述情况的一种填入空内。

① 若 $U_{o(AV)} \approx 14V$，则_____；

② 若 $U_{o(AV)} \approx 12V$，则_____；

③ 若 $6V < U_{o(AV)} < 12V$，则_____；

④ 若 $U_{o(AV)} \approx 9V$，则_____；

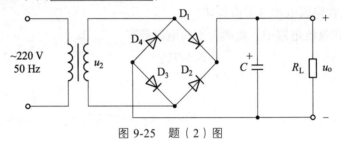

图 9-25　题（2）图

（3）电路如图 9-26 所示，试标出各电容两端电压的极性和数值，并分析负载电阻上能够获得几倍压的输出。

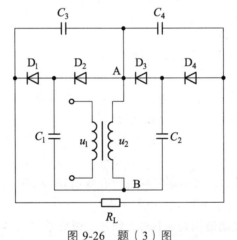

图 9-26　题（3）图

（4）在如图 9-27 所示稳压管稳压电路中，已知输入电压 U_1 为 15 V，波动范围为 ±10%；稳压管的稳定电压 U_Z 为 6 V，稳定电流 I_Z 为 5 mA，最大耗散功率 P_{ZM} 为 180 mW；限流电阻 R 为 250；输出电流 I_o 为 20 mA。

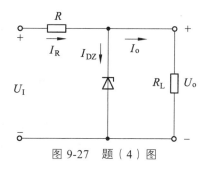

图 9-27 题（4）图

回答下列问题：

① 当 U_I 变化时，稳压管中电流的变化范围为多少？

② 若负载电阻开路，则将发生什么现象？

（5）某同学在实验中将串联型稳压电源连接成如图 9-28 所示电路，试找出图中错误，说明其带来的后果，并改正。

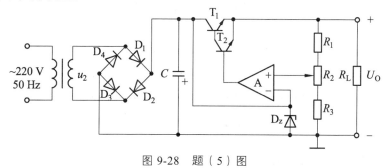

图 9-28 题（5）图

（6）已知串联型稳压电源如图 9-29 所示，输出电压 U_O 的可调范围为 5～15 V，最大负载电流 $I_{O\max} = 800$ mA，$R_1 = R_3 = 1$ kΩ，电网电压波动范围为 ±10%。试问：

① 稳压管的稳定电压 $U_Z = ?$ $R_2 = ?$

② 若 T_1 饱和管压降 $U_{CES} = 3$ V，则为使电路正常工作，在电网电压为 220 V 时，滤波电容上的电压 U_C 至少应为多少？

③ 若集成运放输出的最大电流为 0.8 mA，则调整管的电流放大系数至少应为多少？

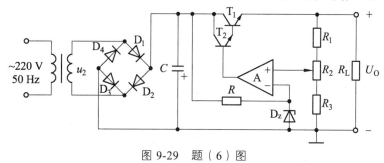

图 9-29 题（6）图

（7）电路如图 9-30 所示，三端稳压器的输出电压为 U'_O。试求出输出电压调节范围的表达式。

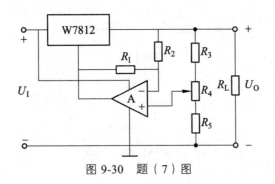

图 9-30　题（7）图

（8）图 9-31 所示为 W117 组成的输出电压可调的稳压电源。已知 W117 的输出电压 $U_R = 1.25\,V$，输出电流 I'_O 允许的范围为 10 mA ~ 1.5 A，输入端和输出端之间的电压 U_{12} 允许的范围为 3 ~ 40 V，调整端 3 的电流可忽略不计。回答下列问题：

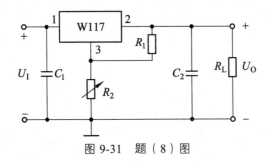

图 9-31　题（8）图

① R_1 的上限值为多少？

② 输出电压 U_O 的最小值为多少？

（9）电路如图 9-32 所示，已知 u_2 的有效值 U_2 为 20 V，滤波电容足够大，电网电压波动范围为 ± 10%，输出电压 $U_o = 5\,V$，负载电流 I_o 的变化范围为 5 ~ 20 mA；D_{z1} 稳定电压 $U_{z1} = 12\,V$，两只稳压管电流允许的变化范围均为 5 ~ 30 mA。试问：

① R_1 和 R_2 的取值范围各为多少？

② 整流二极管的最大整流平均电流 I_F 和最高反向工作电压 U_R 至少选取多少？

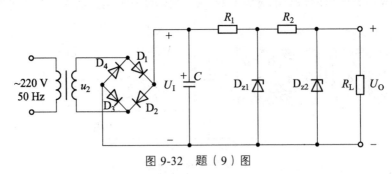

图 9-32　题（9）图

第 9 章　习题答案

1. 选择题
（1）B　　（2）A　　（3）C　　（4）B　　（5）A　　（6）B
（7）C　　（8）C

2. 基本题

视频：题（1）解答

（1）解：① u_{01} 是半波整流电路的输出，在变压器二次电压为正半周时，电流从 A 经 D_1、R_{L1}，到"地"，负载电阻 R_{L1} 上的电压是 u_{21} 与 u_{22} 之和，因此其平均值为

$$U_{o1} \approx 0.45(U_{21} + U_{22}) = 40.5\text{V}$$

D_2 和 D_3，组成全波整流电路。当变压器二次电压 B 为"+"、C 为"−"时，D_3 导通，D_2 截止，电流从"地"经 R_{L2}、D_3，到 C，$u_{o2} = u_{22} = -u_{23}$ 当 B 为"−"、C 为"+"时，D_2 导通，D_3 截止，电流从"地"经 R_{L2}、D_2 到 B，$u_{o2} = u_{22}$。故 u_{o2} 的平均值为

$$u_{o2} \approx -0.9U_{22} = -27\text{V}$$

负号表示对"地"为"−"。

② 根据半波整流电路的参数可知，D_1 的最大反向电压为

$$U_R > 1.1\sqrt{2}(U_{21} + U_{22}) \approx 140\text{V}$$

D_2、D_3 的最大反向电压为

$$U_R > 1.1\sqrt{2}U_{22} \approx 93\text{V}$$

（2）解：① 因负载开路时 $U_{O(AV)} = \sqrt{2}U_2 = 14\text{V}$，故答案为 C。

② 因电路正常工作时 $U_{O(AV)} \approx 1.2U_2 = 12\text{V}$，故答案为 A。

视频：题（2）解答

③ 在单相桥式整流电容滤波电路中，若有一只整流管断开，电路成为半波整流电容滤波电路，电容上的电压波形如图 9-33 所示。当电容放电到 b 点时将继续按指数规律放电，至 c 点再充电，故答案为 D。

④ 因无电容滤波时整流电路的 $U_{O(AV)} \approx 0.9U_2 = 9\text{V}$，故答案为 B。

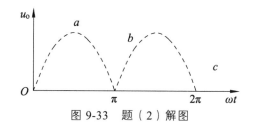

图 9-33　题（2）解图

（3）解：在图 9-26 所示电路中，A 为"+"B 为"−"时，通过 D_2，对 C_1 充电，最终得

到上"+"下"-"的一倍压；A 为"-"B 为"+"时，通过 D_3 对 C_2 充电，最终得到上"-"下"+"的一倍压。与此同时，在 A 为"+"B 为"-"时，D_4 导通，u_2 与 C_2 电压之和对 C_4 充电，最终得到左"+"右"-"的二倍压；在 A 为"_"B 为"+"时，D_1 导通，u_2 与 C_1 电压之和对 C_3 充电，最终得到左"+"右"-"的二倍压。C_3 与 C_4 电压之和是负载电阻上的电压。因此，负载电阻上的电压为四倍压，极性左为"+"右为"-"。

（4）解：根据已知条件，输入电压 U_I 的波动范围为

$$U_{I\min} = 0.9U_I = 0.9 \times 15\ \text{V} = 13.5\ \text{V}$$

$$U_{I\max} = 1.1U_I = 1.1 \times 15\ \text{V} = 16.5\ \text{V}$$

视频：题（4）解答

U_I 波动时 R 中电流的变化为

$$I_{R\min} = \frac{U_{I\min} - U_Z}{R} = \frac{13.5 - 6}{250}\ \text{A} = 0.030\ \text{A} = 30\ \text{mA}$$

$$I_{R\max} = \frac{U_{I\max} - U_Z}{R} = \frac{16.5 - 6}{250}\ \text{A} = 0.042\ \text{A} = 42\ \text{mA}$$

稳压管的最大稳定电流为

$$I_{ZM} = \frac{P_{ZM}}{U_Z} = \frac{180}{6}\ \text{mA} = 30\ \text{mA}$$

① 由于负载电流为 20 mA，稳压管电流的变化范围是

$$I_{DZ\min} = I_{R\min} - I_L = (30 - 20)\ \text{mA} = 10\ \text{mA}$$

$$I_{DZ\max} = I_{R\max} - I_L = (42 - 20)\ \text{mA} = 22\ \text{mA}$$

② 若负载电阻开路，则稳压管的电流等于限流电阻中的电流。当输入电压最高时，$I_{DZ} = I_{R\max} = 42\ \text{mA} > I_{ZM} = 30\ \text{mA}$，稳压管将因电流过大而损坏。

（5）解：图示电路中有 5 处错误，分析如下：

① 整流电路中 D_2 接反。D_1 和 D_2 将会因电流过大而烧坏，变压器也有可能因副边电流过大而烧坏。

② 滤波电容接反。因滤波电容为电解电容，若接反则将损坏。

③ 基准电压电路稳压管无限流电阻，稳压管将因电流超过最大稳定电流而损坏。

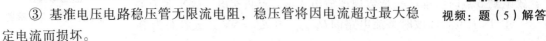

视频：题（5）解答

④ 调整管的接法因不能构成复合管而截止。

⑤ 集成运放的同相输入端和反相输入端接反，使电路引入正反馈，不可能稳压。

由以上分析可知,只要有一个错误不纠正电路都不可能正常工作。改正后的电路如图 9-34 所示。

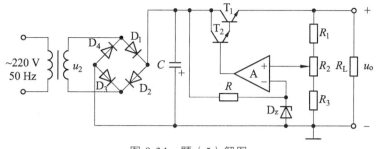

图 9-34　题（5）解图

（6）解：① 根据已知电路可得输出电压 U_O 的调节范围

$$\frac{R_1 + R_2 + R_3}{R_3 + R_2} U_Z \leqslant U_O \leqslant \frac{R_1 + R_2 + R_3}{R_3} U_Z$$

将 $U_O = 5 \sim 15\ \text{V}$、$R_1 = R_3 = 1\ \text{k}\Omega$ 代人，解二元方程得

$$\begin{cases} \dfrac{1 + R_2 + 1}{1 + R_2} \cdot U_Z = 5 \\[3mm] \dfrac{1 + R_2 + 1}{1} \cdot U_Z = 15 \end{cases}$$

得出 $R_2 = 2\ \text{k}\Omega$，$U_Z = 3.75\ \text{V}$。

② 对于本题所示电路，当电网电压最低时也正是滤波电容上的电压 U_C 最低，此时若输出电压最大，则 T_1 管压降最小。若在上述条件下 T_1 不饱和，则其他情况下 T_1 均不会饱和，故

$$U_{CE1min} = 0.9 U_C - U_{Omax} \geqslant U_{CES}$$

将 $U_{Omax} = 15\ \text{V}$、$U_{CES} = 3\ \text{V}$ 代人，得 $U_C \geqslant 20\ \text{V}$。

③ 若集成运放输出的最大电流 I'_{Omax} 为 0.8 mA，则调整管的电流放大系数为

$$\beta \approx \beta_1 \beta_2 \geqslant \frac{I_{Omax}}{I'_{Omax}} = \frac{800}{0.8} = 1\ 000$$

（7）解：基准电压为

$$U_R = \frac{R_2}{R_1 + R_2} \cdot U'_O$$

式中，U'_O 是三端稳压器的输出电压。以三端稳压器的输出端作参考点可得

$$\frac{R_3 + R_4 + R_5}{R_3 + R_4} U_R \leqslant U_O \leqslant \frac{R_3 + R_4 + R_5}{R_3} U_R$$

即

$$\frac{R_3 + R_4 + R_5}{R_3 + R_4} \frac{R_2}{R_1 + R_2} U'_O \leqslant U_O \leqslant \frac{R_3 + R_4 + R_5}{R_3} \frac{R_2}{R_1 + R_2} U'_O$$

（8）解：① 考虑到电路可能开路，即

$$R_1 \leqslant \frac{U_R}{I'_{Omin}} = \frac{1.25}{10} \times 10^3 \Omega = 125 \ \Omega$$

② 输出电压的最小值 $U_{Omin} = U_R = 1.25 \ \text{V}$。

（9）解：① R_2 和 D_{z2} 组成的稳压电路的输入电压是 U_{z1} 基本不变；$U_o = U_{z2} = 5 \ \text{V}$，$I_o = 5 \sim$ 20 mA。

因此，R_2 的取值范围为

$$R_{2min} = \frac{U_{Z1} - U_O}{I_{ZM} + I_{Omin}} = \frac{12 - 5}{30 + 5} \times 10^3 \Omega = 200 \ \Omega$$

$$R_{2max} = \frac{U_{Z1} - U_O}{I_Z + I_{Omax}} = \frac{12 - 5}{5 + 20} \times 10^3 \Omega = 280 \ \Omega$$

按照电阻系列的值，可取 240 Ω、250 Ω、270 Ω 中的一个。若实际确定 $R_2 = 270 \ \Omega$，则 R_1 和 D_{z1} 组成的稳压电路的负载电流为

$$I'_O = \frac{U_{Z1} - U_{Z2}}{R_2} = \frac{12 - 5}{270} \text{A} \approx 0.026 \ \text{A} = 26 \ \text{mA}$$

基本不变；输入电压 $U_I \approx 1.2 U_2 = 24 \ \text{V}$。$R_1$ 的取值范围为

$$R_{1min} = \frac{1.1 \times U_I - U_{Z1}}{I_{ZM} + I'_O} \approx \frac{1.1 \times 24 - 12}{30 + 26} \times 10^3 \Omega = 257 \ \Omega$$

$$R_{1max} = \frac{0.9 \times U_I - U_{Z1}}{I_Z + I'_O} \approx \frac{0.9 \times 24 - 12}{5 + 26} \times 10^3 \Omega = 310 \ \Omega$$

按照电阻系列的值，可取 270 Ω、300 Ω 中的一个，实际确定 $R_1 = 300 \ \Omega$。

为什么限流电阻 R_1、R_2 均选取其取值范围中接近上限值的电阻呢？这是因为当稳压管的动态电阻 r_z 远远小于限流电阻 R 时，稳压电路的稳压系数为

$$S_r \approx \frac{r_z}{R} \frac{U_I}{U_Z}$$

所以在 U_I、U_Z、r_z 均确定的情况下，R 越大，在电网电压波动时输出电压的稳定性越好。

② 由 U_I、R_1、U_{Z1}，可知整流滤波电路负载电流 I_z 的最大值为

$$I_{Lmax} = \frac{1.1 U_I - U_{Z1}}{R_1} \approx \frac{1.1 \times 24 - 12}{300} \text{A} = 0.048 \ \text{A} = 48 \ \text{mA}$$

由于整流二极管的电流为负载电流的二分之一，考虑到电网电压的波动，I_F 和 U_R 应为

$$I_F > \frac{I_{Lmax}}{2} = \frac{48}{2} \text{mA} = 24 \ \text{mA}$$

$$U_R > 1.1\sqrt{2} U_2 = 1.1 \times \sqrt{2} \times 20 \ \text{V} \approx 31 \ \text{V}$$

参考文献

[1] 童诗白，华成英. 模拟电子技术基础[M]. 5 版. 北京：高等教育出版社，2015.

[2] 康华光. 电子技术基础 模拟部分[M]. 7 版. 北京：高等教育出版社，2021.

[3] 秦曾煌. 电工学[M]. 7 版. 北京：高等教育出版社，2009.

[4] 李瀚荪. 电路分析基础[M]. 5 版. 北京：高等教育出版社，2017.

[5] 杨素行. 模拟电子技术基础[M]. 3 版. 北京：高等教育出版社，2019.

[6] 阎石，王红. 电子技术基础（模拟部分）[M]. 6 版. 北京：高等教育出版社，2013.

[7] 王晓兰. 模拟电子技术基础[M]. 北京：机械工业出版社，2016.

[8] 何秋阳. 模拟电子技术基础[M]. 北京：国防工业出版社，2012.

[9] 卢飒. 模拟电子技术基础[M]. 北京：电子工业出版社，2020.

[10] 邱关源，罗先觉. 电路[M]. 6 版. 北京：高等教育出版社，2022.

[11] 李昭. 电路同步辅导及习题全解[M]. 5 版. 北京：中国水利水电出版社，2015.

[12] 孙琦. 电子技术基础模拟部分（全程导学及习题全解）[M]. 5 版. 北京：中国时代经济出版社，2007.

[13] 博伊尔斯塔德（美）. 电路分析基础[M]. 9 版. 北京：高等教育出版社，2002.

[14] 张林，陈大钦. 电子技术模拟部分（第七版）学习辅导与习题解答. 6 版. 北京：高等教育出版社，2013.

[15] 郝艾芳. 模拟电子技术基础学习指导及习题解答[M]. 北京：机械工业出版社，2011.

[16] 陈国平. 模拟电子技术基础[M]. 北京：机械工业出版社，2020.

[17] 王远. 模拟电子技术基础[M]. 北京：机械工业出版社，2007.

[18] 黄丽亚. 模拟电子技术基础[M]. 北京：机械工业出版社，2009.

[19] 孟瑞生，杨中兴，吴封博. 手把手教你学做电路设计——基于立创 EDA[M]. 北京：航空航天大学出版社，2019.

[20] 唐浒，韦然. 电路设计与制作实用教程——基于立创 EDA[M]. 北京：电子工业出版社，2019.